スッキリわかる
確率統計
―定理のくわしい証明つき―

皆本 晃弥 著

近代科学社

◆ 読者の皆さまへ ◆

平素より，小社の出版物をご愛読くださいまして，まことに有り難うございます．
㈱近代科学社は 1959 年の創立以来，微力ながら出版の立場から科学・工学の発展に寄与すべく尽力してきております．それも，ひとえに皆さまの温かいご支援があってのものと存じ，ここに衷心より御礼申し上げます．

なお，小社では，全出版物に対して HCD（人間中心設計）のコンセプトに基づき，そのユーザビリティを追求しております．本書を通じまして何かお気づきの事柄がございましたら，ぜひ以下の「お問合せ先」までご一報くださいますよう，お願いいたします．

お問合せ先：reader@kindaikagaku.co.jp

なお，本書の制作には，以下が各プロセスに関与いたしました：
・企画：小山 透
・編集：山口幸治
・制作：加藤文明社
・組版：LaTeX ／加藤文明社
・印刷：加藤文明社
・製本：加藤文明社
・資材管理：加藤文明社
・カバー・表紙デザイン：デザイン春秋会
・広報宣伝・営業：山口幸治，東條風太

・本書の複製権・翻訳権・譲渡権は株式会社近代科学社が保有します．
・JCOPY 〈(社)出版者著作権管理機構 委託出版物〉
本書の無断複写は著作権法上での例外を除き禁じられています．
複写される場合は，そのつど事前に(社)出版者著作権管理機構
（https://www.jcopy.or.jp, e-mail: info@jcopy.or.jp）の許諾を得てください．

はじめに

　ICT技術の進歩に伴い，ICカードやスマートフォン，クラウド技術などが急速に普及し，ビッグデータという言葉に代表されるように大量のデータがサーバに蓄積されるようになりました．しかし，データをただ単に集めただけでは何の意味もありません．このビッグデータから有益な情報を抽出する際には，確率統計が利用されています．そのため，今まで以上に確率統計が重要になってきており，確率統計に関する書籍は毎年のように出版されています．ただし，これらの書籍は，理工系以外の人にも分かりやすく説明するため，数学の知識をなるべく使わず，イメージで教えたり，表計算ソフトで具体的に計算をさせる，といったものがほとんどです．確かに，「車の仕組みが分からなくても，車を運転できるようにする」，「OSの仕組みが分からなくても，パソコンやスマートフォンを利用できるようにする」といったユーザを育成する立場の本も必要だとは思うのですが，このような状況が続くと，肝心の開発者が育たないのではないかと危惧します．

　少なくとも理工系の技術者や研究者は，確率統計の背後にある理論をしっかりと学び，必要に応じて既存の知識を適用したり，新しい技術を開発したりできるようになるべきです．とはいえ，従来の確率統計の教科書は，数学に関する説明をあまり丁寧にしていなかったのも事実でしょう．そこで，本書では，確率統計の入門書という立場を取りつつも，可能な限り例題を数多く入れ，さらに例題で利用するすべての定理に詳しい証明をつけました．恐らく本書のように詳しい証明を付けている和書は他にはないと思います．

　また，本書が，入門レベルからやや高度なレベルの知識を求める読者に

対応できるよう次のような読者を想定して本書を執筆しました．

(1) 啓蒙書レベルの知識が欲しい人 今は確率統計の知識が全くないが，レポートや卒論で必要なデータ整理方法を身に付けたい人，とりあえず推定や検定ができるようになりたい人など．

(2) 理論的な背景を知りたい人 今まで式の意味や導出が分からずに統計手法を使っていたけど理論的な背景が知りたい人．

(3) やや高度な知識が欲しい人 確率統計の基礎を超えて，多変量解析やベイズ統計などを学ぼうとしている人．

それぞれの人に対する本書の使い方は次の通りです．

(1) に該当する人の使い方 定義と定理（証明は不要）を読み，例題に取り組んでください．例題の解答はかなり丁寧に書いていますので，定義や定理の意味が少し分からなくても，例題で納得してもらえると思います．また，できることならば●がついた演習問題に取り組んでください．なお，アスタリスク * を付している節や項は，ややレベルの高い内容を含んでいるので，読み飛ばしても構いません．当該部分の文字も小さくしています．

私の経験上，ヒストグラムや平均，分散，偏差値といった言葉は聞いたことがあるけど，実際にどのようなものか分からない，あるいは忘れてしまった，という学生が非常に多いので，本書ではデータの整理から丁寧に書くことにしました．とりあえず，第 1 章の知識だけで，簡単なデータ整理はできるようになります．

(2) に該当する人の使い方 定義および定理を読み，定理の証明を理解した上で，例題に取り組んでください．定理の証明はかなり丁寧に書きましたので，あきらめずにじっくりと読んでください．また，演習問題に取り組んでください．特に，※がついたものは主に証明問題で，線形代数や微分積分の知識も必要となります．略解を見ても分からな

い場合は，参考文献を参照してください．なお，アスタリスク * を付している節や項は，初読の際は読み飛ばして構いません．

(3) に該当する人の使い方　(2) に加えて，アスタリスク * を付している節や項も理解してください．

参考までに本書を 1 コマ 90～100 分の 15 回講義で利用する際の授業計画例を以下に示します．丸カッコ内に本書の節や項を示していますが，その内容をすべて扱う必要はありません．

第 1 回　度数分布とヒストグラム (第 1.1～1.3 節)
第 2 回　データの特性値と散布度 (第 1.5～1.6 節)
第 3 回　相関関係 (第 1.7.1～1.7.3 項)
第 4 回　確率変数と確率分布 (第 2.2～2.3 項)
第 5 回　確率変数の平均と分散 (第 2.5 節)
第 6 回　確率変数の独立性と条件付き確率 (第 3.1～3.2 節)
第 7 回　大数の法則，多次元確率分布とベイズの定理 (第 3.3～3.6 節)
第 8 回　二項分布と正規分布 (第 4.2～4.4 節)
第 9 回　確率と確率分布に関する復習 (第 4 回～第 8 回の復習)
第 10 回　標本平均と中心極限定理 (第 6.1～6.2 節)
第 11 回　推定の考え方と母平均（分散が既知の場合）の区間推定 (第 7.1 節, 第 7.4.1 項)
第 12 回　母比率の区間推定 (第 7.4.4 項)
第 13 回　検定の考え方 (第 8.1 節)
第 14 回　分散が既知の場合の平均値の検定 (第 8.2.1 項)
第 15 回　推定と検定に関する復習 (第 11 回～第 14 回の復習)

また，2012 年度の高校 1 年生から実施されたいわゆる新課程の高校数学では，「データ分析」，「確率分布と統計的な推測」といった内容が入り，2015 年度入学生からは，本書の内容の一部も学んできています．この点に配慮し，高校数学の内容を多く含む範囲には星印★を入れて文字も小さくして

いますので，すでに学んでいる人は，読み飛ばす際の目安に利用してください．

　本書は「スッキリ数学シリーズ」の名に恥じないよう，すべてにおいて丁寧な説明を心がけました．本書が，確率統計は全く習ったことがないという学生から，現場で確率統計を使っている技術者・研究者の皆さんすべてのお役に立てれば幸いです．

2015 年 3 月 26 日

皆本　晃弥

目 次

第 1 章 データの整理　　1
- 1.1 度数分布とヒストグラム ★ 2
- 1.2 階級数の設定方法 4
- 1.3 相対度数と累積度数★ 7
- 1.4 度数分布に関する話のまとめ★ 9
- 1.5 データの特性値 13
  - 1.5.1 平均★ 13
  - 1.5.2 メジアン★ 16
  - 1.5.3 モード★ 18
  - 1.5.4 平均・メジアン・モードの関係★ 19
  - 1.5.5 幾何平均と調和平均* 21
- 1.6 散布度 25
  - 1.6.1 四分位偏差★ 25
  - 1.6.2 平均偏差 26
  - 1.6.3 分散と標準偏差★ 28
  - 1.6.4 箱ひげ図★ 30
  - 1.6.5 変動係数* 31
  - 1.6.6 平均と分散の基本性質★ 33
  - 1.6.7 偏差値* 37
  - 1.6.8 チェビシェフの不等式* 38
- 1.7 相関と回帰 39
  - 1.7.1 相関図★ 40

	1.7.2	相関係数★	41
	1.7.3	相関関係と因果関係★	46
	1.7.4	回帰直線	47
	1.7.5	決定係数*	54
	1.7.6	偏相関係数*	56
	1.7.7	共分散行列*	58

第2章 確率変数と確率分布　　61

- 2.1 確率とは何か 61
  - 2.1.1 頻度的立場の確率 61
  - 2.1.2 公理論的立場の確率 64
- 2.2 確率変数★ 75
- 2.3 確率分布★ 77
- 2.4 分布関数★ 83
- 2.5 確率変数の平均と分散★ 87
- 2.6 確率変数のメジアンとモード* 96
- 2.7 MAD* 98

第3章 多次元確率分布　　101

- 3.1 2次元確率分布★ 101
- 3.2 独立な確率変数★ 109
- 3.3 ベイズの定理 116
- 3.4 同時確率変数の期待値と分散★ 120
- 3.5 n個の確率変数 127
- 3.6 大数の法則★ 134

第4章 二項分布と正規分布　　137

- 4.1 順列と組合せ★ 137
- 4.2 二項分布 139
- 4.3 正規分布★ 143

4.4	二項分布と正規分布の関係★	151
4.5	正規分布と MAD*	154
4.6	多次元正規分布*	155

第5章　確率分布とモーメント母関数　159

5.1	歪度と尖度*	159
	5.1.1　歪度	159
	5.1.2　尖度	160
5.2	モーメントとモーメント母関数	161
5.3	幾何分布とポアソン分布*	166
	5.3.1　幾何分布*	167
	5.3.2　ポアソン分布*	167
5.4	確率分布の再生性	169
5.5	同時確率変数のモーメント母関数と多項分布*	170

第6章　標本分布　173

6.1	母集団と標本★	173
6.2	標本平均と標本分散★	176
6.3	ガンマ関数・ベータ関数*	182
6.4	χ^2 分布	186
6.5	t 分布	191
6.6	F 分布	196

第7章　推定　201

7.1	推定の概要	201
7.2	推定量とその性質	202
7.3	モーメント法と最尤法による点推定	207
	7.3.1　モーメント法	207
	7.3.2　最尤推定量	209
7.4	区間推定	214

　　　　7.4.1　母平均 μ の区間推定 (σ^2 が既知) ★ 216
　　　　7.4.2　母平均の μ の区間推定 (σ^2 が未知) 218
　　　　7.4.3　母分散 σ^2 の推定 221
　　　　7.4.4　母比率の区間推定★ 223

第 8 章　検定　　　　　　　　　　　　　　　　　　　　　　　　227

　8.1　検定の考え方 227
　8.2　平均の検定 235
　　　　8.2.1　平均の検定 (分散が既知の場合) 235
　　　　8.2.2　平均の検定 (分散が未知の場合) 238
　8.3　等平均の検定 240
　　　　8.3.1　分散が既知の場合 241
　　　　8.3.2　分散は等しいが未知の場合 242
　　　　8.3.3　分散が未知の場合* 244
　　　　8.3.4　2 母集団の標本に対応がある場合 245
　8.4　分散の検定 247
　8.5　等分散の検定 249
　8.6　母比率に関する検定 252
　　　　8.6.1　母比率の検定 252
　　　　8.6.2　母比率の差の検定 254
　8.7　適合度の検定* 256
　8.8　独立性の検定* 259

付録：分布表　　　　　　　　　　　　　　　　　　　　　　　　　264

付録：演習問題の解答　　　　　　　　　　　　　　　　　　　　　273

付録：スタージェスの公式の導出　　　　　　　　　　　　　　　　280

索　引　　　　　　　　　　　　　　　　　　　　　　　　　　　　281

第1章
データの整理

　一般に，**統計**というのは，ある集団を構成する特徴を調べたり，データの属性を値で表したり，さらには，それを図表で表示したりすることです．そして，**統計解析**とは，収集されたデータを統計的手法を用いて客観的に解析し，データに隠された意味を明らかにする学問です．

　統計解析では，例えば，Aさんの得点とかBさんの成績向上度とか，個々の状況や傾向には関心がありません．クラス全体の成績やその変化など，全体的な状況や傾向に関心があるのです．全体の様子 (これを**分布**と呼ぶこともあります) に合わない例外には全く着目しません．

　さて，全体の状況を把握するにはどうしたらよいでしょうか? 漫然とデータを眺めていても何も得られませんね．表や図で表したり，数値化したりしてデータを整理する必要があります．ここでは，データを整理・要約する方法について学びます．これに関する学問を**記述統計学**[1]といい，本章の内容が記述統計そのものです．データを整理して全体の状況を把握するには，後述する代表値や散布度を求めたり，グラフを描いたりします．

---

[1] 細かいことをいえば，**記述統計学**とは，ある集団の特徴を記述するために，対象となった各個体についてデータを収集し，得られたデータを整理・要約する方法を扱う学問です．したがって，記述統計学では，データの整理・要約方法だけでなく，データ収集方法も学問対象となっています．

Section 1.1
度数分布とヒストグラム ★

以下で示した数字の列は，A 大学 B 科目における 66 人分の定期試験結果です．

──── B 科目の定期試験結果 ────

52	53	62	32	89	77	80	53	83	76	53	37	66	39
78	47	76	74	90	51	65	48	78	78	56	44	45	61
58	59	93	72	98	80	54	27	61	26	52	67	53	47
59	73	64	0	57	75	74	91	76	65	81	65	43	71
62	23	78	91	99	68	61	74	47	54				

このとき，B 科目の定期試験受験者 66 名が調査対象全体となりますが，一般に，調査対象の全体を**集団**といい，集団を構成している個々の要素 (ここでは人) を**個体**といいます．そして，得点のように個体の数値化された特性をまとめたものを**データ**あるいは**資料**といい，個体の総数をデータの**サイズ**あるいは**大きさ**といいます．また，今回のように試験，あるいは調査や実験などを行って実際にデータを集めることを**観測**といい，これにより得られた値を**観測値**といいます．今の場合，各人の得点が観測値，全員の得点をまとめたものがデータ，受験者総数の 66 がデータのサイズとなります．

さて，この定期試験結果をぼーっと見ていただけでは全体の様子は分かりませんね．このデータから全体の様子を把握するにはどうしたらよいでしょうか？ まず，誰にでも思い付きそうなのが，データを得点順に並べることですね．このデータを得点の低い順に並べると次のようになります．なお，データを値の小さい順に並べることを**昇順**，逆に値の大きい順に並べることを**降順**といいます．

──── B 科目の定期試験結果 (昇順) ────

0	23	26	27	32	37	39	43	44	45	47	47	47	48
51	52	52	53	53	53	53	54	54	56	57	58	59	59
61	61	61	62	62	64	65	65	65	66	67	68	71	72
73	74	74	74	75	76	76	76	77	78	78	78	78	80
80	81	83	89	90	91	91	93	98	99				

このデータからすぐに分かることは，最低点が 0 点で，最高点が 99 点であることです．それ以外の情報は，このデータからはすぐには読み取れませんね．そこで，データをいくつかのクラス (これを**階級**といいます) に分類して，各クラスに属する個数 (これを**度数**あるいは**頻度**といいます) を調べてみましょう．具体的には次の手順を踏みます．

(1) データの最大値 $a_{\max}$ と最小値 $a_{\min}$ を求める．
(2) 範囲 $R = a_{\max} - a_{\min}$ を求める．
  一般に，データの最大値と最小値の差を**範囲**あるいは**レンジ**といいます．
(3) 範囲 R に基づいて，データをいくつかの階級に分ける．
  ただし，次の点に注意する必要があります．

- 階級幅は，簡単な数にする．
  ここで，階級を $a_{i-1} \sim a_i$ としたときの**階級幅**とは，$a_i - a_{i-1}$ のことです．ただし，$a_{i-1} \sim a_i$ は，a_{i-1} 以上 a_i 未満と解釈します．
- 観測値が階級の境界値と一致しないようにする[2]．
- 階級の数は，全体の様子が分かりやすいように定める．

階級の数については，後で議論することにしましょう．なお，階級を代表する値のことを**階級値**といいます．通常は，各階級内では観測値は一様に分布していると仮定して，各階級の中央の値を階級値にします．つまり，階級 $a_{i-1} \sim a_i$ の階級値 x_i を $x_i = \dfrac{a_{i-1} + a_i}{2}$ とするのです．

(4) データを各階級に分類し，度数を調べて表を作る．
   この表のことを**度数分布表**といいます．
(5) 度数分布表に基づいて**ヒストグラム**を作成する．
   ヒストグラムとは，度数分布表において，各階級を横軸にとり，階級幅を底辺の長さとし，度数を高さとする長方形で表して，度数分布をグラフ表示したものです．また，ヒストグラムは**柱状グラフ**と呼ばれることもあります．

統計解析を行う際，最初に行う作業は，度数分布表とヒストグラムを作成することだ，といっても過言ではないでしょう．

以上の手順にしたがって作成した度数分布表とヒストグラムをそれぞれ表 1.1 と図 1.1 に示します．

表 1.1 度数分布表

階級	度数
0~20	1
20~30	3
30~40	3
40~50	7
50~60	14
60~70	12
70~80	15
80~90	5
90~100	6

表 1.1 において，例えば，80~90 は，80 点以上 90 点未満，つまり，80 点台であることを意味します．他も同様に考えますが，90~100 だけは 90 点以上 100 点以下と考えます．80 点台を 80~89 と書く場合もあります．この場合は，80 点以上 89 点以下と考えます．いずれにせよ，表記はどちらか一方で統一したほうがよいでしょう．ただし，階級幅を求める際には，前者のほうが便利です．実際，80~90 を 80 点以上 90 点未満と解釈した場合は，階級幅 (ここでは 80 から 89 の間にある自然数の数) は $90 - 80 = 10$ と簡単に求まりますが，80~89 を 80 点台と解釈した場合は，階級幅を求める際に $89 - 80 + 1 = 10$ として 1 を加えなければなりません．

多くの大学の成績評価では，「秀」(90~100 点)，「優」(80~89 点)，「良」(70~79 点)，「可」(60~69 点)，「不可」(60 点未満)，という評語が使われているので，60 点以上はこの評語にしたがって階級を分け，60 点未満は 19 点未満を除いて 10 点刻

---

[2] 例えば，10 分の 1 秒までしか測定できないストップウォッチを使って 50m 走を測定したとき，その結果には 0.05 秒程度の誤差が見込まれます．そのようなときは，階級を 7.4 ~7.5 とするのではなく，7.35 ~ 7.45 とします．こうすれば，測定結果はすべてある階級に属します．これについては注意 1.4.2 も参照してください．

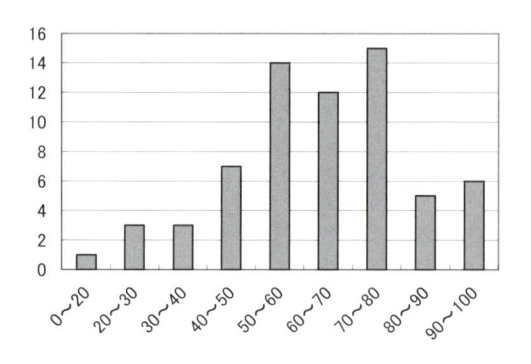

図 1.1 ヒストグラム

みで階級を分けています．なお，19点未満の階級幅を20点にしたのは，19点未満が1名しかいなかったからです．全体の様子を見るには，1名しかいない19点未満のデータは重要ではないので，最初から考慮しない，ということも考えられます．

■■■ 演習問題 ■■■■■■■■■■■■■■■■■■■■■

●**演習問題 1.1** 次の6つの観測値，

$$-1, \quad -3, \quad -5, \quad 1, \quad 3, \quad 5$$

に対して，範囲 (レンジ) を求めよ．

Section 1.2
階級数の設定方法

ヒストグラム (図 1.1) からは，50〜70点台が多く，それ以外は少ない，ということはすぐに読み取れます．しかし，全体的な特徴としては，それ以上のことはいえそうにありません．また，40〜80点台でデコボコが生じています．階級の数が多すぎて，分布がデータに敏感に反応しているのかもしれません．そこで，階級数を現在の9から7に減らして，データから0点をとった1名を除き，最高点を99点，最低点を23点としてヒストグ

ラムを描いてみましょう．このとき，階級幅は $\frac{99-23}{7} = 10.857... \approx 11$ として考えてみます．こうして得られた度数分布表とヒストグラムが，表 1.2 と図 1.2 です．図 1.2 からは，階級 56～67 を頂点として，なんとなく山の形になっていることが分かります．さらに，階級数を減らして 5 にしたものが表 1.3 と図 1.3 です[3]．このときの階級幅は $\frac{99-23}{5} = 15.2 \approx 15$ としています．図 1.3 からは，階級 70～85 を最高に傾きがやや左下がりになっていることが分かります．

図 1.1～1.3 は，すべて同一データから得たヒストグラムですが，見て分かるように，階級の設定が変わると，ヒストグラムの形がかなり変わってしまいます．したがって，度数分布表の階級数や階級の設定の仕方が重要であることが分かると思います．

表 1.2 度数分布表 (階級数 7)

階級	度数
23～34	4
34～45	4
45～56	14
56～67	15
67～78	13
78～89	8
89～100	7

表 1.3 度数分布表 (階級数 5)

階級	度数
23～40	6
40～55	16
55～70	17
70～85	19
85～100	7

それでは，階級をどのように設定すればよいのでしょうか？ 残念ながら，これについての統一的なルールはありません．感覚的には滑らかな分布の形が想像できるように階級を設定するのが望ましいでしょう．図 1.1～1.3 では，図 1.2 がその条件に最も合うでしょう．今回は，最初の階級数を 9 として，その数を単純に 2 ずつ減らしましたが，実際には，表計算ソフトや統計解析ソフトを利用して，試行錯誤しながら階級を設定することになり

---

[3] 本来は，階級 23～40 の幅が 17 で，それ以外の階級幅が 15 なので，階級 23～40 の底辺を大きくとらなければなりません．しかし，ここではその差が 2 しかないことから，すべての階級の底辺を同じ長さにしています．

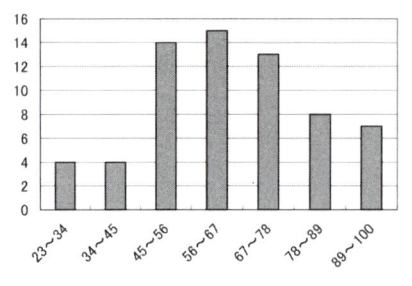

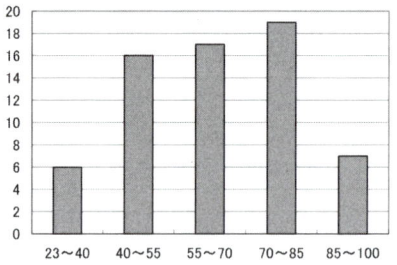

図 1.2 ヒストグラム (階級数 7)　　図 1.3 ヒストグラム (階級数 5)

ます．ただし，試行錯誤するにも，最初にどのように階級を設定するかは考えておかなければなりません．その際に，階級数については**スタージェスの公式**を参考にすれば良いと思います．スタージェスの公式とは，データのサイズを N としたとき，階級数 n を，

$$n \approx 1 + \log_2 N = 1 + \frac{\log_{10} N}{\log_{10} 2} \tag{1.1}$$

と設定する，というものです．導出については，280 ページを見てください．

今回の場合，0 点を除いて，データ数が 65 ですから，

$$1 + \frac{\log_{10} 65}{\log_{10} 2} \approx 1 + \frac{1.81291}{0.30103} \approx 7.022357 \approx 7$$

となります．今回は，この結果と同じ階級数が 7 のときに，図 1.2 のように何となく滑らかな分布の形が見えるヒストグラムが得られました．とはいえ，スタージェスの公式はあくまでも目安として利用するものなので，階級数を設定する際には ±2 程度ずらして考えても構いません．

■■■ 演習問題 ■■■■■■■■■■■■■■■■■■■■■■

●**演習問題 1.2** データのサイズを N，階級数を n とする．このとき，スタージェスの公式に基づいて次の (ア)～(オ) に入る値 (目安でよい) を求めよ．

N	50	100	500	1000	2000
n	(ア)	(イ)	(ウ)	(エ)	(オ)

Section 1.3
相対度数と累積度数★

　今までは，階級と度数だけを考えてきましたが，例えば，「50 点台の人は全体の何%か?」といったように，各階級に属する個体数の割合を知りたいこともあります．そこで，データの大きさを 1 として，各階級に属する観測値の全体における割合を考えます．これを**相対度数**といいます．これは，特に，データの大きさが異なる複数のデータの分布を比較するときに有効です．例えば，大学の授業科目では，たいていの場合，年度ごとに受講生の数が異なりますから，ある科目の成績を年度間で比較したいときは，相対度数を使うことになります．

　また，データによっては度数を下の階級から順に加えていったときの度数が重要になることもあるでしょう．これを**累積度数**といいます．例えば，定期試験において 60 点以上で合格となる科目の場合，不合格者の総数，つまり，60 点未満の総数を知りたいことはよくあることです[4]．相対度数と同様に，不合格者の数ではなく，その割合を知りたいこともあるでしょう[5]．このようなときは，相対度数の和を考えます．これを**累積相対度数**といいます．

　第 1.1 節では，度数分布表には階級と度数しか記載しませんでした．しかし，**度数分布表にはこれらだけなく，階級値，累積度数，相対度数，累積相対度数を記載する**のが一般的です．ここでは例として，表 1.2 に，階級値，累積度数，相対度数，累積相対度数を追加してみましょう．すると，表 1.4 が得られます．また，ヒストグラムに累積相対度数を追加したものが図 1.4 です．なお，図 1.4 の折れ線を，**累積相対度数折れ線**といいます．

表 1.4 度数分布表 (階級数 7)

階級	階級値	度数	累積度数	相対度数	累積相対度数
23〜34	28.5	4	4	0.0615	0.0615
34〜45	39.5	4	8	0.0615	0.123
45〜56	50.5	14	22	0.2154	0.3384
56〜67	61.5	15	37	0.2308	0.5692
67〜78	72.5	13	50	0.2	0.7692
78〜89	83.5	8	58	0.1231	0.8923
89〜100	94.5	7	65	0.1077	1.000

---

[4] あまりにも不合格者が多ければ，講義室の収容人数によっては次年度はクラスを 2 つに分けて講義をしないといけないかもしれません．そうすると，少なくとも時間割作成に影響が出ます．

[5] 割合を調べれば，科目ごとに「単位の取りやすさ」が分かります．

注意 1.3.1 ここでは，相対度数の総和が 1.000 となっていますが，もともと相対度数は近似値なので，1 にならないこともあり得ます．なお，一般にある値を近似するときには四捨五入を使います．例えば，0.2153<u>8</u>465 を 0.2154 とします．

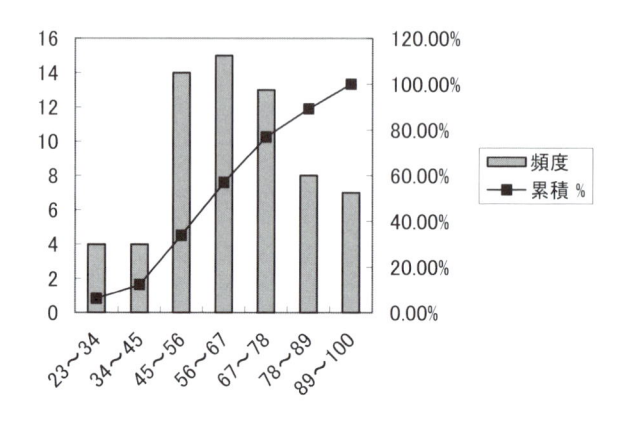

図 1.4 累積相対度数折れ線つきヒストグラム

演習問題

●**演習問題 1.3** 次の表はある科目の成績をまとめたものである．空欄に入る値を求めよ．ただし，相対度数と累積相対度数は小数点以下第 3 位まで求めること．

成績	度数	累積度数	相対度数	累積相対度数
秀	6			
優	11			
良	14			
可	15			
不可	33			

※**演習問題 1.4** 本節で述べたこと以外で，相対度数，累積度数および累積相対度数が役に立つ例を考えよ．

Section 1.4
度数分布に関する話のまとめ★

　第 1.1〜1.3 までの話は，やや具体的過ぎて，登場した用語の定義がよく分からなかったかもしれません．ここでは，読者が復習しやすいように，これまでの話をまとめることにしましょう．

───── レンジ ─────

定義 1.1 サイズ N のデータが与えられたとき，その最大値 $a_{\max}$ と最小値 $a_{\min}$ との差，
$$R = a_{\max} - a_{\min}$$
を**レンジ**あるいは**範囲**という．

───── 階級 ─────

定義 1.2 データが存在する閉区間 $[a_{\min}, a_{\max}]$ を n 等分 $(n \geq 2)$ するとき，n 等分された区間を**階級**といい，n を**階級数**という．このときの**階級幅**は $d \approx \dfrac{R}{n}$ である．一般には，d が自然数となるように $\dfrac{R}{n}$ を切り上げる．

注意 1.4.1 n 等分点は，
$$a_0 = a_{\min}, a_1 = a_{\min} + d, a_2 = a_{\min} + 2d, \ldots, a_n = a_{\min} + nd = a_{\max}$$
なので，n 個の階級は小区間 $[a_0, a_1), [a_1, a_2), \ldots, [a_{n-2}, a_{n-1}), [a_{n-1}, a_n]$ となります．つまり，各階級は，a_0 以上 a_1 未満，a_1 以上 a_2 未満，…，a_{n-2} 以上 a_{n-1} 未満，a_{n-1} 以上 a_n **以下**，となります．本書では，これらを簡単に $a_0 \sim a_1$，$a_1 \sim a_2$，…，$a_{n-2} \sim a_{n-1}$，$a_{n-1} \sim a_n$，と表記します．

　ほとんどの場合は，都合のよいように R を n 等分できません．このようなときは，
$$a_0 = a_{\min}, a_1 = a_{\min} + d, a_2 = a_{\min} + 2d, \ldots, a_{n-1} = a_{\min} + (n-1)d$$
として，$a_n = a_{\max} (\neq a_{\min} + nd)$ とするか，
$$a_n = a_{\max}, a_{n-1} = a_{\max} - d, \ldots, a_1 = a_{\max} - (n-1)d$$
として，$a_0 = a_{\min} (\neq a_{\max} - nd)$ とすればよいのです．もちろん，前者の場合は階級 $a_{n-1} \sim a_n$ の，後者の場合は階級 $a_0 \sim a_1$ の階級幅が他とは異なります．また，テストの得点のように 100 点満点と分かっていて，最高点が 99 点といった場

合は，$a_{\max}$ を 100 点にして階級を設定することもあります．表 1.2 や表 1.3 はこれらの考え方に基づいて作成されています．

注意 1.4.2 一般には，階級の境界を観測値と一致させないようにしたほうがよいでしょう．というのも，階級の境界と観測値が一致しなければ，すべての観測値が必ずある階級に属するからです．例えば，得点の場合は，階級を 70〜80 とするのではなく，70.5〜80.5 のようにするのです．一致させる場合には，テストの得点例のように，階級の境界をどちらの階級に入れるか決めておく必要があります．

────── 階級値 ──────

定義 1.3 各階級を代表する値を**階級値**という．一般には，階級 $a_{i-1} \sim a_i$ の中央の値，
$$x_i = \frac{a_{i-1} + a_i}{2}$$
を階級値とする．

────── 変量 ──────

定義 1.4 交通事故件数や騒音レベルのように，調査・観測対象の特性を数量で表したものを**変量**と呼ぶ．このうち，身長とか雨量のように連続的な値をとり得る変量を**連続変量**といい，テストの得点とか人数のようにとびとびの値しかとれない変量を**離散変量**という．

────── 度数 ──────

定義 1.5 各階級 $a_{i-1} \sim a_i$ に属するデータの個数 f_i を**度数**という．また，$F_i = f_1 + f_2 + \cdots + f_i$ を**累積度数**という．さらに，全データサイズ N に対する各階級のデータサイズの比率 $\frac{f_i}{N}$ を**相対度数**といい，$\frac{F_i}{N}$ を**累積相対度数**という．

────── 生データと度数データ ──────

定義 1.6 階級に分ける前の何も操作していないデータを**生データ**あるいは**粗データ**といい，階級分けをして度数をとったデータを**度数データ**という．

────── 度数分布表 ──────

定義 1.7 階級，階級値，度数，相対度数，累積度数，累積相対度数を表にしたものを**度数分布表**という．

1.4 度数分布に関する話のまとめ★

表 1.5 度数分布表

階級	階級値	度数	累積度数	相対度数	累積相対度数
$a_0 \sim a_1$	x_1	f_1	F_1	f_1/N	F_1/N
$a_1 \sim a_2$	x_2	f_2	F_2	f_2/N	F_2/N
$\vdots$	$\vdots$	$\vdots$	$\vdots$	$\vdots$	$\vdots$
$a_{n-2} \sim a_{n-1}$	x_{n-1}	f_{n-1}	F_{n-1}	f_{n-1}/N	F_{n-1}/N
$a_{n-1} \sim a_n$	x_n	f_n	F_n	f_n/N	F_n/N

表 1.5 において，$a_0 \sim a_1$ から $a_{n-2} \sim a_{n-1}$ までは「a_{i-1} 以上 a_i 未満」という意味ですが，$a_{n-1} \sim a_n$ だけは「a_{n-1} 以上 a_n 以下」であることに注意しましょう[6]．

---ヒストグラム---

定義 1.8 度数分布表において，各階級を横軸にとり，階級幅を底辺の長さとし，度数を高さとする長方形で表して，度数分布をグラフ表示したものを**ヒストグラム**という．また，累積相対度数を折れ線で表したものを**累積相対度数折れ線**という．

ここまでのまとめとして，次の例題をやってみましょう．

---度数分布表---

例 1.1 次は，ある科目における 59 名の試験結果である．
61 26 63 76 62 79 54 85 65 43 24 35 22 84 79 68 36 65 53 67
68 62 21 60 79 53 66 97 67 98 77 73 30 70 42 66 69 19 64 74
64 50 43 60 66 94 75 64 71 47 79 50 71 98 100 48 31 86 32
これをもとに度数分布表，ヒストグラム，累積相対度数折れ線を描け．

【解答】
(ステップ 1) レンジを求めて，階級数を定める．
最小値は $a_{\min} = 19$ で，最大値は $a_{\max} = 100$ なので，レンジ R は，
$$R = a_{\max} - a_{\min} = 100 - 19 = 81$$
である．ここで，データのサイズは 59 なので，スタージェスの公式より，
$$n = 1 + \frac{\log_{10} N}{\log_{10} 2} = 1 + \frac{\log_{10} 59}{\log_{10} 2} \approx 6.883$$
となるので，階級数 n を 7 にする．
(ステップ 2) 階級を決める．
$$\frac{R}{n} = \frac{81}{7} \approx 11.57$$

---
[6]ただし，これは a_n が観測値と一致する場合であって，一致しない場合は，「a_{n-1} 以上 a_n 未満」と解釈しても構いません．

となるので，階級幅は 11～12 が望ましいが，テストの場合は階級幅を 10 にしたほうが度数分布表も見やすい．また，10 と 11 の差は少ない．そこで，階級幅を 10 とし，階級を次のように定める．

$$40 \text{ 点未満},\ 40 \text{ 点台},\ 50 \text{ 点台},\ 60 \text{ 点台},\ 70 \text{ 点台},\ 80 \text{ 点台},\ 90 \text{ 点以上}$$

また，40 点台から 90 点以上までの階級については，各階級の中央値を階級値とする．つまり，それぞれ，45, 55, 65, 75, 85, 95 とする．40 点未満については，最小値が 19 点であることから，$(40 + 19)/2 = 29.5$ より，30 を階級値とする．

(ステップ 3) 度数分布表を作成し，ヒストグラムを描く．
度数分布表およびヒストグラムは次のようになる．

階級	階級値	度数	累積度数	相対度数	累積相対度数
40 点未満	30	10	10	0.1695	0.1695
40 点台	45	5	15	0.0847	0.2542
50 点台	55	5	20	0.0847	0.3389
60 点台	65	19	39	0.3220	0.6609
70 点台	75	12	51	0.2034	0.8643
80 点台	85	3	54	0.0508	0.9151
90 点以上	95	5	59	0.0847	0.9998

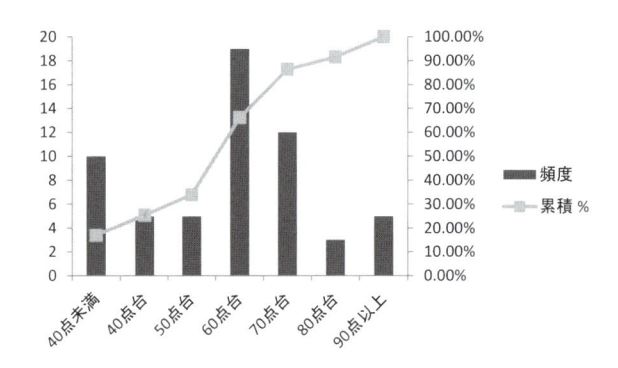

注意 1.4.3 例 1.1 において，相対度数の総和が 0.9998 となって，1 にならないからといって慌てないようにしましょう．注意 1.3.1 で指摘したように，相対度数が近似値なので誤差の影響により 1 にならないこともあります．また，ここでは累積相対度数を相対度数から求めているため，相対度数の総和が 1 になっていません．累積度数をデータサイズで割れば，つねに相対度数の総和 (つまり，累積相対度数の最終行) は 1 となります．したがって，累積相対度数を求める場合は，累積度数をデータサイズで割ったほうがよいのです．ちなみに，累積度数を使って累積相対度数を求めると，第 1 行から順に，0.1695, 0.2542, 0.3390, 0.6610, 0.8644, 0.9153, 1 となります．

■■■ 演習問題 ■■■■■■■■■■■■■■■■

●**演習問題 1.5** 次は，ある科目における 36 名の試験結果である．
29 51 86 61 96 78 98 82 63 36 66 79 68 60 64 92 81 76 80 62 75
69 80 90 66 95 71 85 79 93 87 82 73 88 80 47

これをもとに度数分布表，ヒストグラム，累積相対度数折れ線をかけ．

Section 1.5
データの特性値

　ヒストグラムを使って全体の状況を把握する方法は，人間の視覚能力を頼った方法です．もし，全体の様子を数値で表すことができたなら，もはや人間の視覚に頼る必要はありません．また，2つ以上のデータを比較するときは，何らかの意味でそのデータを代表する値があると便利です．ここではこのデータを代表する値について考えることにしましょう．

―――― 代表値 ――――

定義 1.9 データを何らかの意味で代表する値のことを**代表値**という．

　ヒストグラムは人間の視覚能力に頼っているため，同じヒストグラムを見せても人によって見方が違う場合もあります．しかし，代表値だと，計算ミスがなければ，人によって値が異なる，ということはありません．つまり，代表値にはヒストグラムよりも客観性があります．そのため，データの特性を第3者に説明するときには，代表値がよく使われます．

1.5.1 平均★

　代表値として最も有名なものは平均だと思います．まずは，この平均から説明しましょう．

―――― 算術平均 ――――

定義 1.10 N 個の観測値 $x_1, x_2, \ldots, x_N$ の総和をデータのサイズ N で割ったもの
$$\bar{x} = \frac{x_1 + x_2 + \cdots + x_N}{N} = \frac{1}{N}\sum_{i=1}^{N} x_i$$
を**算術平均**や**相加平均**，あるいは単に**平均** (または**平均値**) という．

算術平均

例 1.2 太郎君が，一週間に使った金額 (単位は日本円) は次の通りである．

月	火	水	木	金	土	日
400	1500	200	100	2000	5000	300

これの算術平均 $\bar{x}$ を求め，その意味を答えよ．

【解答】
平均は
$$\bar{x} = \frac{400 + 1500 + 200 + 100 + 2000 + 5000 + 300}{7} = \frac{9500}{7} = 1357.1428... \approx 1357$$
である．これは，太郎君が1週間に使った1日当たりの金額を表している．　■

例 1.2 のように，平均の意味は分かりやすく，また，すべての観測値が使われているにもかかわらず計算が単純なので，平均が代表値としてよく使われています．ただし，平均は，しばしば実際には起こりえない値となります．実際，例 1.2 において平均は 1357 円となりますが，1357 円を使った日はありません．

もう少し平均の意味を考えてみましょう．平均の定義より，
$$\sum_{i=1}^{N}(x_i - \bar{x}) = \sum_{i=1}^{N} x_i - N\bar{x} = N\bar{x} - N\bar{x} = 0$$

が成り立ちます．これは，$\bar{x}$ のまわりのモーメントは 0，つまり，平均 $\bar{x}$ がデータの重心であることを意味します．話を具体的にするために，例 1.2 において，金額の数値を数直線上に配置して，それぞれに同じ重さがあるとしましょう．このとき，$\bar{x}$ のまわりのモーメントが 0，ということは，平均である 1357 のところに支点があれば釣り合いがとれる，ということを意味します (図 1.5)．

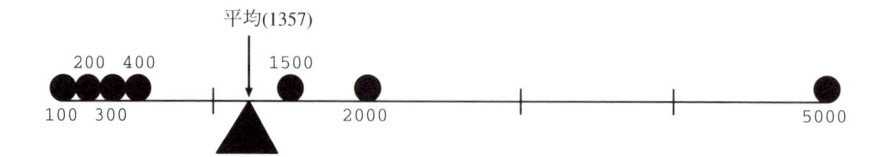

図 1.5 平均の概念図

次に，生データでなく度数データが与えられている場合を考えましょう．

1.5 データの特性値

平均

定義 1.11 次のような度数分布表が与えられたとき,

$$\bar{x} = \frac{1}{N}(x_1 f_1 + x_2 f_2 + \cdots + x_n f_n) = \frac{1}{N}\sum_{i=1}^{n} x_i f_i \tag{1.2}$$

を**算術平均**や**相加平均**, あるいは単に**平均**(または**平均値**)という.

階級値	x_1	x_2	$\cdots$	x_n	計
度数	f_1	f_2	$\cdots$	f_n	N

なお, (1.2) を**標本平均**と呼ぶことがある.

例えば, 表 1.3 をもとに作った次の度数分布表を考えます.

階級	階級値	度数
23～40	31.5	6
40～55	47.5	16
55～70	62.5	17
70～85	77.5	19
85～100	92.5	7

このとき, 定期試験受験者 65 名の総得点は,

$$31.5 \times 6 + 47.5 \times 16 + 62.5 \times 17 + 77.5 \times 19 + 92.5 \times 7$$

と考えられます. したがって, 一人当たりの点数はこれを 65 名で割った値

$$\frac{1}{65}(31.5 \times 6 + 47.5 \times 16 + 62.5 \times 17 + 77.5 \times 19 + 92.5 \times 7)$$

となるのです. この値も一人当たりの点数にはなっていますが, 算術平均とは異なり, 全員のデータを使っていませんから, そのことを強調するために, 標本(サンプル)という言葉を使って, 標本平均というのです[7]. また, 度数データは生データを要約したものなので, これらは一致しません. したがって, 通常, 算術平均と標本平均も一致しません.

■■■ 演習問題 ■■■■■■■■■■■■■■■■■■■■■■■■■■

●**演習問題 1.6** ある学科スタッフの年齢が次のようになっているとき, この平均年齢を求めよ.

$$33, \quad 29, \quad 55, \quad 43, \quad 62, \quad 38$$

●**演習問題 1.7** 次の度数分布の平均を求めよ.

階級値	40	60	80	100
度数	10	20	15	5

---

[7] 考え方は, 第 6.2 節で登場する標本平均と同じです.

●**演習問題 1.8** 観測値 $x_1, x_2, \ldots, x_m$ の平均を $\bar{x}$ とし，$y_1, y_2, \ldots, y_n$ の平均を $\bar{y}$ とするとき，これらを合わせた $m+n$ 個の観測値 $z_1, z_2, \ldots, z_{m+n}$ の平均 $\bar{z}$ は，次式で得られることを示せ．

$$\bar{z} = \frac{1}{m+n}(m\bar{x} + n\bar{y})$$

1.5.2 メジアン★

ここでは，少し極端な例を考えて見ます．例えば，10日間に受け取ったメールの数が次のようになっていたとしましょう．

$$100, \ 70, \ 1, \ 3, \ 0, \ 2, \ 10, \ 5, \ 9, \ 7$$

このとき，平均は $\frac{207}{10} = 20.7$ となります．平均より小さいものが8個もあり，このとき，平均は代表値として不適切です．数は少ないのですが，値が大きい観測値に平均が引っ張られています．このように極端な値[8]が混入している場合は，データを大きさの順に並べたとき，ちょうど真ん中にある値を代表値にしたほうがよいでしょう．そうすれば，この値より小さな観測値の数と大きな観測値の数が同じになります．このような値を**メジアン**といいます．**メジアンは外れ値の影響を受けにくい代表値**です[9]．さて，先ほどのメールの数を小さい順に並べると，

$$0, \ 1, \ 2, \ 3, \ 5, \ 7, \ 9, \ 10, \ 70, \ 100$$

となりますが，データサイズが10なので，真ん中は5番目か6番目となり，メジアンは1つに定まりません．このようなときは，5番目と6番目の値の平均をメジアンとします．今の場合は，$\frac{5+7}{2} = 6$ をメジアンとします．

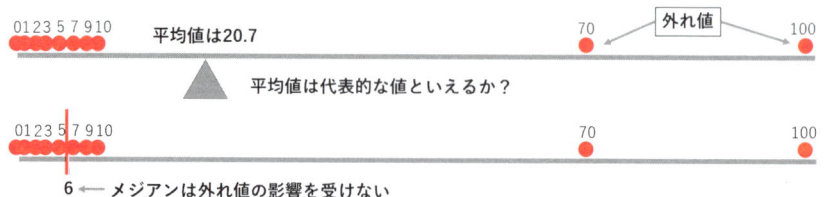

---

[8] このように他と大きく外れた値を**外れ値**といいます．
[9] メジアンは日常生活でも無意識に使っていることが多いものです．例えば，「成績は中の上」とか「勤務態度は中の下」という場合があります．この「中の」というのがメジアンです．このような評価をするときは，たいていの場合，最上位とか最下位といった外れ値は考慮されていないでしょう．

1.5 データの特性値

―― メジアン ――

定義 1.12 N 個の観測値 $x_1, x_2, \ldots, x_N$ を大きさの順に並べ替えたものを

$$x_{(1)} \leq x_{(2)} \leq \cdots \leq x_{(N)}$$

とする．このとき，

$$\tilde{x} = \begin{cases} x_{(k+1)} & (N = 2k+1) \\ \dfrac{x_{(k)} + x_{(k+1)}}{2} & (N = 2k) \end{cases}$$

を**メジアン**という．また，メジアンは**中位数**あるいは**中央値**と呼ばれることもあり，$\tilde{x}$ を $x_{(me)}$ と表すこともある．

次に度数分布が与えられた場合のメジアンを考えてみましょう．話を具体的にするために，表 1.4 を例として取り上げましょう．以下にこれを再掲します．

階級	階級値	度数	累積度数	相対度数	累積相対度数
23～34	28.5	4	4	0.0615	0.0615
34～45	39.5	4	8	0.0615	0.123
45～56	50.5	14	22	0.2154	0.3384
56～67	61.5	15	37	0.2308	0.5692
67～78	72.5	13	50	0.2	0.7692
78～89	83.5	8	58	0.1231	0.8923
89～100	94.5	7	65	0.1077	1.000

このときは，メジアンとは，累積相対度数が 0.5 となる値と考えます．表を見ると，階級 56～67 で累積相対度数が 0.5 を超えているので，メジアンはこの階級に含まれることになります．そこで，1 つの階級では観測値が一様に分布していると仮定し，階級を等間隔に分けて，累積相対度数が 0.5 となる値を求めます．今の場合は，階級 56～67 をその度数 15 で割って，観測値 $(67-56)/15 = 11/15$ で等間隔に並んでいると見なします．そうすると，累積相対度数が 0.5 となるのは $65/2 = 32.5$ 番目であり，これは，階級の下端 56 からは $32.5 - 22 = 10.5$ 後の値となっています．したがって，求めるメジアン $\tilde{x}$ は，

$$\tilde{x} = 56 + \frac{11}{15} \times (32.5 - 22) = 56 + 7.7 = 63.7$$

となります．これを階級と累積相対度数で表示すれば，

$$\tilde{x} = 56 + \frac{(67-56) \times (0.5 - 0.3384)}{0.5692 - 0.3384} = 56 + \frac{11 \times 0.1616}{0.2308} \approx 63.702 \approx 63.7$$

となります．このことは，累積相対度数では，度数 15 は 0.5692−0.3384 に，32.5 番目は 0.5 に，22 番目は 0.3384 に対応することを考えれば分かっていただけると思います．

メジアン (度数分布の場合)

定義 1.13 次のような度数分布表が与えられたとする．

階級	度数	累積度数
$a_0 \sim a_1$	f_1	F_1
$a_1 \sim a_2$	f_2	F_2
$\vdots$	$\vdots$	$\vdots$
$a_{n-1} \sim a_n$	f_n	F_n
計	N	

このとき，メジアン $\tilde{x}$ を次式で定義する．

$$\tilde{x} = a_{k-1} + \frac{a_k - a_{k-1}}{f_k}\left(\frac{N}{2} - F_{k-1}\right)$$

ただし，k は $F_{k-1} \leq \dfrac{N}{2} < F_k$ を満たす自然数である．

■■■ 演習問題 ■■■■■■■■■■■■■■■■■■■■■■■

●**演習問題 1.9** 次の問に答えよ．

(1) 3, 4, 5, 6, 7 のメジアンを求めよ．
(2) 1, 2, 3, 4, 5, 6 のメジアンを求めよ．
(3) 次の度数分布のメジアンを求めよ．

階級	0～0.5	0.5～1.5	1.5～2.5	2.5～3.0
度数	5	16	22	10

1.5.3 モード★

世間では，集団を代表する意見の決定方法として多数決がよく使われています．この考え方をデータ整理に利用したものが**モード**です．つまり，代表値として，度数の最も多い観測値や階級を利用するのです．モードを使えば，データ全体において観測値が集中している場所を把握できます．また，モードは，メジアン以上に，外れ値の影響を受けにくい代表値です．というのも，モードはデータの集中している場所に着目しているので，外れ値のように出現頻度が少ない値を最初から無視しているからです[10]．

---
[10] 「多数決で決める」ということは，「それ以外の意見はすべて無視する」，ということなので，このことからもモードは外れ値の影響を受けにくいことが分かるでしょう．

1.5 データの特性値

――― モード ―――

定義 1.14 度数の最も多い値（観測値や階級値など）を**モード**あるいは**最頻値**といい，$\tilde{x}_o$ や $x_{(mo)}$ などと表す．

モード (mode) はよく「流行」と訳されますが，数学では最頻値と訳されます．商品でいえば，今の売れ筋がモードということになります．

――― モード ―――

例 1.3 次の問に答えよ．

(1) 以下の数字列に対し，モードはいくらか？

$$0, 1, 3, 5, 3, 4, 3, 2, 4, 0, 4, 1$$

(2) ある試験結果の度数分布表

階級	30～40	40～50	50～60	60～70	70～80	80～90	90～100
階級値	35	45	55	65	75	85	95
度数	3	8	9	15	18	12	6

のモードを求めよ．

【解答】
(1) 0 が 2 個，1 が 2 個，2 が 1 個，3 が 3 個，4 が 3 個，5 が 1 個なので，モードは 3 個ある 3 と 4 である．
(2) モードは，度数が 18 の階級値 75 である． ■

注意 1.5.1 例 1.3(1) のように，度数の最大値が 2 つ以上ある場合は，これらすべてをモードとします．

■■■ 演習問題 ■■■■■■■■■■■■■■■■■■■■■■■

●**演習問題 1.10** 度数分布

階級値	1	2	3	4	5
度数	20	5	8	15	20

のモードを求めよ．

1.5.4 平均・メジアン・モードの関係★

平均，メジアン，モードが分かると，ヒストグラムの概形，つまり，分布の概形が分かります．

平均 = メジアン = モードの場合

(1) データに外れ値がない．もし，外れ値があれば，「平均 = メジアン」や「平均 = モード」とはならないはずである（図 1.6）．
(2) ヒストグラムの山頂部にメジアンがある．実際，「メジアン = モード」なので，データの中央部にモードがあるはず．

以上のことから，ヒストグラムの概形は，平均をピークとする左右対象な山になっていることが分かります．

平均 > メジアン > モードの場合

(1) 「平均 > メジアン」より，値の大きい外れ値がある．つまり，メジアンよりも右側に広がりのある分布である（図 1.7）．
(2) 「メジアン > モード」より，ヒストグラムの山頂が中央よりも左側にある．

以上のことより，ヒストグラムの概形は，ピークが中央よりも左にあり，かつ，右側に広がりのある山になっていることが分かります．

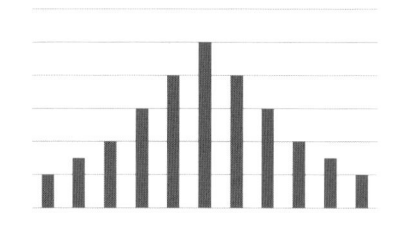

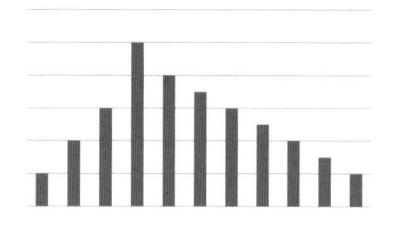

図 1.6 平均 = メジアン = モードの場合　　**図 1.7** 平均 > メジアン > モードの場合

平均 < メジアン < モードの場合

(1) 「平均 < メジアン」より，値の小さい外れ値がある．つまり，メジアンよりも左側に広がりのある分布である（図 1.8）．
(2) 「メジアン < モード」より，ヒストグラムの山頂が中央よりも右側にある．

以上のことより，ヒストグラムの概形は，ピークが中央よりも右にあり，かつ，左側に広がりのある山になっていることが分かります．

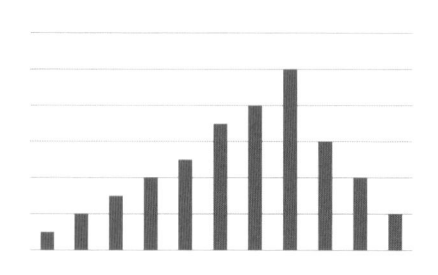

図 1.8 平均 < メジアン < モードの場合

演習問題

●**演習問題 1.11** ヒストグラムの概形について，平均，メジアン，モードから分かることを2つ述べよ．

1.5.5 幾何平均と調和平均*

平均には，算術平均の他に比較的よく使われるものとして幾何平均と調和平均があります．

幾何平均・調和平均

定義 1.15 N 個の観測値 $x_1, x_2, \ldots, x_N$ に対して，
$$x_G = \sqrt[N]{x_1 x_2 \cdots x_N} \tag{1.3}$$
を**幾何平均**または**相乗平均**という．また，
$$x_H = \frac{N}{\frac{1}{x_1} + \frac{1}{x_2} + \cdots + \frac{1}{x_N}}$$
を**調和平均**という．

データが度数分布

階級値	x_1	x_2	$\cdots$	x_n	計
度数	f_1	f_2	$\cdots$	f_n	N

で与えられているときは，幾何平均と相乗平均をそれぞれ，
$$x_G = \sqrt[N]{x_1^{f_1} x_2^{f_2} \cdots x_n^{f_n}}$$
$$x_H = \frac{N}{\frac{f_1}{x_1} + \frac{f_2}{x_2} + \cdots + \frac{f_n}{x_n}}$$
と考えます．

さて，幾何平均の意味を考えてみましょう．例えば，あるファンド会社の過去3年における年次収益率が 7%, 23%, 40% だったとしましょう．このとき，3年間の平均収益率 r は，
$$(1+r)^3 = (1+0.07)(1+0.23)(1+0.4)$$
を満たします．したがって，一般に各年の収益率を $r_i (1 \leq i \leq N)$ とすれば，その間における平均収益率 r は，
$$(1+r)^N = (1+r_1)(1+r_2)\cdots(1+r_N) \tag{1.4}$$

を満たします．ここで，$x_1 = 1 + r_1, x_2 = 1 + r_2, \ldots, x_N = 1 + r_N$ とおき，$x_G = 1 + r$ とおけば，

$$x_G^N = x_1 x_2 \cdots x_N \Longrightarrow x_G = \sqrt[N]{x_1 x_2 \cdots x_N}$$

となり，これは (1.3) と一致します．つまり，幾何平均は，ある期間の増加率が与えられた場合に，その間における平均増加率を調べるのに適した指標である，といえます．なお，平均増加率を求める場合は，(1.3) を使わずに (1.4) を変形した，

$$r = \sqrt[N]{(1 + r_1)(1 + r_2) \cdots (1 + r_N)} - 1 \tag{1.5}$$

を使うと便利です．

幾何平均

例 1.4 次の問に答えよ．
(1) A 社の過去 4 年間の売上増加率は，それぞれ 20%，5%，−10%，25% であった．このとき，過去 4 年間における A 社の年平均売上増加率を求めよ．
(2) B 社の 1 年目の収益率が 100% で，2 年目が −50% だとする．このとき，2 年間における B 社の平均収益率を求め，その結果の妥当性を述べよ．

【解答】
(1) (1.5) より，
$$\sqrt[4]{(1 + 0.2)(1 + 0.05)(1 - 0.1)(1 + 0.25)} - 1 \approx 0.0911$$
なので，年平均売上増加率は約 9.1% である．
(2) (1.5) より，
$$\sqrt{(1 + 1)(1 - 0.5)} - 1 = 0 \tag{1.6}$$
なので，平均収益率は 0 である．
実際，最初に a_0 の資金でスタートした場合，1 年目終了時点で $a_1 = a_0(1 + 1) = 2a_0$．2 年目終了時点で $(1 - 0.5)a_1 = 0.5a_1 = a_0$ となり，最初の資金と一致する．これは，2 年間で収益がなかったことを意味し，平均収益率が 0 であることの妥当性を示している． ∎

注意 1.5.2 例 1.4(1) の算術平均は $(0.2 + 0.05 - 0.1 + 0.25)/4 = 0.1$ となり，幾何平均と異なります．一般には，過去における増加率の平均を求める場合には幾何平均を使い，今後の予測には算術平均を使います．例えば，1 年目の収益率が 100% で，2 年目の収益率が −50% のとき，未来の収益は過去の延長上で決まると考え，

$$\frac{1}{2}(100 - 50) = 25(\%)$$

とします．このとき，幾何平均は，(1.6) より 0 となってしまい，この状況を反映していません．
ちなみに，観測値がすべて正の場合，算術平均，幾何平均，調和平均との間には
$$\bar{x} \geq x_G \geq x_H$$
という関係があることが知られています [11]．

また，人間の刺激 S と感覚 R を記述するモデルとしてフェヒナーの法則があります．これは，「感覚 R は刺激 S の対数に比例する」というもので，数式で書けば，

$$R = k\log S + C \qquad (k と C は定数)$$

となります[11]．このフェヒナーの法則より，「感覚の平均を算術平均 $\bar{R}$ とするには，刺激の平均を幾何平均にする必要がある」，ことが分かります．実際，刺激 $S_1, S_2, \ldots, S_N$ に対する感覚を $R_1, R_2, \ldots, R_N$ とし，簡単のため，$k = 1, C = 0$ とすると，

$$R_1 = \log S_1, \quad R_2 = \log S_2, \quad \ldots, \quad R_N = \log S_N$$

なので，

$$\begin{aligned}
\bar{R} &= \frac{R_1 + R_2 + \cdots + R_N}{N} \\
&= \frac{1}{N}(\log S_1 + \log S_2 + \cdots + \log S_N) = \frac{1}{N}\log(S_1 S_2 \cdots S_N) \\
&= \log(S_1 S_2 \cdots S_N)^{\frac{1}{N}} = \log \sqrt[N]{S_1 S_2 \cdots S_N}
\end{aligned}$$

となります．したがって，刺激の平均値としては幾何平均が適しています．これが，心理学において幾何平均がしばしば登場する理由です．

次に，調和平均について考えましょう．観測値 $x_1, x_2, \ldots, x_N$ の逆数の平均は $\frac{1}{N}\left(\frac{1}{x_1} + \frac{1}{x_2} + \cdots + \frac{1}{x_N}\right)$ であり，この逆数が，調和平均

$$x_H = \frac{N}{\frac{1}{x_1} + \frac{1}{x_2} + \cdots + \frac{1}{x_N}}$$

になっています．つまり，「調和平均とは逆数の平均の逆数」です．一般に，調和平均は，速度や仕事率のように何らかの比率（例えば，単位時間当たりの量）として表される数の平均を求めるときに利用します．これを次の例を通じて実感してみましょう．

───── 調和平均 ─────

例 1.5 次の問に答えよ．

(1) A さんが行きは 100(km/h)，帰りは 50(km/h) である区間を往復したとする．このときの平均速度を求めよ．

(2) A さんが一人でやれば 3 時間，B さんが一人でやれば 6 時間かかる一定量の仕事 W を考える．このとき，二人で協力して仕事 W の 2 倍の仕事をすれば，何時間で終えることができるか？

(3) 毎月一定額 k(円) で株を購入するものとし，第 i 期 ($1 \leq i \leq N$) の株価を x_i(円) とする．このとき，平均購入株価を求めよ．

---

[11] 拙著 [9] の演習問題 1.7(1) がフェヒナーの法則です．

【解答】

(1) 片道の距離を d とするとき,平均速度 v は,往復距離 $2d$ を時間で割って

$$v = \frac{2d}{\frac{d}{100} + \frac{d}{50}} = \frac{2}{\frac{1}{100} + \frac{1}{50}} = \frac{200}{3} = 66.666... \approx 66.7 (\text{km/m})$$

となる.

なお,この $\frac{2}{\frac{1}{100} + \frac{1}{50}}$ は調和平均そのものであることに注意せよ.

(2) 仕事量を x とすれば,A さんと B さんが 1 時間で処理できる仕事量は,それぞれ $\frac{x}{3}$,$\frac{x}{6}$ である.したがって,二人で行えば,1 時間当たり,$\frac{x}{3} + \frac{x}{6}$ の仕事ができるので,$2x$ の仕事をこなすには,

$$\frac{2x}{\frac{x}{3} + \frac{x}{6}} = \frac{2}{\frac{1}{3} + \frac{1}{6}} = \frac{12}{2+1} = 4(\text{時間})$$

かかる.この $\frac{2}{\frac{1}{3} + \frac{1}{6}}$ が調和平均であることに注意せよ.

(3) 購入株数は,$\frac{k}{x_i}$(株) となるので,第 1～N 期における購入株数は,

$$\frac{k}{x_1} + \frac{k}{x_2} + \cdots + \frac{k}{x_N}$$

である.また,この間に使った金額は Nk(円) なので,平均購入株価は,

$$\frac{Nk}{\frac{k}{x_1} + \frac{k}{x_2} + \cdots + \frac{k}{x_N}} = \frac{N}{\frac{1}{x_1} + \frac{1}{x_2} + \cdots + \frac{1}{x_N}}$$

である.これは,調和平均になっている. ∎

注意 1.5.3 例 1.5 (1) において,決して $(100+50)/2 = 75(\text{km/h})$ としないようにしましょう.また,(2) において,$(3+6)/2 = 9/2$ を単位時間当たりにかかる作業時間だと勘違いしないようにしましょう.
(1) は速度なので単位が (km/h) で扱っている数が比率になっていることはすぐ分かるでしょう.ここでは,特に,(2) と (3) の数も比率になっている点に注意してください.実際,(2) において,一人でやれば 3 時間というのは,3(時間/人) という比率であり,(3) において,株価 x_i というのは 1 株当たりの価格なので,x_i(円/株) という比率です.
株のように価格変動がある商品を一定額で購入する方法をドルコスト平均法または定額購入法といいます.(3) は,ドルコスト平均法に関する問題です.ちなみに,毎月一定量の株 l を購入する際の平均購入株価は,

$$\frac{lx_1 + lx_2 + \cdots + lx_N}{lN} = \frac{x_1 + x_2 + \cdots + x_N}{N}$$

となり,これは算術平均になっています.注意 1.5.2 で述べたように

$$\text{算術平均} \geq \text{調和平均}$$

なので,株を買う場合,一定量よりも一定額で購入したほうが購入平均価格が安い,といえます.

Section 1.6
散布度

次の数字は，Aさん，Bさん，Cさん，3人のある試験結果（10段階評価）を過去10回分並べたものです．

$$A さん：1, 2, 2, 5, 5, 5, 5, 8, 8, 9$$
$$B さん：1, 2, 3, 4, 5, 5, 6, 7, 8, 9$$
$$C さん：4, 4, 4, 5, 5, 5, 5, 6, 6, 6$$

これらの平均，メジアン，モードはいずれも5になりますが，ヒストグラム（図1.9）を見れば分かるように，全体の様子は同じではありません．

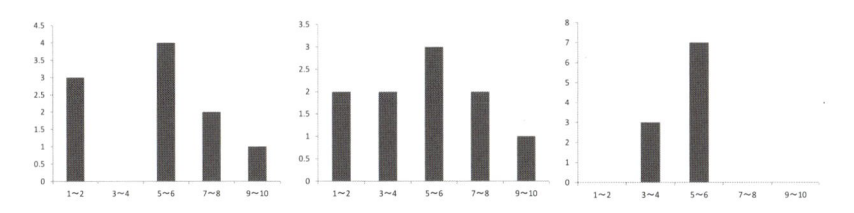

図 1.9 3人のデータのヒストグラム

図1.9から分かるようにデータの散らばりや集中の具合が異なっています．そこで，これらを表現する数値が必要となってきます．この数値をデータの**散布度**と呼びます．平均・メジアン・モードは分布の位置を示す指標になっていますが，散布度は分布の形状を示す指標になっています．

1.6.1 四分位偏差★

さて，散布度としてどのような値を考えたらよいでしょうか？最も単純なのは，最大値と最小値の差，つまり，レンジを考えることです．しかし，AさんとBさんのレンジは共に9-1=8なので，Cさんと他の二人を区別できますが，AさんとBさんを区別できません．

そこで，いきなりレンジを求めるのではなく，メジアンを使って全体を4つに分けてレンジを計算してみましょう．話を具体的にするため，ここでは，Aさんに着目します．

Aさんのメジアンは5なので，この数字をもとにして上半分と下半分に分けます．

$$1, \ 2, \ 2, \ 5, \ 5 \ | \ 5, \ 5, \ 8, \ 8, \ 9$$

次に，下半分のメジアンを Q_1，上半分のメジアンを Q_3 とすると，$Q_1 = 2$，$Q_3 = 8$ となります．そして，

$$Q = \frac{1}{2}(Q_3 - Q_1) = \frac{1}{2}(8 - 2) = 3$$

を散らばり具合を示す指標にするのです．これを**四分位偏差**あるいは**四分偏差**といいます．データを小さい順に並べたとき，Q_1 は全体を4つに分けたときの1/4の位置，Q_3 は3/4の位置であることを示しています．したがって，Q_2 はメジアンとなります[12]．四分位偏差は，両側1/4ずつのデータを切り捨てて，残った中央部のデータが散らばっている範囲の平均，つまり $\frac{1}{2}\{(Q_3 - Q_2) + (Q_2 - Q_1)\}$ になっています．両側1/4ずつのデータを無視することにより，極端な値による影響を受けにくくなっています．BさんとCさんについても四分位偏差を計算すると，それぞれ，$\frac{1}{2}(7 - 3) = 2$，$\frac{1}{2}(6 - 4) = 1$ となります．四分位偏差の定義より，この値が大きければ大きいほど全体的にデータが散らばった感じになります．これで，Aさん，Bさん，Cさんの散らばり具合を数値で分けることはできました．今までの結果からは，散らばり具合は，大きい順にAさん，Bさん，Cさんとなっています．しかし，AさんとBさん，BさんとCさんとの差はともに1ですが，AさんとBさん，BさんとCさんとの差が同じでよいのでしょうか？AさんとBさんとではそんなに変わらないような気もします．

■■■ 演習問題 ■■■■■■■■■■■■■■■■■■■■■■■■

●**演習問題 1.12** 次のデータに対して，四分位偏差を求めよ．

$$9, \quad 13, \quad 8, \quad 11, \quad 10, \quad 16, \quad 8, \quad 19$$

1.6.2 平均偏差

そこで，新たな散布度を考えることにします．レンジと四分位偏差には，数個の観測値のみを使い，すべてのデータを使っていないという共通点があります．今度は，すべてのデータを使った散布度を考えてみましょう．

そのためには，平均（算術平均）をベースとした散布度を考えるのが素直でしょう．というのも，平均はすべてのデータを使って求めるからです．そこで，観測値と平均との差（これを**偏差**といいます）を使うことにします．

---

[12] この Q_1, Q_2, Q_3 をそれぞれ，第1，第2，第3**四分位数**といいます．なお，$Q_2 + Q = \frac{1}{2}(Q_1 + Q_3) + \frac{1}{2}(Q_3 - Q_1) = Q_3$，$Q_2 - Q = \frac{1}{2}(Q_1 + Q_3) - \frac{1}{2}(Q_3 - Q_1) = Q_1$ が成り立つことに注意してください．この関係式が成り立つためには，四分位偏差を $Q_3 - Q_1$ ではなく，$\frac{1}{2}(Q_3 - Q_1)$ と定義する必要があります．

― 平均偏差 ―

定義 1.16 N 個の観測値 $x_1, x_2, \ldots, x_N$ と平均 $\bar{x}$ に対して,

$$d = \frac{1}{N}(|x_1 - \bar{x}| + |x_2 - \bar{x}| + \cdots + |x_N - \bar{x}|) = \frac{1}{N}\sum_{i=1}^{N}|x_i - \bar{x}|$$

を**平均偏差**という.

平均偏差は，各観測値の平均からの隔たりに対して平均を求めたものです．平均との隔たりを考えるのですから，平均との距離，つまり絶対値を考える必要があります．もし，絶対値を考えなければ，つねに，

$$\frac{1}{N}\{(x_1 - \bar{x}) + (x_2 - \bar{x}) + \cdots + (x_N - \bar{x})\}$$
$$= \frac{1}{N}(x_1 + x_2 + \cdots + x_N) - \frac{1}{N}(N\bar{x}) = \bar{x} - \bar{x} = 0$$

となってしまいます．なお，これを N 倍した関係式

$$\sum_{i=1}^{N}(x_i - \bar{x}) = 0 \tag{1.7}$$

はよく使うので覚えておくと便利でしょう.

それでは，Aさん，Bさん，Cさんの平均偏差をそれぞれ d_A, d_B, d_C として求めてみましょう.

$$\begin{aligned} d_A &= \frac{1}{10}(|1-5| + |2-5| + \cdots + |8-5| + |9-5|) \\ &= \frac{1}{10}(4+3+3+3+3+4) = 2 \\ d_B &= \frac{1}{10}(4+3+2+1+1+2+3+4) = 2 \\ d_C &= \frac{1}{10}(1+1+1+1+1+1) = 0.6 \end{aligned}$$

この結果によれば，AさんとBさんのばらつき方が同じで，Cさんがその $1/3 (0.6 \times 3 = 1.8 \approx 2)$ 程度のばらつきということになります．

■■■ 演習問題 ■■■■■■■■■■■■■■■■■■■■■■■

●**演習問題 1.13** 次のデータに対して，平均偏差を求めよ．

6, 4, 8, 7, 10

1.6.3 分散と標準偏差★

さて，平均偏差では，観測値と平均値との距離を考えましたが，絶対値の計算というのは変数が正か負かを判定する条件判断処理が入ります．実は，コンピューターでは，条件判断処理の計算コストは高く，結果として，変数の正負を判断するよりも，変数を 2 乗する方がかなり速く計算できます．そこで，偏差の絶対値を求めるのではなく，偏差の 2 乗を求めることにします．

── 分散 ──

定義 1.17 N 個の観測値 $x_1, x_2, \ldots, x_N$ と平均 $\bar{x}$ に対して

$$\begin{aligned}
\sigma^2 &= \frac{1}{N}\{(x_1-\bar{x})^2 + (x_2-\bar{x})^2 + \cdots + (x_N-\bar{x})^2\} \\
&= \frac{1}{N}\sum_{i=1}^{N}(x_i-\bar{x})^2
\end{aligned}$$

を**分散**という．

分散は，観測値と平均との差の 2 乗和の平均になっています．σ はギリシャ文字でシグマと読み，アルファベットの s に対応します．一般には，全データを対象として分散を求めるときには σ を，全データから抽出したサンプル（標本）から分散を求めるときには，s を使うことが多いようです．

さて，観測値が得点だとすると $(x_i-\bar{x})$ の単位が「点」なので，$(x_i-\bar{x})^2$ の単位は「点^2」となってしまいます．したがって，分散の単位も「点^2」です．ばらつき具合を見るのならば，単位を「点」にそろえるべきです．そこで，単位をそろえるために分散の平方根をとった σ がよく使われます．

── 標準偏差 ──

定義 1.18 分散 σ^2 の平方根をとったものを**標準偏差**と呼び，σ と表す．すなわち，

$$\sigma = \sqrt{\sigma^2}$$

である．

A さん，B さん，C さんの標準偏差をそれぞれ σ_A, σ_B, σ_C とすると，

$$\begin{aligned}
\sigma_A &= \sqrt{\frac{1}{10}\{(1-5)^2+(2-5)^2+\cdots+(8-5)^2+(9-5)^2\}} \\
&= \sqrt{\frac{1}{10}(16+9+9+9+9+16)} = \sqrt{\frac{68}{10}} = \sqrt{6.8} = 2.6077
\end{aligned}$$

$$\sigma_B = \sqrt{\frac{1}{10}(16+9+4+1+1+4+9+16)} = \sqrt{6} = 2.4495$$

$$\sigma_C = \sqrt{\frac{1}{10}(1+1+1+1+1+1)} = \sqrt{0.6} = 0.7746$$

となります．この結果からは，散らばり具合が大きい順に，AさんBさんCさんですが，AさんとBさんはあまり差がないという結論になります．

度数分布表だけが与えられたときは，平均のときと同じ要領で分散と標準偏差が計算できます．

分散・標準偏差（度数分布の場合）

定義 1.19 次のような度数分布表が与えられたとする．

階級値	x_1	x_2	$\cdots$	x_n	計
度数	f_1	f_2	$\cdots$	f_n	N

このとき，分散と標準偏差を次式で定義する．

分散： $\sigma^2 = \dfrac{1}{N}\sum_{i=1}^{n}(x_i-\bar{x})^2 f_i$

標準偏差： $\sigma = \sqrt{\sigma^2}$

ただし，$\bar{x}$ は標本平均である．

また，度数分布表が与えられたときの平均偏差は，

$$\frac{1}{N}\sum_{i=1}^{n}|x_i-\bar{x}|f_i$$

となります．

分散・標準偏差

例 1.6 度数分布表

階級値	0	n	$2n$	計
度数	$\dfrac{N}{2k}$	$\left(1-\dfrac{1}{k}\right)N$	$\dfrac{N}{2k}$	N

が与えられたとする．ただし，$k \geq 1, n > 0$ とする．このとき，標準偏差 σ と $|x_k-\bar{x}| < \sqrt{k}\sigma$ を満たす x_k の度数を求めよ．

【解答】
平均 $\bar{x}$ は，

$$\bar{x} = \frac{1}{N}\left\{0\times\frac{N}{2k} + n\left(1-\frac{1}{k}\right)N + 2n\times\frac{N}{2k}\right\} = \frac{1}{N}\left(nN - \frac{nN}{k} + \frac{nN}{k}\right) = n$$

で，分散 σ^2 は，
$$\sigma^2 = \frac{1}{N}\left\{(0-n)^2\frac{N}{2k} + (n-n)^2\left(1-\frac{1}{k}\right)N + (2n-n)^2\frac{N}{2k}\right\} = \frac{n^2}{2k} + \frac{n^2}{2k} = \frac{n^2}{k}$$
である．よって，標準偏差 σ は，
$$\sigma = \sqrt{\sigma^2} = \sqrt{\frac{n^2}{k}} = \frac{n}{\sqrt{k}}$$
である．
また，$|x_k - \bar{x}| < \sqrt{k}\sigma$ を満たす x_k は，
$$|x_k - \bar{x}| = |x_k - n| < \sqrt{k} \times \frac{n}{\sqrt{k}} = n$$
より，
$$-n < x_k - n < n \Longrightarrow 0 < x_k < 2n$$
である．この範囲にあるのは n だけなので，その度数は $\left(1-\frac{1}{k}\right)N$ である． ∎

■■■ 演習問題 ■■■■■■■■■■■■■■■■■■■■■■■

●**演習問題 1.14** 次のデータに対する分散 σ^2 と標準偏差 σ を求めよ．

$$33,\quad 39,\quad 27,\quad 32,\quad 34$$

●**演習問題 1.15** 次の度数分布表に対する分散 σ^2 と標準偏差 σ を求めよ．

階級値	10	20	30	40	50	計
度数	2	6	15	20	7	50

1.6.4 箱ひげ図★

最大値，最小値，平均値，四分位数を使うとデータの分布を**箱ひげ図**と呼ばれる次のような図で表すことができます（図 1.10）．

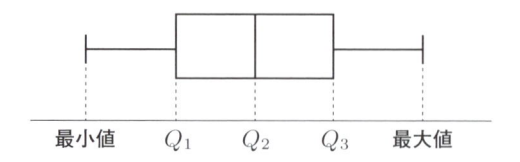

図 1.10 箱ひげ図

箱ひげ図は
(1) 横軸（あるいは縦軸）にデータの値の目盛りをとる．

(2) 第1四分位数 Q_1 を左端，第3四分位数 Q_3 を右端とする箱を描き，箱の中に中央値 (第2四分位数 Q_2) を表す縦線を描く．
(3) 箱の左端から最小値まで，箱の右端から最大値まで線分を引く．

箱ひげ図は，ヒストグラムに比べれば，データ分布が詳しく表現できませんが，およその様子は分かりますし，複数のデータ分布を比較したいときは便利です．例えば，ある都市の月ごとの平均気温データを図 1.11 のように箱ひげ図で表すと

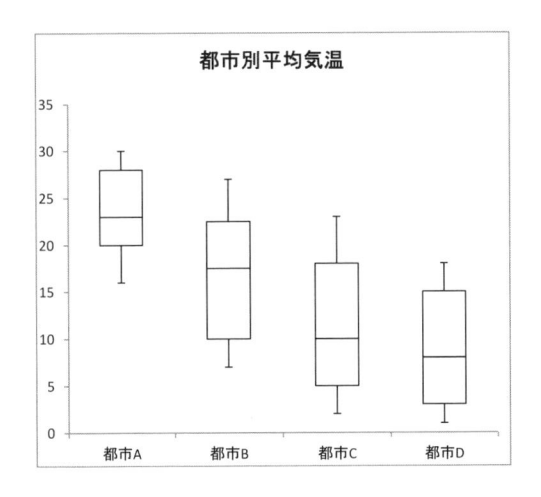

図 1.11 箱ひげ図の例

のようになり，この図から

- 都市 A は寒暖の差が小さく，都市 C は寒暖の差が大きい．
- 全体的に都市 A, B, C, D の順に気温が高めの傾向にある．
- 都市 C と都市 D では，やや都市 C のほうが気温が高めの傾向にあるが，全体的に気温はほぼ同じと考えられる．

といったことが読みとれます．

1.6.5 変動係数*

ある人の数学テスト (100 点満点) と英語テスト (800 点満点) の結果が次の通りだったとしましょう．

$$\begin{array}{llll} 数学： & 40 & 80 & 90 & (点) \\ 英語： & 320 & 640 & 720 & (点) \end{array}$$

このとき，数学と英語の平均をそれぞれ $\bar{x}, \bar{y}$ とし，数学と英語の標準偏差をそれぞれ σ_x, σ_y とすると，

$$\bar{x} = \frac{1}{3}(40+80+90) = 70$$
$$\sigma_x = \sqrt{\frac{1}{3}\{(40-70)^2+(80-70)^2+(90-70)^2\}} = \sqrt{\frac{1400}{3}} = 21.6025$$
$$\bar{y} = \frac{1}{3}(320+640+720) = 560$$
$$\sigma_y = \sqrt{\frac{1}{3}\{(560-320)^2+(640-560)^2+(720-560)^2\}} = 172.8198$$

この結果から，英語のほうが散らばり具合が大きいといえるでしょうか？数学と英語とでは満点が違う，つまり，別々の集団なので，単純に標準偏差を比べても意味がありません．このようなときは，平均 $\bar{x}$ と $\bar{y}$ を考慮した上で散らばり具合を相対的に比較するため，$\sigma_x/\bar{x}$ および $\sigma_y/\bar{y}$ を考えます．

―― 変動係数 ――

定義 1.20 あるデータの平均を $\bar{x}$，標準偏差を σ とするとき，

$$Cv = \frac{\sigma}{\bar{x}}$$

を**変動係数**という．Cv は，$C.V.$ や C と表すこともある．

変動係数は「標準偏差（点）÷平均（点）」となっているので，単位のない数 (これを**無名数**といいます) です．したがって，異なる集団の比較が可能なのです．

今の場合，数学と英語の変動係数をそれぞれ Cv_x と Cv_y とすると，

$$Cv_x = \frac{\sigma_x}{\bar{x}} = \frac{21.6025}{70} = 0.3086 \quad Cv_y = \frac{\sigma_y}{\bar{y}} = \frac{172.8198}{560} = 0.3086$$

となり，英語も数学も得点のばらつき具合は全く同じ (平均点の 30.86%) であることになります．

ここで，変動係数を求める際に，満点を使っていないことに注意してください．そのため，満点に相当する値が分かっていない場合，例えば，A 国と B 国の所得，賃貸アパートの家賃と築年数，人間の身長と馬の体重のように直接の比較が難しい場合でも，これらのバラつき具合を変動係数で比較できます．なお，今回のように，満点が分かっている場合は，例えば，数学の点数を 8 倍して満点を揃えた上で，標準偏差を比較しても構いません．

■■■ 演習問題 ■■■■■■■■■■■■■■■■■■■■■■■■

●**演習問題 1.16** ある動物園における飼育員とインド象の体重 (kg) が次の通りであった．

飼育員	73.5	62.3	52.5	83.4
象	6000	4500	5000	5500

このとき，それぞれの変動係数を求め，どちらの方がバラツキが大きいといえるかを述べよ．

1.6.6　平均と分散の基本性質★

観測値 x_i が $y_i = ax_i + b$ で y_i へ変換された場合，平均と分散はどのように変化するのでしょうか？例えば，x_i をテストの得点とし，$a = 2, b = 0$ とすると，y_i は x_i の 2 倍の得点になり，$a = 1, b = 10$ とすると，y_i は x_i の点数が 10 点上がったものになります．このとき，平均や分散はどのように変化するかを調べましょう．

――― **平均と分散の基本性質** ―――

定理 1.1 N 個の観測値 $x_1, x_2, \ldots, x_N$ が $y_i = ax_i + b$ を満たすとき，平均 $\bar{x}$ と $\bar{y}$，分散 σ_x^2 と σ_y^2，標準偏差 σ_x と σ_y の間には次の関係がある．
  (1) $\bar{y} = a\bar{x} + b$
  (2) $\sigma_y^2 = a^2 \sigma_x^2, \quad \sigma_y = |a|\sigma_x$

(証明)
(1)
$$\begin{aligned}
\bar{y} &= \frac{1}{N}\sum_{i=1}^{N} y_i = \frac{1}{N}\sum_{i=1}^{N}(ax_i + b) = a\left(\frac{1}{N}\sum_{i=1}^{N} x_i\right) + \frac{1}{N}\sum_{i=1}^{N} b \\
&= a\bar{x} + \frac{1}{N}(Nb) = a\bar{x} + b
\end{aligned}$$

(2)
$$\begin{aligned}
\sigma_y^2 &= \frac{1}{N}\sum_{i=1}^{N}(y_i - \bar{y})^2 = \frac{1}{N}\sum_{i=1}^{N}\{ax_i + b - (a\bar{x} + b)\}^2 = \frac{1}{N}\sum_{i=1}^{N} a^2(x_i - \bar{x})^2 \\
&= a^2\left(\frac{1}{N}\sum_{i=1}^{N}(x_i - \bar{x})^2\right) = a^2 \sigma_x^2
\end{aligned}$$

なので，$\sigma_y = \sqrt{a^2 \sigma_x^2} = |a|\sigma_x$ を得る． ∎

度数分布表が与えられた場合についても全く同じ定理が得られる．

――― **平均と分散の基本性質** ―――

系 1.1 度数分布表

階級値	x_1	x_2	$\cdots$	x_n	計
度数	f_1	f_2	$\cdots$	f_n	N
階級値	y_1	y_2	$\cdots$	y_n	計
度数	f_1	f_2	$\cdots$	f_n	N

が与えられ，階級値が $y_i = ax_i + b$ を満たすとする．このとき，平均 $\bar{x}$ と $\bar{y}$，分散 σ_x^2 と σ_y^2，標準偏差 σ_x と σ_y の間には次の関係がある．
  (1) $\bar{y} = a\bar{x} + b$
  (2) $\sigma_y^2 = a^2 \sigma_x^2, \quad \sigma_y = |a|\sigma_x$

(証明)

(1) $\bar{y} = \dfrac{1}{N}\sum_{i=1}^{n} y_i f_i = \dfrac{1}{N}\sum_{i=1}^{n}(ax_i+b)f_i = a\left(\dfrac{1}{N}\sum_{i=1}^{n}x_i f_i\right) + b\left(\dfrac{1}{N}\sum_{i=1}^{n}f_i\right)$

$= a\bar{x} + b\left(\dfrac{1}{N}\cdot N\right) = a\bar{x} + b$

(2) $\sigma_y^2 = \dfrac{1}{N}\sum_{i=1}^{n}(y_i - \bar{y})^2 f_i = \dfrac{1}{N}\sum_{i=1}^{n}\{(ax_i+b)-(a\bar{x}+b)\}f_i$

$= a^2\left(\dfrac{1}{N}\sum_{i=1}^{n}(x_i - \bar{x})^2 f_i\right) = a^2 \sigma_x^2$ ∎

> **注意 1.6.1** 定理 1.1 は
> (1) 観測値が a 倍されると，平均は a 倍，分散は a^2 倍される．
> (2) 観測値に b を加えると，平均は b だけ増えるが，分散は変わらない．
> であることを意味します．

また，今までの例では分散を定義に基づいて計算しましたが，これをコンピュータで計算する場合には次の分散公式を用いるのが一般的です．

分散公式

定理 1.2 観測値 $x_1, x_2, \ldots, x_N$ の平均を $\bar{x}$，分散を σ^2 とすると以下が成立．

$$\sigma^2 = \dfrac{1}{N}\sum_{i=1}^{N} x_i^2 - \bar{x}^2$$

(証明)

$\sigma^2 = \dfrac{1}{N}\sum_{i=1}^{N}(x_i - \bar{x})^2 = \dfrac{1}{N}\sum_{i=1}^{N}(x_i^2 - 2x_i\bar{x} + \bar{x}^2) = \dfrac{1}{N}\sum_{i=1}^{N}x_i^2 - \dfrac{2}{N}\bar{x}\sum_{i=1}^{N}x_i + \dfrac{1}{N}\bar{x}^2\sum_{i=1}^{N}1$

$= \dfrac{1}{N}\sum_{i=1}^{N}x_i^2 - \dfrac{2}{N}\bar{x}(N\bar{x}) + \dfrac{1}{N}\bar{x}^2 N = \dfrac{1}{N}\sum_{i=1}^{N}x_i^2 - 2\bar{x}^2 + \bar{x}^2 = \dfrac{1}{N}\sum_{i=1}^{N}x_i^2 - \bar{x}^2$ ∎

分散公式 (度数分布の場合)

系 1.2 次の度数分布が与えられたとする．

階級値	x_1	x_2	$\cdots$	x_n	計
度数	f_1	f_2	$\cdots$	f_n	N

このとき，平均を $\bar{x}$，分散を σ^2 とすると，次式が成り立つ．

$$\sigma^2 = \dfrac{1}{N}\sum_{i=1}^{n} x_i^2 f_i - \bar{x}^2$$

(証明)

与えられた度数分布表をもとに

階級値	x_1^2	x_2^2	$\cdots$	x_n^2	計
度数	f_1	f_2	$\cdots$	f_n	N

を考えると,

$$\begin{aligned}
\sigma^2 &= \frac{1}{N}\sum_{i=1}^{n}(x_i - \bar{x})^2 f_i = \frac{1}{N}\sum_{i=1}^{n}(x_i^2 - 2\bar{x}x_i + \bar{x}^2)f_i \\
&= \frac{1}{N}\sum_{i=1}^{n}x_i^2 f_i - \frac{2}{N}\bar{x}\sum_{i=1}^{n}x_i f_i + \frac{1}{N}\bar{x}^2\sum_{i=1}^{n}f_i \\
&= \frac{1}{N}\sum_{i=1}^{n}x_i^2 f_i - \frac{2}{N}\bar{x}(N\bar{x}) + \frac{1}{N}\bar{x}^2 N = \frac{1}{N}\sum_{i=1}^{n}x_i^2 f_i - \bar{x}^2
\end{aligned}$$

である. ∎

注意 1.6.2 分散公式 (定理 1.2) は,「分散 = 変量の 2 乗平均 − 平均の 2 乗」を意味しています. なお, 定義 1.17 では減算回数が N 回であるのに対し, 定理 1.2 では 1 回です. そのため, コンピューターで高速に分散を求めたいときは, 定理 1.2 を用いた方がいいでしょう. ただし, その場合, データによっては, 丸め誤差や桁落ち[13]の影響で, 計算結果の精度が悪くなることがあります. 実際, 小さな数 ε_i に対して, $x_i = \bar{x} + \varepsilon_i$ となっているとき, 定義 1.17 より $\sigma_1^2 = \frac{1}{N}\sum_{i=1}^{N}(\bar{x}+\varepsilon_i - \bar{x})^2 = \frac{1}{N}\sum_{i=1}^{N}\varepsilon_i^2$ となります. 一方, 定理 1.2 より $\sigma_2^2 = \frac{1}{N}\sum_{i=1}^{N}(\bar{x}+\varepsilon_i)^2 - \bar{x}^2 = \frac{1}{N}\sum_{i=1}^{N}(2\bar{x}\varepsilon_i + \varepsilon_i^2)$ となります. 本来は, $\sigma_1^2 = \sigma_2^2$ ですが, $\bar{x}\varepsilon_i \geq 0$ のときは $\sigma_2^2 \geq \sigma_1^2$ となってしまいます.

分散公式

例 1.7 次の問に答えよ.

(1) 分散公式を利用して, 次のデータに対する分散を求めよ.

$$5, \quad 3, \quad 7, \quad 6, \quad 9$$

(2) 分散公式を利用して, 次の度数分布表に対する分散を求めよ.

階級値	10	20	30	40	計
度数	17	24	34	25	100

---

[13] 丸め誤差や桁落ちについては, 例えば, 拙著 [7] を参照してください.

【解答】
(1) 平均と分散をそれぞれ，$\bar{x}$, σ^2 とすると，

$$\bar{x} = \frac{1}{5}(5+3+7+6+9) = 6$$

$$\sigma^2 = \frac{1}{5}\sum_{i=1}^{5} x_i^2 - \bar{x}^2 = \frac{1}{5}(5^2+3^2+7^2+6^2+9^2) - 6^2 = 40 - 36 = 4$$

となる．
(2)

$$\bar{x} = \frac{1}{100}(10 \times 17 + 20 \times 24 + 30 \times 34 + 40 \times 25) = \frac{2670}{100} = 26.7$$

$$\sigma^2 = \frac{1}{100}\sum_{i=1}^{4} x_i^2 f_i - \bar{x}^2$$

$$= \frac{1}{100}(10^2 \times 17 + 20^2 \times 24 + 30^2 \times 34 + 40^2 \times 25) - 26.7^2$$

$$= 819 - 712.89 = 106.11$$

∎

■■■ 演習問題 ■■■■■■■■■■■■■■■■■■■■■■■■

●**演習問題 1.17** 演習問題 1.14 および 1.15 における分散を分散公式により求めよ．

※**演習問題 1.18** 2 組のデータ $x_1, x_2, \ldots, x_m$ と $y_1, y_2, \ldots, y_n$ があり，それぞれの平均を $\bar{x}, \bar{y}$，分散を σ_x^2, σ_y^2 とするとき，これらを合わせた $n+m$ 個のデータ $z_1, z_2, \ldots, z_{m+n}$ の分散 σ_z^2 は次式で与えられることを示せ．

$$\sigma_z^2 = \frac{m\sigma_x^2 + n\sigma_y^2}{m+n} + \frac{mn}{(m+n)^2}(\bar{x}-\bar{y})^2$$

※**演習問題 1.19** 度数分布表

階級値	x_1	x_2	$\cdots$	x_n	計
度数	f_1	f_2	$\cdots$	f_n	N

および任意の定数 a に対して，

$$\sigma^2(a) = \frac{1}{N}\sum_{i=1}^{n}(x_i - a)^2 f_i \tag{1.8}$$

を x の a の**まわりの分散**あるいは**平均平方偏差**という．このとき，分散 σ^2 と平均 $\bar{x}$ に対して，

$$\sigma^2(a) = \sigma^2 + (\bar{x}-a)^2$$

が成り立つことを示せ．

> **注意 1.6.3** この式は，$\bar{x}$ のまわりの分散 σ^2 は，他のいかなる a のまわりの分散 $\sigma^2(a)$ よりも小さいことを意味します．ちなみに，(1.8) において $a=0$ とすれば，分散公式
> $$\sigma^2 = \sigma^2(0) - (\bar{x} - 0)^2 = \frac{1}{N}\sum_{i=1}^{n} x_i^2 f_i - \bar{x}^2$$
> を得ます．

1.6.7　偏差値*

　これまで，主にテストの得点をデータとして利用してきました．テストといえば偏差値という言葉が頭に浮かぶでしょう．ここでは，この偏差値について説明します．
　$y_i = ax_i + b$ において，$a = \dfrac{1}{\sigma_x}$，$b = -\dfrac{\bar{x}}{\sigma_x}$ とおくと，

$$y_i = \frac{x_i - \bar{x}}{\sigma_x}$$

となります．このとき，定理 1.1 より，

$$\bar{y} = \frac{1}{\sigma_x}\bar{x} - \frac{\bar{x}}{\sigma_x} = 0, \quad \sigma_y = \frac{1}{\sigma_x}\sigma_x = 1$$

となります．このように，変量を平均を引いて標準偏差で割り，変量の平均を 0，標準偏差を 1 にすることを変量 x の**標準化**あるいは**標準得点**などといいます[14]．このように変量を標準化しておくと，例えば，異なる 2 科目間での成績比較が可能になります．というのも，標準得点を使うと，例えば，英語の成績における位置と数学における位置とが比較可能になるからです．そして，標準得点に，

$$T_i = 10y_i + 50$$

としたものが**偏差値得点**です．単に**偏差値**と呼ぶこともあります．これは，平均が 50 点，標準偏差が 10 点となるように変換したものです．

$$T_i = 10\left(\frac{x_i - \bar{x}}{\sigma_x}\right) + 50$$

なので，σ_x が小さく，かつ $x_i > \bar{x}$ のとき，偏差値が高くなります．例えば，試験の場合，受験者全体の得点が平均点付近に集中し，かつ平均点より高得点をとった場合が，その場合に当たります．高得点をとったとしても，標準偏差が大きいときは，偏差値は高くなりません．
　いわゆる学校ランキングには，この偏差値が利用されています．この数字を見れば，50 前後の学校が標準的な中位校で，60 以上の大学が上位校ということになります．学生や生徒にとっては，偏差値により，学校が異なっても県内や全国での自

---

[14] データの標準化については，第 4.3 項も参照してください．

分の位置が把握できるようになるというメリットがあります．この偏差値はもともと，学校を格付けるものではありませんが，いつしか数値が一人歩きして，学校ランキングとして使われるようになりました．生徒が全国的あるいは県別に自分の位置を把握し，不合格という苦汁をなめないように考え出されたものです．

1.6.8 チェビシェフの不等式*

標準偏差 σ が小さいほど観測値は平均の近くに集中しています．どれくらいのデータが平均の近くに集中しているのでしょうか？その状況は事前に分からないのでしょうか？この疑問に答えるものとして，チェビシェフの不等式があります．チェビシェフの不等式は，データの集中の度合いを示しています．

チェビシェフの不等式

定理 1.3 観測値 $x_1, x_2, \ldots, x_N$ の平均を $\bar{x}$，標準偏差を σ とすれば，任意の $\lambda > 0$ に対して，

$$|x_i - \bar{x}| \geq \lambda\sigma$$

となるような x_i の個数は $\dfrac{N}{\lambda^2}$ 以下である．言い換えれば，

$$|x_i - \bar{x}| < \lambda\sigma$$

となるような x_i の個数は $\left(1 - \dfrac{1}{\lambda^2}\right)N$ 以上である．

(証明)

$$|x_i - \bar{x}| \geq \lambda\sigma$$

を満たす番号 i の集合を I_λ とし，

$$|x_i - \bar{x}| < \lambda\sigma$$

を満たす番号 i の集合を I'_λ とすると，

$$\sigma^2 = \frac{1}{N}\sum_{i=1}^{N}(x_i - \bar{x})^2 = \frac{1}{N}\left(\sum_{i \in I_\lambda}(x_i - \bar{x})^2 + \sum_{i \in I'_\lambda}(x_i - \bar{x})^2\right)$$

である．ただし，$\sum_{i \in I_\lambda}$ と $\sum_{i \in I'_\lambda}$ はそれぞれ I_λ と I'_λ に関する和を表す．ここで，$\sum_{i \in I'_\lambda}(x_i - \bar{x})^2 \geq 0$ なので，

$$\sigma^2 \geq \frac{1}{N}\sum_{i \in I_\lambda}(x_i - \bar{x})^2 \geq \frac{1}{N}\sum_{i \in I_\lambda}(\lambda\sigma)^2 = \frac{\lambda^2\sigma^2}{N}\sum_{i \in I_\lambda}1$$

であり，右辺は，

$$\sum_{i \in I_\lambda}1 \leq \frac{N}{\lambda^2\sigma^2}\cdot\sigma^2 = \frac{N}{\lambda^2}$$

と評価できる. よって,
$$\sum_{i \in I'_\lambda} 1 = N - \sum_{i \in I_\lambda} 1 \geq N - \frac{N}{\lambda^2} = \left(1 - \frac{1}{\lambda^2}\right)N$$
である. ∎

> **注意 1.6.4** 定理 1.3 の仮定には, データの度数分布に関する条件は入っていません. したがって, チェビシェフの不等式は, どんな度数分布についても成り立ちます. その点が, チェビシェフの不等式の価値を高めている部分です. その反面, すべての度数分布について成り立つ評価というのは, かなり粗いものにならざるを得ません. したがって, $\left(1 - \frac{1}{\lambda^2}\right)N$ という評価はかなり大雑把なものだと思ってください.

―― チェビシェフの不等式 ――

例 1.8 $\lambda = 2, 3$ の場合, チェビシェフの不等式が意味するものを説明せよ.

【解答】
$\lambda = 2$ のとき,
$$|x_i - \bar{x}| < 2\sigma$$
となるような x_i の個数は $\left(1 - \frac{1}{4}\right)N = \frac{3}{4}N$ 以上なので, $\bar{x} - 2\sigma < x < \bar{x} + 2\sigma$ に全体の $\frac{3}{4}$ 以上のデータが集まっていることを意味する.
また, $\lambda = 3$ のとき,
$$|x_i - \bar{x}| < 3\sigma$$
となるような x_i の個数は $\left(1 - \frac{1}{9}\right)N = \frac{8}{9}N$ 以上なので, $\bar{x} - 3\sigma < x < \bar{x} + 3\sigma$ に全体の $\frac{8}{9}$ 以上のデータが集まっていることを意味する. ∎

Section 1.7
相関と回帰

単一の変量 x ではなく, 年齢と血圧, 気温と湿度, 英語と数学の得点などのように 2 組のデータを **2 次元データ**といいます. もちろん, 身長・体重・胸囲や最高気温・最低気温・湿度のように 3 組のデータも考えることができて, 一般に p 個の変量を 1 つの組にしたものを **p 次元データ**といいます. 2 次元以上のデータを総称して**多次元データ**と呼ぶこともあります.

実際の問題では, 2 つ以上の変量の関係を考えなければいけないことも多いものです. いきなり p 次元データを扱うことはできませんし, これは**多変量解析**という

分野で扱うのが一般的です．ここでは，話を簡単かつ具体的に進めるために 2 次元データのみを扱うことにします．

1.7.1　相関図★

次の表は，あるクラスの微分積分と線形代数の得点 (100 点満点) を示したものです．

線形代数	98	88	75	97	41	88	78	59	73	70
微分積分	62	68	61	48	34	25	44	52	31	73

この表を見ただけでは，全体の状況はなかなかつかめません．そこで，平面上に 2 次元の座標軸を描いて個々の観測値 (x_i, y_i) に対応する座標を点として記入した図を作成することにします (図 1.12)．この図を**相関図**あるいは**散布図**といいます．

---相関図---

定義 1.21 2 つの変量 x, y の N 組の観測値 $(x_1, y_1), (x_2, y_2), \ldots, (x_N, y_N)$ を座標平面上の点として表示し，これにより得られる図を**相関図**または**散布図**という．

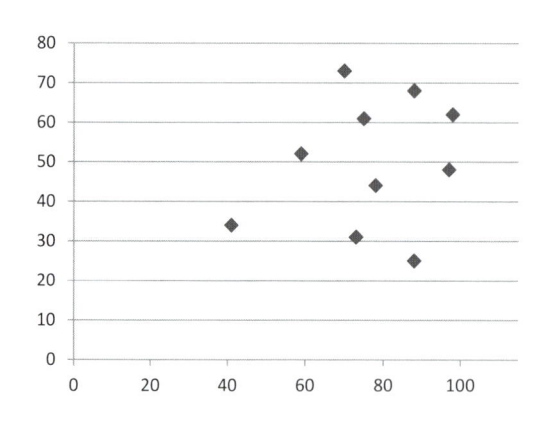

図 1.12　相関図

相関図を描くと，全体の状況が把握しやすくなります．今の場合，4～6 人については，線形代数の成績が良い学生は微分積分の成績が良いという傾向にある，といえますが，それ以外の学生については，これが当てはまりません．したがって，全体としては，多少は線形代数と微分積分の成績間で関係が見られるが，それはあまり強いものではない，といえるでしょう．

このようにデータ全体を見たとき，変量 x が大きいほど変量 y が大きくなる傾向にあるか，逆に変量 x が大きいほど変量 y が小さくなるか，あるいは全く関係ないか，など，データ相互の関係を相関図から読み取ることができます．

1.7 相関と回帰

--- 相関 ---

定義 1.22 2つの変量 x, y の間にある種の相互関係が見られるとき，x と y の間には**相関関係**があるという．特に，変量 x が増加するとき，変量 y も増加する傾向にあれば，変量 x と y は**正の相関**（図 1.13）にあるという．逆に，x が増加するとき，y が減少傾向にあれば，x と y は**負の相関**（図 1.14）にあるという．また，何の傾向も見られないときは**無相関**（図 1.15）であるという．

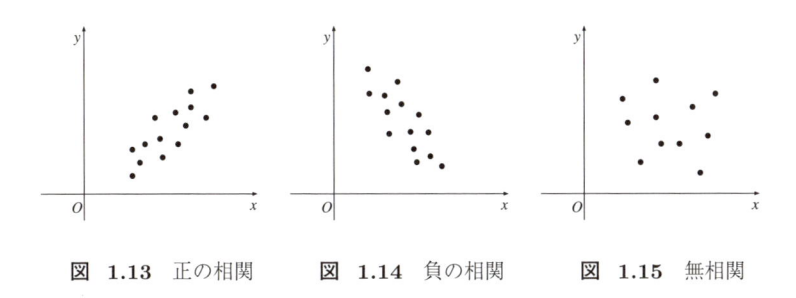

図 1.13 正の相関　　図 1.14 負の相関　　図 1.15 無相関

なお，相関を調べるときには，2つの変量 x と y は対等な関係にあることに注意してください．相関とは，x と y の間に何の区別も設けず，対等に見ること，ともいえます．それに対して，x から y，あるいは y から x を見ることを**回帰**といいます．したがって，**相関は x と y の間の相互関係を，回帰は x から y が決定される状況や度合いを扱います**．この回帰を使って x と y の関係を調べることを**回帰分析**といいます．例えば，親の収入と子供の学力，大学の規模と論文数，といったものは，単に相関関係があるだけでなく，ある一方が他方を決定するという一方向の関係にもあるので，相関だけでなく回帰分析も行うべきです．

1.7.2 相関係数★

相関図はヒストグラムと同様，人間の視覚能力に頼った方法です．ここでは，相関関係に客観的に表現するため，次の2つの変量 x と y の関係を数値化することを考えましょう．

変量 x	x_1	x_2	$\cdots$	x_N
変量 y	y_1	y_2	$\cdots$	y_N

さて，変量 x と y の平均 $\bar{x} = \dfrac{1}{N}\sum_{i=1}^{N} x_i$, $\bar{y} = \dfrac{1}{N}\sum_{i=1}^{N} y_i$ を座標とする点 $\bar{O}(\bar{x}, \bar{y})$ は，相関図の中心と考えられます．この $\bar{O}$ を原点とする新しい座標軸を考えると，図 1.16 のような第 I～IV 象限が定まります．

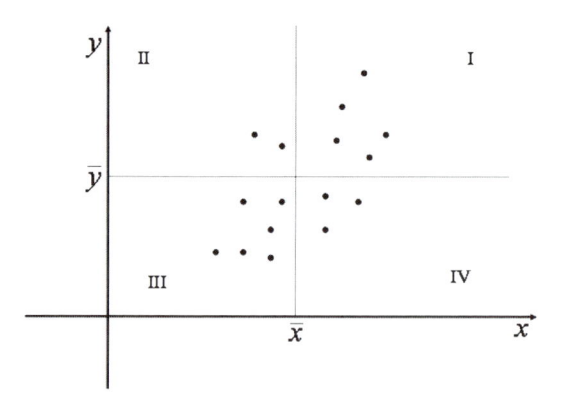

図 1.16 共分散の考え方

もし，変量 x と y に正の相関があるときは，そのほとんどの点が第 I 象限か，第 III 象限にあります．観測値 (x_i, y_i) が第 I 象限にあるときは，

$$(x_i - \bar{x})(y_i - \bar{y}) > 0$$

を満たし，第 III 象限にあるときは，

$$(\bar{x} - x_i)(\bar{y} - y_i) > 0 \iff (x_i - \bar{x})(y_i - \bar{y}) > 0$$

を満たします．結局，(x_i, y_i) が第 I 象限あるいは第 III 象限にあるときは，

$$(x_i - \bar{x})(y_i - \bar{y}) > 0$$

を満たすことになります．同様に考えると，変量 x と y に負の相関があるときは，その大部分の点が，

$$(x_i - \bar{x})(y_i - \bar{y}) < 0$$

を満たすことが分かります．したがって，変量 x と y の相関関係を測る量としては，これらの平均，

$$\sigma_{xy} = \frac{1}{N}\sum_{i=1}^{N}(x_i - \bar{x})(y_i - \bar{y})$$

を使うことが考えられます．これを**共分散**といいます．

しかし，この共分散 σ_{xy} は変量 x と y の単位に依存するので，異なる集団を比較するときには利用できません．そこで，変動係数のときと同じように考えて共分散 σ_{xy} を単位のない無名数にすることを考えます．そのために，共分散 σ_{xy} を各標準偏差 σ_x と σ_y で割ることにします．

$$r_{xy} = \frac{\sigma_{xy}}{\sigma_x \sigma_y} = \frac{1}{N}\sum_{i=1}^{N} \frac{x_i - \bar{x}}{\sigma_x} \frac{y_i - \bar{y}}{\sigma_y}. \tag{1.9}$$

1.7 相関と回帰

この r_{xy} を変量 x と y の**相関係数**といいます．ここで，$\dfrac{x_i - \bar{x}}{\sigma_x}$ と $\dfrac{y_i - \bar{y}}{\sigma_y}$ は無名数になるので，r_{xy} も無名数になることに注意してください．

― 共分散・相関係数 ―

定義 1.23 変量 x の値 $x_1, x_2, \ldots, x_N$ と変量 y の値 $y_1, y_2, \ldots, y_N$ に対する偏差の積の平均

$$\sigma_{xy} = \frac{1}{N} \sum_{i=1}^{N} (x_i - \bar{x})(y_i - \bar{y})$$

を**共分散**といい，これを各標準偏差で割った値

$$r_{xy} = \frac{\sigma_{xy}}{\sigma_x \sigma_y}$$

を x と y の**相関係数**という．

変量 x と y の値を共に a 倍して b だけ加えたときの共分散を $\tilde{\sigma}_{xy}$，相関係数を $\tilde{r}_{xy}$ とすれば，定理 1.1 と同様に考えて，$\tilde{\sigma}_{xy} = a^2 \sigma_{xy}$，$\tilde{r}_{xy} = r_{xy}$ が分かります．また，次に示すように相関係数 r_{xy} の最大値は 1 で，最小値は -1 です．

― 相関係数の範囲 ―

定理 1.4 相関係数 r_{xy} は，

$$-1 \leq r_{xy} \leq 1$$

を満たす．

(証明)
2 つの N 次元実ベクトルを $\boldsymbol{a} = {}^t[a_1, a_2, \ldots, a_N]$，$\boldsymbol{b} = {}^t[b_1, b_2, \ldots, b_N]$ とし，これらの内積を $(\boldsymbol{a}, \boldsymbol{b})$ と表すことにする．ただし，t は転置を表す．このとき，内積の性質より，2 つのベクトル $\boldsymbol{a}$ と $\boldsymbol{b}$ のなす角を θ とすれば，

$$\cos \theta = \frac{(\boldsymbol{a}, \boldsymbol{b})}{|\boldsymbol{a}||\boldsymbol{b}|}$$

が成り立つ[15]．
ここで，変量 x と y をベクトル $\boldsymbol{x} = {}^t[x_1, x_2, \ldots, x_N]$，$\boldsymbol{y} = {}^t[y_1, y_2, \ldots, y_N]$ と見なし，$\boldsymbol{a} = {}^t[x_1 - \bar{x}, x_2 - \bar{x}, \ldots, x_N - \bar{x}]$，$\boldsymbol{b} = {}^t[y_1 - \bar{y}, y_2 - \bar{y}, \ldots, y_N - \bar{y}]$ とすれば，

$$\begin{aligned} r_{xy} &= \frac{\sigma_{xy}}{\sigma_x \sigma_y} = \frac{\frac{1}{N} \sum_{i=1}^{N} (x_i - \bar{x})(y_i - \bar{y})}{\sqrt{\frac{1}{N} \sum_{i=1}^{N} (x_i - \bar{x})^2} \sqrt{\frac{1}{N} \sum_{i=1}^{N} (y_i - \bar{y})^2}} \\ &= \frac{\frac{1}{N}(\boldsymbol{a}, \boldsymbol{b})}{\sqrt{\frac{1}{N} |\boldsymbol{a}|^2} \sqrt{\frac{1}{N} |\boldsymbol{b}|^2}} = \frac{(\boldsymbol{a}, \boldsymbol{b})}{|\boldsymbol{a}||\boldsymbol{b}|} = \cos \theta \end{aligned}$$

となる．ここで，$-1 \leq \cos \theta \leq 1$ なので，結局

$$-1 \leq r_{xy} \leq 1$$

を得る． ∎

---
[15] 例えば，拙著 [8] の定理 2.7 を参照してください．

さて，すべての観測値 (x_i, y_i) が直線

$$y = \frac{\sigma_y}{\sigma_x}(x - \bar{x}) + \bar{y}$$

上にあるとしましょう．このとき，$y_i = \frac{\sigma_y}{\sigma_x}(x_i - \bar{x}) + \bar{y}$ より，$\frac{x_i - \bar{x}}{\sigma_x} = \frac{y_i - \bar{y}}{\sigma_y}$ が成り立つので，(1.9) より

$$r_{xy} = \frac{1}{N}\sum_{i=1}^{N}\frac{x_i - \bar{x}}{\sigma_x}\frac{y_i - \bar{y}}{\sigma_y} = \frac{1}{N} \cdot \frac{1}{\sigma_x^2}\sum_{i=1}^{N}(x_i - \bar{x})^2 = \frac{1}{N\sigma_x^2} \cdot N\sigma_x^2 = 1$$

となります．$\frac{\sigma_y}{\sigma_x} > 0$ なので，結局，変量 x が増加するとき，変量 y も増加すれば相関係数 r_{xy} は 1 となります．これを**正の完全相関**といいます．同じように考えれば，相関係数 r_{xy} が最小値 -1 をとるときは，すべての観測値 (x_i, y_i) が直線，

$$y = -\frac{\sigma_y}{\sigma_x}(x - \bar{x}) + \bar{y}$$

にあるとき，だと分かります．つまり，変量 x が増加するとき，変量 y が減少すれば $r_{xy} = -1$ となり，このとき変量 x と y は**負の完全相関**であるといいます．

なお，対象とするデータにもよりますが，私の経験に基づいた相関係数の（最も甘い）目安は次の通りです．

相関係数の目安

$0 \leq |r_{xy}| \leq 0.2$　　ほとんど相関関係がない．
$0.2 \leq |r_{xy}| \leq 0.4$　　やや相関関係がある．
$0.4 \leq |r_{xy}| \leq 0.7$　　かなり相関関係がある．
$0.7 \leq |r_{xy}| \leq 1$　　　強い相関関係がある．

分散と同様に，コンピューターを使って共分散の計算を少しでも高速に行いたいときは，次の共分散公式を使ったほうがよいでしょう．この共分散公式は，共分散は「積の平均から平均の積を引いたもの」であることを示しています．

共分散公式

定理 1.5 変量 x の値を $x_1, x_2, \ldots, x_N$ とし，変量 y の値を $y_1, y_2, \ldots, y_N$ とする．このとき，それぞれの平均を $\bar{x}$，$\bar{y}$，共分散を σ_{xy} とすれば，次式が成り立つ．

$$\sigma_{xy} = \frac{1}{N}\sum_{i=1}^{N}x_i y_i - \bar{x}\bar{y}$$

1.7 相関と回帰

(証明)

$$\begin{aligned}\sigma_{xy} &= \frac{1}{N}\sum_{i=1}^{N}(x_i-\bar{x})(y_i-\bar{y}) = \frac{1}{N}\sum_{i=1}^{N}(x_iy_i - x_i\bar{y} - \bar{x}y_i + \bar{x}\bar{y}) \\ &= \frac{1}{N}\sum_{i=1}^{N}x_iy_i - \bar{y}\frac{1}{N}\sum_{i=1}^{N}x_i - \bar{x}\frac{1}{N}\sum_{i=1}^{N}y_i + \bar{x}\bar{y}\frac{1}{N}\sum_{i=1}^{N}1 \\ &= \frac{1}{N}\sum_{i=1}^{N}x_iy_i - \bar{y}\bar{x} - \bar{x}\bar{y} + \bar{x}\bar{y} = \frac{1}{N}\sum_{i=1}^{N}x_iy_i - \bar{x}\bar{y}\end{aligned}$$

∎

また，相関係数を求める場合には，次の公式を使うと便利です．

共分散公式に基づく相関係数の求め方

系 1.3 変量 x の値を $x_1, x_2, \ldots, x_N$ とし，変量 y の値を $y_1, y_2, \ldots, y_N$ とする．このとき，相関係数 r_{xy} は次式で与えられる．

$$r_{xy} = \frac{N\sum_{i=1}^{N}x_iy_i - \left(\sum_{i=1}^{N}x_i\right)\left(\sum_{i=1}^{N}y_i\right)}{\sqrt{\left(N\sum_{i=1}^{N}x_i^2 - \left(\sum_{i=1}^{N}x_i\right)^2\right)\left(N\sum_{i=1}^{N}y_i^2 - \left(\sum_{i=1}^{N}y_i\right)^2\right)}}$$

(証明)
分散公式 (定理 1.2) と共分散公式 (1.5) より，

$$\begin{aligned}r_{xy} &= \frac{\sigma_{xy}}{\sigma_x\sigma_y} = \frac{\frac{1}{N}\sum_{i=1}^{N}x_iy_i - \left(\frac{1}{N}\sum_{i=1}^{N}x_i\right)\left(\frac{1}{N}\sum_{i=1}^{N}y_i\right)}{\sqrt{\frac{1}{N}\sum_{i=1}^{N}x_i^2 - \left(\frac{1}{N}\sum_{i=1}^{N}x_i\right)^2}\sqrt{\frac{1}{N}\sum_{i=1}^{N}y_i^2 - \left(\frac{1}{N}\sum_{i=1}^{N}y_i\right)^2}} \\ &= \frac{N\sum_{i=1}^{N}x_iy_i - \left(\sum_{i=1}^{N}x_i\right)\left(\sum_{i=1}^{N}y_i\right)}{\sqrt{N\sum_{i=1}^{N}x_i^2 - \left(\sum_{i=1}^{N}x_i\right)^2}\sqrt{N\sum_{i=1}^{N}y_i^2 - \left(\sum_{i=1}^{N}y_i\right)^2}} \\ &= \frac{N\sum_{i=1}^{N}x_iy_i - \left(\sum_{i=1}^{N}x_i\right)\left(\sum_{i=1}^{N}y_i\right)}{\sqrt{\left(N\sum_{i=1}^{N}x_i^2 - \left(\sum_{i=1}^{N}x_i\right)^2\right)\left(N\sum_{i=1}^{N}y_i^2 - \left(\sum_{i=1}^{N}y_i\right)^2\right)}}\end{aligned}$$

が成り立つ． ∎

相関係数の計算

例 1.9 本節の冒頭にある線形代数と微分積分の得点

線形代数	98	88	75	97	41	88	78	59	73	70
微分積分	62	68	61	48	34	25	44	52	31	73

に対して，相関係数を求めよ．

【解答】
変量 x を線形代数の得点，変量 y を微分積分の得点とすると，系 1.3 より，

$$r_{xy} = \frac{10\sum_{i=1}^{10} x_i y_i - \left(\sum_{i=1}^{10} x_i\right)\left(\sum_{i=1}^{10} y_i\right)}{\sqrt{\left(10\sum_{i=1}^{10} x_i^2 - \left(\sum_{i=1}^{10} x_i\right)^2\right)\left(10\sum_{i=1}^{10} y_i^2 - \left(\sum_{i=1}^{10} y_i\right)^2\right)}}$$

である．これを計算するために，次の表を作成する．

	x	y	x^2	y^2	xy
	98	62	9604	3844	6076
	88	68	7744	4624	5984
	75	61	5625	3721	4575
	97	48	9409	2304	4656
	41	34	1681	1156	1394
	88	25	7744	625	2200
	78	44	6084	1936	3432
	59	52	3481	2704	3068
	73	31	5329	961	2263
	70	73	4900	5329	5110
和	767	498	61601	27204	38758

この表より，

$$\begin{aligned} r_{xy} &= \frac{10 \times 38758 - 767 \times 498}{\sqrt{(10 \times 61601 - 767^2)(10 \times 27204 - 498^2)}} = \frac{5614}{\sqrt{27721 \times 24036}} \\ &\approx \frac{5614}{25812.8254} \approx 0.2175 \end{aligned}$$

を得る．

∎

■■■ **演習問題** ■■■■■■■■■■■■■■■■■■■■■■

●**演習問題 1.20** 次のデータに対する相関係数を求めよ．

x	51	80	70	99	68
y	42	65	69	85	81

1.7.3 相関関係と因果関係★

2つの変量 x と y の相関係数が高ければ，これらには強い相関関係があるといえます．しかし，このことは必ずしも2つの変量の間に，x が原因で y が決まるといった因果関係がある，ということにはなりません．というのも，「相関関係が強い」ということは，「2つの変量の間に直線的な関係がある」ということを示しているに過ぎないからです．因果関係には，直線といった単純な関係ではなく，それよりも複雑な関係も含まれています．例えば，x が与えられたとき，y は $y = (x-4)^2$ で決まるものとしましょう．このとき，x によって y が定まるので，x と y の間には因果関係があります．しかし，これで決まる値

$$(1,9), (2,4), (3,1), (4,0), (5,1), (6,4), (7,9)$$

を考えると，この相関係数 r_{xy} は 0 となります．したがって，相関係数は曲線的な関係を示すのには不向きな指標なのです．

もちろん，相関関係があると同時に因果関係がある場合もあります．例えば，ある部屋にいる人数と二酸化炭素の濃度，一世帯当たりの人数と水道の使用量，地区の人数とコンビニの数，などはこれに当たります．

また，強い相関があったとしても，因果関係がない場合もあります．例えば，一般には身長と計算力には，全く関係はありません．しかし，小学校でデータを集めると強い相関が出ることがあります．なぜなら，全体としては，高学年になるほど身長が高く，計算力も増すからです．

以上をまとめると，相関関係は因果関係ではない，無相関は無関係を意味しないとなるでしょう．相関を考える場合は，常にこのことを意識してください．

1.7.4　回帰直線

第 1.7.1 項で述べたように x と y の間の (直線的な) 関係を調べるときには相関を使い，x から y が決定される状況を調べるには回帰を使います．前項まででは，もっぱら相関のみを扱って来たので，ここでは回帰を取り上げることにします．

さて，x から y が決定される最も単純な関係式といえば，直線 $y = ax + b$ が挙げられるでしょう．この a と b が定まれば，x から y が決定される状況や仕組みが明らかになります．言い換えれば，データの分布状態に一番近い直線を求めて，x と y の関係を明らかにしようとする訳です．この直線のことを回帰直線といいます．なお，x を説明変数，y を目的変数と呼ぶことがあります．

相関も直線的な関係を調べていたのですが，相関と回帰直線との違いは，「相関は直線的な関係があるかないのか？」という点のみを調べた (つまり，具体的にどのような直線で関係が表されるのか，ということは分からない) のに対し，「回帰は具体的にどのような直線の関係にあるのか？」という点を調べることです．

── 回帰曲線・回帰直線 ──

定義 1.24 変量 x の値 $x_1, x_2, \ldots, x_N$ と変量 y の値 $y_1, y_2, \ldots, y_N$ が与えられたとき，これを平面上の点

$$(x_1, y_1), (x_2, y_2), \ldots, (x_N, y_N)$$

で表したとき，これらの点の分布状況に最も近い曲線を**回帰曲線**という．特に，その曲線が直線のときは，その直線を**回帰直線**という．

以下では，a と b を未知数とし，回帰直線を，

$$y = ax + b$$

として，この a と b を定めてみよう．そのために，x_i から予想される y の値 $\hat{y}_i = ax_i + b$ と観測値 y_i との差，$d_i = y_i - \hat{y}_i = y_i - (ax_i + b)$ の2乗和

$$Q = \sum_{i=1}^{N} d_i^2 = \sum_{i=1}^{N}(y_i - ax_i - b)^2 \tag{1.10}$$

を最小にする a と b を求めることにします．このような求め方を**最小2乗法**といい，求めた直線を y の x への**回帰直線**といいます（図 1.17）．

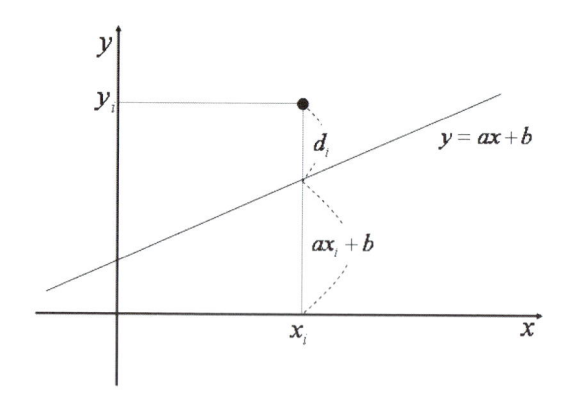

図 1.17 回帰直線の説明図

もちろん，2乗 $(y_i - ax_i - b)^2$ の代わりに絶対値 $|y_i - ax_i - b|$ を考えても構いません．しかし，2乗 $(y_i - ax_i - b)^2$ を使うと，Q は a と b の2変数

1.7 相関と回帰

関数の 2 次式となるので,次の補題 1.1 より,Q を最小にするには,単に,

$$\frac{\partial Q}{\partial a}=0 \quad \text{かつ} \quad \frac{\partial Q}{\partial b}=0 \tag{1.11}$$

となる a と b を求めればよい,ということになります.

――― 極値 ―――

補題 1.1 (1.10) で定義される Q は,(1.11) を満たす点 (a_0, b_0) において最小値をとる.

(証明)
$z_1 \sim z_6$ を実定数とする.このとき,2 変数関数 a, b の 2 次関数

$$Q(a,b) = z_1 a^2 + z_2 b^2 + z_3 ab + z_4 a + z_5 b + z_6$$

に対して,

$Q_a = 2z_1 a + z_3 b + z_4$, $Q_b = 2z_2 b + z_3 a + z_5$, $Q_{ab} = Q_{ba} = z_3$, $Q_{aa} = 2z_1$, $Q_{bb} = 2z_2$

なので,ヘッセ行列式は,

$$H(a,b) = \begin{vmatrix} Q_{aa} & Q_{ab} \\ Q_{ba} & Q_{bb} \end{vmatrix} = \begin{vmatrix} 2z_1 & z_3 \\ z_3 & 2z_2 \end{vmatrix} = 4z_1 z_2 - z_3^2$$

となる.よって,$H(a,b) = 4z_1 z_2 - z_3^2 > 0$ かつ $Q_{aa} = 2z_1 > 0$ ならば,$Q(a,b) = 0$ は $Q_a = Q_b = 0$ となる点で極小値をとる[16]).
また,$Q_a = Q_b = 0$ より,

$$\begin{bmatrix} 2z_1 & z_3 \\ z_3 & 2z_2 \end{bmatrix} \begin{bmatrix} a \\ b \end{bmatrix} = \begin{bmatrix} -z_4 \\ -z_5 \end{bmatrix}$$

であり,a と b がただ 1 つに定まる条件は,

$$\begin{vmatrix} 2z_1 & z_3 \\ z_3 & 2z_2 \end{vmatrix} = 4z_1 z_2 - z_3^2 \neq 0$$

である.したがって,$H(a,b) > 0$ かつ $Q_{aa} > 0$ ならば,$Q_a = Q_b = 0$ となる点はただ 1 つに定まるので,この点における極小値は最小値でもある.
今の場合,(1.11) より,

$$Q(a,b) = \sum_{i=1}^{N}(y_i - ax_i - b)^2 = \sum_{i=1}^{N}(y_i^2 + a^2 x_i^2 + b^2 - 2y_i ax_i + 2ax_i b - 2by_i)$$

$$= \left(\sum_{i=1}^{N} x_i^2\right) a^2 + Nb^2 + \left(2\sum_{i=1}^{N} x_i\right) ab - \left(2\sum_{i=1}^{N} x_i y_i\right) a - \left(2\sum_{i=1}^{N} y_i\right) b + \sum_{i=1}^{N} y_i^2$$

なので,

$$z_1 = \left(\sum_{i=1}^{N} x_i^2\right), \quad z_2 = N, \quad z_3 = 2\sum_{i=1}^{N} x_i$$

である.すべての i に対して,$x_i = 0$ となることはまれなことなので,$z_1 > 0$ と考えても構わない.したがって,$Q_{aa} > 0$ と考えてもよい.

---

[16]) ここまでの議論については,例えば,拙著 [10] の第 5.9 節を参照してください.

また，

$$
\begin{aligned}
4z_1 z_2 - z_3^2 &= 4\left(\sum_{i=1}^{N} x_i^2\right)N - \left(2\sum_{i=1}^{N} x_i\right)^2 = 4N\left(\sum_{i=1}^{N} x_i^2\right) - 4\left(\sum_{i=1}^{N} x_i\right)^2 \\
&= 4N^2\left(\frac{1}{N}\left(\sum_{i=1}^{N} x_i^2\right) - \bar{x}\right) = 4N^2\sigma^2
\end{aligned}
$$

が成り立つ．なお，上式の最後の変形には，分散公式 (定理 1.2) を使っている．
ここで，$\sigma = 0$ となることは，ほどんどない (あり得ないといってもよい) ので，$\sigma > 0$ と考えてよい．つまり，$H(a,b) > 0$ と考えてもよい．
以上のことから，$Q_a = Q_b = 0$ となる点において $Q(a,b)$ は最小値をとることが分かる．■

(1.11) より，

$$
\begin{aligned}
\frac{\partial Q}{\partial a} &= \sum_{i=1}^{N} \frac{\partial}{\partial a}(y_i - ax_i - b)^2 = -2\sum_{i=1}^{N} x_i(y_i - ax_i - b) = 0 \\
\frac{\partial Q}{\partial b} &= \sum_{i=1}^{N} \frac{\partial}{\partial b}(y_i - ax_i - b)^2 = -2\sum_{i=1}^{N} (y_i - ax_i - b) = 0
\end{aligned}
$$

を得ます．後半の式は，残差 $y_i - (ax_i + b)$ の合計は 0 であることを意味します．これより，

$$
\begin{cases} \sum_{i=1}^{N} x_i(-y_i + ax_i + b) = 0 \\ \sum_{i=1}^{N} (-y_i + ax_i + b) = 0 \end{cases} \Longrightarrow \begin{cases} a\sum_{i=1}^{N} x_i^2 + b\sum_{i=1}^{N} x_i = \sum_{i=1}^{N} x_i y_i \\ a\sum_{i=1}^{N} x_i + Nb = \sum_{i=1}^{N} y_i \end{cases}
$$

$$
\Longrightarrow \begin{cases} a\sum_{i=1}^{N} x_i^2 + Nb\bar{x} = \sum_{i=1}^{N} x_i y_i \\ a\bar{x} + b = \bar{y} \end{cases} \quad (1.12)
$$

を得ます．ここで，$\bar{x} = (\sum_{i=1}^{N} x_i)/N$，$\bar{y} = (\sum_{i=1}^{N} y_i)/N$ としました．この (1.12) を正規方程式と呼ぶことがあります．これより，

$$
a = \frac{\sum_{i=1}^{N} x_i y_i - N\bar{x}\bar{y}}{\sum_{i=1}^{N} x_i^2 - N\bar{x}^2} \tag{1.13}
$$

$$
b = \bar{y} - a\bar{x} \tag{1.14}
$$

を得ます．ここで，(1.14) および $y = ax + b$ より，

$$
b + ax = \bar{y} + ax - a\bar{x} \iff y - \bar{y} = a(x - \bar{x})
$$

となることに注意すれば，結局，次の定理を得ます．

回帰直線の方程式

定理 1.6 観測値 $(x_1, y_1), (x_2, y_2), \ldots, (x_N, y_N)$ に対して，y の x への回帰直線は，
$$y - \bar{y} = a(x - \bar{x}) \tag{1.15}$$
で与えられる．ただし，$\bar{x} = \dfrac{1}{N}\sum_{i=1}^{N} x_i$, $\bar{y} = \dfrac{1}{N}\sum_{i=1}^{N} y_i$, $a = \dfrac{\sum_{i=1}^{N} x_i y_i - N\bar{x}\bar{y}}{\sum_{i=1}^{N} x_i^2 - N\bar{x}^2}$
である．なお，a を**回帰係数**と呼ぶこともある．

定理 1.6 より，回帰直線は変量 x と y の平均を座標とする点 $(\bar{x}, \bar{y})$ を通ることに注意してください．また，回帰係数 a は，共分散公式 (定理 1.5) と分散公式 (定理 1.2) より，

$$a = \frac{\sum_{i=1}^{N} x_i y_i - N\bar{x}\bar{y}}{\sum_{i=1}^{N} x_i^2 - N\bar{x}^2} = \frac{N\sigma_{xy}}{N\sigma_x^2} = \frac{\sigma_{xy}}{\sigma_x \sigma_y} \cdot \frac{\sigma_y}{\sigma_x} = r_{xy} \frac{\sigma_y}{\sigma_x} \tag{1.16}$$

と表されます．この (1.16) は，相関係数と回帰係数の関係を表しています．これより，a が定まれば (つまり，直線が定まれば) r_{xy} が定まり，逆に r_{xy} が定まれば a も定まります．このことからも，r_{xy} は変量 x と y の間にある直線的な関係を表す指標であることが分かります．なお，(1.16) より

$$a = \frac{\sigma_{xy}}{\sigma_x^2} \tag{1.17}$$

が成り立つことにも注意してください．

注意 1.7.1 定理 1.6 と (1.10) より，回帰直線は，
(1) 観測値との差が最小で
(2) 観測値の平均を通る
直線であることが分かります．

回帰直線

例 1.10 次のデータが与えられているとする．

変量 x	98	88	75	41	78	59	70
変量 y	62	68	61	34	44	52	73

このとき，y の x への回帰直線を求めよ．

【解答】
まず，与えられたデータより，次の表を作成する．

	x	y	x^2	y^2	xy
	98	62	9604	3844	6076
	88	68	7744	4624	5984
	75	61	5625	3721	4575
	41	34	1681	1156	1394
	78	44	6084	1936	3432
	59	52	3481	2704	3068
	70	73	4900	5329	5110
和	509	394	39119	23314	29639

定理 1.6 より，

$$a = \frac{\sum_{i=1}^N x_i y_i - N\left(\frac{1}{N}\sum_{i=1}^N x_i\right)\left(\frac{1}{N}\sum_{i=1}^N y_i\right)}{\sum_{i=1}^N x_i^2 - N\left(\frac{1}{N}\sum_{i=1}^N x_i\right)^2}$$

$$= \frac{N\sum_{i=1}^N x_i y_i - \left(\sum_{i=1}^N x_i\right)\left(\sum_{i=1}^N y_i\right)}{N\sum_{i=1}^N x_i^2 - \left(\sum_{i=1}^N x_i\right)^2}$$

なので，

$$a = \frac{7\sum_{i=1}^7 x_i y_i - \left(\sum_{i=1}^7 x_i\right)\left(\sum_{i=1}^7 y_i\right)}{7\sum_{i=1}^7 x_i^2 - \left(\sum_{i=1}^7 x_i\right)^2} = \frac{7\times 29639 - 509\times 394}{7\times 39119 - 509\times 509}$$

$$= \frac{6927}{14752} \approx 0.46956$$

ここで，$\bar{x} = \frac{1}{7}\sum_{i=1}^7 x_i = \frac{509}{7} \approx 72.714$，$\bar{y} = \frac{1}{7}\sum_{i=1}^7 y_i = \frac{394}{7} \approx 56.286$ なので，求める回帰直線は，

$$\begin{aligned} y &= a(x-\bar{x}) + \bar{y} \\ &= 0.46956(x - 72.714) + 56.286 \\ &\approx 0.46956x + 22.142 \end{aligned}$$

である（図 1.18）．

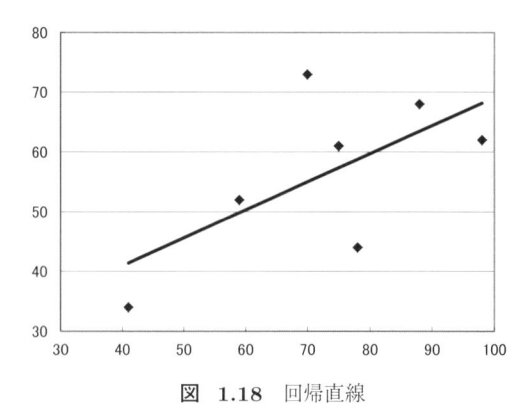

図 1.18 回帰直線

なお，変量 y^2 は使わなかったが，あらかじめ求めておくと，後で相関係数を求める必要が出たときに便利である．

さて，y の x への回帰直線 $y - \bar{y} = a(x - \bar{x})$ は横軸に x 軸をとり，縦軸に y 軸をとったときに定義されたものです．軸を逆に，つまり，横軸を y 軸とし，縦軸を x 軸としたときは，x の y への回帰直線が定義できます．

---- **回帰直線の方程式** ----

系 1.4 観測値 $(x_1, y_1), (x_2, y_2), \ldots, (x_N, y_N)$ に対して，x の y への回帰直線は

$$x - \bar{x} = b(y - \bar{y}) \tag{1.18}$$

で与えられる．ただし，$\bar{x} = \dfrac{1}{N}\sum_{i=1}^{N} x_i$, $\bar{y} = \dfrac{1}{N}\sum_{i=1}^{N} y_i$, $b = \dfrac{\sum_{i=1}^{N} x_i y_i - N\bar{x}\bar{y}}{\sum_{i=1}^{N} y_i^2 - N\bar{y}^2}$ である．

---- **回帰直線** ----

例 1.11 例 1.10 のデータに対して，x の y への回帰直線を求めよ．

【解答】
例 1.10 と同様に考えると，

$$\begin{aligned}
b &= \frac{N\sum_{i=1}^{N} x_i y_i - \left(\sum_{i=1}^{N} x_i\right)\left(\sum_{i=1}^{N} y_i\right)}{N\sum_{i=1}^{N} y_i^2 - \left(\sum_{i=1}^{N} y_i\right)^2} \\
&= \frac{7 \times 29639 - 509 \times 394}{7 \times 23314 - 394 \times 394} = \frac{6927}{7962} \approx 0.87
\end{aligned}$$

となる．ここで，$\bar{x} = 72.714$, $\bar{y} = 56.286$ なので，x の y への回帰直線は

$$x - \bar{x} = 0.87(y - \bar{y})$$

より，

$$\begin{aligned}
y &= \frac{1}{0.87}(x - \bar{x}) + \bar{y} = \frac{1}{0.87}(x - 72.714) + 56.286 \\
&\approx 1.15x - 83.579 + 56.286 = 1.15x - 27.293
\end{aligned}$$

となる（図 1.19）．

図 1.19 回帰直線

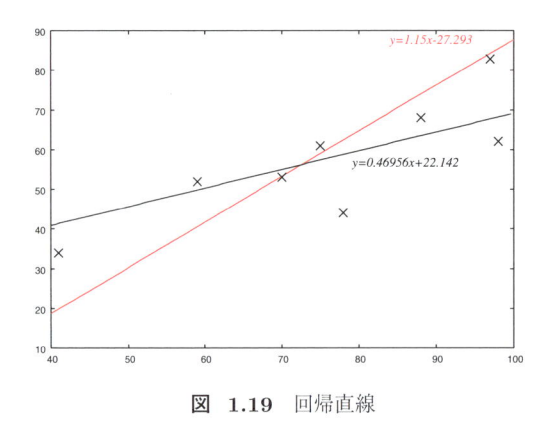

> **注意 1.7.2** 一般には，y の x への回帰直線と x の y への回帰直線は一致しません．

■■■ 演習問題 ■■■■■■■■■■■■■■■■■■■■■

●**演習問題 1.21** 演習問題 1.20 のデータに対して，y の x への回帰直線および x の y への回帰直線を求めよ．

1.7.5 決定係数*

相関係数 r_{xy} を r と表したとき，(1.10) は

$$\sum_{i=1}^{N} d_i^2 = \sum_{i=1}^{N} (y_i - \hat{y}_i)^2 = (1-r^2) \sum_{i=1}^{N} (y_i - \bar{y})^2 \tag{1.19}$$

と表せるので，$r^2 = 1$ ならば $\hat{y}_i = ax_i + b$ が y_i に完全に一致，つまり，$y_i = ax_i + b$ が成り立ち，y は x から完全に決定されます．いわば，r^2 は x が y を決定する強さを表しているといえ，r^2 を **決定係数** といいます．

(1.19) を証明しておきましょう．

────── 最小 2 乗誤差と決定係数 ──────

補題 1.2 (1.10) は，x と y の相関係数 r を用いて，次式で表せる．

$$\sum_{i=1}^{N} d_i^2 = \sum_{i=1}^{N} (y_i - \hat{y}_i)^2 = (1-r^2) \sum_{i=1}^{N} (y_i - \bar{y})^2 \tag{1.19}$$

(証明)

まず，(1.17) より，$a = \dfrac{\sum_{i=1}^{N}(x_i - \bar{x})(y_i - \bar{y})}{\sum_{i=1}^{N}(x_i - \bar{x})^2}$ となるので，

1.7 相関と回帰

$$\sum_{i=1}^{N}(x_i-\bar{x})(y_i-\bar{y}) = a\sum_{i=1}^{N}(x_i-\bar{x})^2, \tag{1.20}$$

$$\sum_{i=1}^{N}(x_i-\bar{x})(y_i-\bar{y}-a(x_i-\bar{x})) = \sum_{i=1}^{N}(x_i-\bar{x})(y_i-\bar{y}) - \sum_{i=1}^{N}a(x_i-\bar{x})^2 = 0 \tag{1.21}$$

が成り立つ．また，(1.14) より $a\bar{x}=\bar{y}-b$ なので，(1.21) より，

$$\begin{aligned}
0 &= \sum_{i=1}^{N}(x_i-\bar{x})(y_i-\bar{y}-a(x_i-\bar{x})) = \sum_{i=1}^{N}(x_i-\bar{x})(y_i-\bar{y}-ax_i+a\bar{x}) \\
&= \sum_{i=1}^{N}(x_i-\bar{x})(y_i-\bar{y}-ax_i+\bar{y}-b) = \sum_{i=1}^{N}(x_i-\bar{x})(y_i-(ax_i+b)) \\
&= \sum_{i=1}^{N}(x_i-\bar{x})(y_i-\hat{y}_i)
\end{aligned}$$

を得る．ここで，

$$\hat{y}_i - \bar{y} = ax_i + b - \bar{y} = ax_i + b - (a\bar{x}+b) = a(x_i-\bar{x}) \tag{1.22}$$

に注意すれば，結局，

$$0 = \sum_{i=1}^{N}(x_i-\bar{x})(y_i-\hat{y}_i) = \frac{1}{a}\sum_{i=1}^{N}(\hat{y}_i-\bar{y})(y_i-\hat{y}_i) \Longrightarrow \sum_{i=1}^{N}(\hat{y}_i-\bar{y})(y_i-\hat{y}_i) = 0$$

を得る．ゆえに，

$$\begin{aligned}
\sum_{i=1}^{N}(y_i-\bar{y})^2 &= \sum_{i=1}^{N}(y_i-\hat{y}_i+\hat{y}_i-\bar{y})^2 \\
&= \sum_{i=1}^{N}(y_i-\hat{y}_i)^2 + 2\sum_{i=1}^{N}(y_i-\hat{y}_i)(\hat{y}_i-\bar{y}) + \sum_{i=1}^{N}(\hat{y}_i-\bar{y})^2 \\
&= \sum_{i=1}^{N}(y_i-\hat{y}_i)^2 + \sum_{i=1}^{N}(\hat{y}_i-\bar{y})^2
\end{aligned} \tag{1.23}$$

を得る．これと，(1.16)，(1.20)，(1.22) より，

$$\sum_{i=1}^{N}(\hat{y}_i-\bar{y})^2 = a^2\sum_{i=1}^{N}(x_i-\bar{x})^2 = a\sum_{i=1}^{N}(x_i-\bar{x})(y_i-\bar{y})$$

$$= r\frac{\sigma_y}{\sigma_x}N \cdot \frac{1}{N}\sum_{i=1}^{N}(x_i-\bar{x})(y_i-\bar{y}) = r\frac{\sigma_y}{\sigma_x}N\sigma_{xy} = r\frac{\sigma_{xy}}{\sigma_x\sigma_y}\sigma_y^2 N = r^2\sum_{i=1}^{N}(y_i-\bar{y})^2$$

となるので，これと (1.23) より，

$$\sum_{i=1}^{N}(y_i-\hat{y}_i)^2 = \sum_{i=1}^{N}(y_i-\bar{y})^2 - \sum_{i=1}^{N}(\hat{y}_i-\bar{y})^2 = (1-r^2)\sum_{i=1}^{N}(y_i-\bar{y})^2$$

を得る．なお，$r^2 = \dfrac{\sum_{i=1}^{N}(\hat{y}_i-\bar{y})^2}{\sum_{i=1}^{N}(y_i-\bar{y})^2} = \dfrac{理論値の変動}{観測値の変動}$ も分かる． ∎

1.7.6 偏相関係数*

小学校において，身長 x と計算力 y との相関係数が $r_{xy} = 0.7$ だったとします．第 1.7.3 項で述べたように，この結果から身長と計算力には因果関係があるとはいえません．なぜなら，相関係数 r_{xy} は学年 z の影響を強く受けていると考えられるからです．このような相関関係は **見かけ上の相関** と呼ばれ，しばしば判断を誤らせる原因となります．

そこで，学年 z の影響を取り除くために，x と z および y と z の関係が回帰式

$$x = az + b, \quad y = cz + d$$

で表されているとすれば，x および y から z の影響を取り除いたものは，これらの残差

$$x_z = x - az - b, \quad y_z = y - cz - d \tag{1.24}$$

と考えられます．

このとき，x_z と y_z の相関係数 $r_{xy \bullet z}$ が z の影響を除いた x と y の相関を表している[17] と考え，これを **偏相関係数** といいます．

偏相関係数 $r_{xy \bullet z}$ は，x と y の相関係数 r_{xy}，x と z の相関係数 r_{xz}，y と z の相関係数 r_{yz} を用いて

$$r_{xy \bullet z} = \frac{r_{xy} - r_{xz} r_{yz}}{\sqrt{1 - r_{xz}^2} \sqrt{1 - r_{yz}^2}} \tag{1.25}$$

と表せます．証明は例の後で示すことにしましょう．

偏相関係数の計算

例 1.12 小学校において，身長 x，計算力 y，学年 z の相関係数が $r_{xy} = 0.7$，$r_{xz} = 0.8$，$r_{yz} = 0.9$ だったとする．このとき，偏相関係数 $r_{xy \bullet z}$ を求めよ．

【解答】
(1.25) より，

$$r_{xy \bullet z} = \frac{0.7 - 0.8 \cdot 0.9}{\sqrt{1 - 0.8^2}\sqrt{1 - 0.9^2}} = \frac{-0.02}{\sqrt{0.36 \cdot 0.19}} = \frac{-0.02}{\sqrt{0.0684}} \approx -0.076$$

となる．これより，負の相関になることが分かる． ∎

それでは，(1.25) の証明をしましょう．そのために，少し準備をします．

標準化変数の相関係数

補題 1.3 変量 x と y の平均および標準偏差をそれぞれ $\bar{x}, \bar{y}, \sigma_x, \sigma_y$ とし，相関係数を r_{xy} とする．このとき，**標準化** された変量

$$x' = \frac{x - \bar{x}}{\sigma_x}, \quad y' = \frac{y - \bar{y}}{\sigma_y} \tag{1.26}$$

に対して次が成り立つ．

$$\bar{x}' = \bar{y}' = 0, \quad \sigma_{x'} = \sigma_{y'} = 1, \quad r_{xy} = r_{x'y'}$$

---

[17] $xy \bullet z$ は，x と y から z の影響を取り除いたことを意味します．

(証明)
定理 1.1 において $a = \dfrac{1}{\sigma_x}, b = -\dfrac{\bar{x}}{\sigma_x}$ とおけば,

$$\bar{x}' = \frac{\bar{x}}{\sigma_x} - \frac{\bar{x}}{\sigma_x} = 0, \quad \sigma_{x'} = \sqrt{\sigma_{x'}^2} = \sqrt{\frac{1}{\sigma_x^2} \cdot \sigma_x^2} = 1$$

となり, 同様に $\bar{y}' = 0, \sigma_{y'} = 1$ を得る.
また,

$$\begin{aligned}
r_{x'y'} &= \frac{\sigma_{x'y'}}{\sigma_{x'}\sigma_{y'}} = \sigma_{x'y'} = \frac{1}{N}\sum_{i=1}^{N}(x'_i - \bar{x}')(y'_i - \bar{y}') = \frac{1}{N}\sum_{i=1}^{N} x'_i y'_i \\
&= \frac{1}{N}\sum_{i=1}^{N}\left(\frac{x_i - \bar{x}}{\sigma_x}\right)\left(\frac{y_i - \bar{y}}{\sigma_y}\right) = r_{xy}
\end{aligned}$$

である. ∎

(1.24) の x_z と y_z を標準化して (1.25) を示します.

―― **偏相関係数** ――

定理 1.7 変量 x, y, z に対して次が成り立つ.
$$r_{xy\bullet z} = \frac{r_{xy} - r_{xz}r_{yz}}{\sqrt{1 - r_{xz}^2}\sqrt{1 - r_{yz}^2}}$$

(証明)
標準化された変量を $'$ で表すと, (1.14), (1.16), (1.24) および補題 1.3 より,

$$x'_z = x' - r_{x'z'}\frac{\sigma_{y'}}{\sigma_{x'}}z' - \bar{y}' + r_{x'y'}\frac{\sigma_{y'}}{\sigma_{x'}}\bar{x}' = x' - r_{xz}z', \quad y'_z = y' - r_{yz}z'$$

これと補題 1.3 より,

$$\begin{aligned}
\sigma_{x'_z y'_z} &= \frac{1}{N}\sum_{i=1}^{N}(x'_{zi} - \bar{x'_z})(y'_{zi} - \bar{y'_z}) = \frac{1}{N}\sum_{i=1}^{N} x'_{zi} y'_{zi} = \frac{1}{N}\sum_{i=1}^{N}(x'_i - r_{xz}z'_i)(y'_i - r_{yz}z'_i) \\
&= \frac{1}{N}\sum_{i=1}^{N}(x'_i y'_i - r_{yz}x'_i z'_i - r_{xz}y'_i z'_i + r_{xz}r_{yz}z'^2_i) \\
&= r_{xy} - r_{yz}r_{xz} - r_{xz}r_{yz} + r_{xz}r_{yz} = r_{xy} - r_{xz}r_{yz}
\end{aligned}$$

および,

$$\begin{aligned}
\sigma^2_{x'_z} &= \frac{1}{N}\sum_{i=1}^{N}(x'_{zi} - \bar{x'_z})^2 = \frac{1}{N}\sum_{i=1}^{N} x'^2_{zi} = \frac{1}{N}\sum_{i=1}^{N}(x'_i - r_{xz}z'_i)^2 \\
&= \frac{1}{N}\sum_{i=1}^{N}(x'^2_i - 2r_{xz}x'_i z'_i + r_{xz}^2 z'^2_i) = 1 - 2r_{xz}r_{xz} + r_{xz}^2 = 1 - r_{xz}^2
\end{aligned}$$

であり, 同様に $\sigma^2_{y'_z} = 1 - r_{yz}^2$ を得る.
ゆえに,

$$r_{xy\bullet z} = r_{x'y'\bullet z'} = \frac{\sigma_{x'_z y'_z}}{\sigma_{x'_z}\sigma_{y'_z}} = \frac{r_{xy} - r_{xz}r_{yz}}{\sqrt{1 - r_{xz}^2}\sqrt{1 - r_{yz}^2}}$$

を得る. ∎

1.7.7　共分散行列*

ここでは，2次元データ (x_1, y_1), (x_2, y_2), ..., (x_N, y_N) の散らばり具合を表す指標を考えてみましょう．換言すれば，1次元データの分散に相当する2次元データの分散を考えよう，ということです．なんだか難しそうですが，2次元データの散らばり具合は，相関の度合，と考えることもできます．相関関係を見るには，相関係数を使えばよいのですが，まずは1次元の分散に相当するものを考える，ということで，共分散

$$\sigma_{xy} = \frac{1}{N} \sum_{i=1}^{N} (x_i - \bar{x})(y_i - \bar{y})$$

を考えることにします．実際，この式において $x = y$ とすると，

$$\sigma_{xx} = \frac{1}{N} \sum_{i=1}^{N} (x_i - \bar{x})^2 = \sigma_x^2$$

となり，これは1次元データの分散と一致し，共分散は分散に相当することが分かります．

となると，$x_1, x_2, ..., x_N$ からなる変量 x と $y_1, y_2, ..., y_N$ からなる変量 y との散らばり具合を一目見て分かるようにするには，行列を使って，

$$C = \begin{bmatrix} \sigma_{xx} & \sigma_{xy} \\ \sigma_{yx} & \sigma_{yy} \end{bmatrix} = \begin{bmatrix} \sigma_x^2 & \sigma_{xy} \\ \sigma_{xy} & \sigma_y^2 \end{bmatrix}$$

と表示することが考えられます．この行列を**共分散行列**といいます．ここで，$\sigma_{xy} = \sigma_{yx}$ に注意してください．また，共分散行列は，次のようにベクトルで表記できます．

$$C = \frac{1}{N} \sum_{i=1}^{N} \begin{bmatrix} x_i - \bar{x} \\ y_i - \bar{y} \end{bmatrix} [x_i - \bar{x}, y_i - \bar{y}]$$

次に考えることは，相関係数に相当するものですが，これは相関係数と同様に，共分散行列をそれぞれの標準偏差で割った次の**相関行列**というものを考えます．

$$R = \begin{bmatrix} \frac{\sigma_{xx}}{\sigma_x \sigma_x} & \frac{\sigma_{xy}}{\sigma_x \sigma_y} \\ \frac{\sigma_{yx}}{\sigma_y \sigma_x} & \frac{\sigma_{yy}}{\sigma_y \sigma_y} \end{bmatrix} = \begin{bmatrix} 1 & r_{xy} \\ r_{xy} & 1 \end{bmatrix}$$

共分散行列は単位に依存しますが，相関行列は単位に依存しませんので，データを解析する際には主に相関行列が利用されます．

共分散行列と相関行列

例 1.13 次のデータに対して，共分散行列と相関行列を求めよ．

$$(3, 2), \quad (3, 4), \quad (5, 4), \quad (5, 6)$$

【解答】
$$\bar{x} = \frac{1}{4}(3+3+5+5) = 4, \quad \bar{y} = \frac{1}{4}(2+4+4+6) = 4$$

より，

$$\begin{aligned}
\sigma_{xx} &= \frac{1}{4}\{(3-4)^2 + (3-4)^2 + (5-4)^2 + (5-4)^2\} = 1 \\
\sigma_{yy} &= \frac{1}{4}\{(2-4)^2 + (4-4)^2 + (4-4)^2 + (6-4)^2\} = \frac{1}{4}(4+4) = 2 \\
\sigma_{xy} &= \frac{1}{4}\{(3-4)(2-4) + (3-4)(4-4) + (5-4)(4-4) + (5-4)(6-4)\} \\
&= \frac{1}{4}(2+2) = 1
\end{aligned}$$

なので，共分散行列 C は，

$$C = \begin{bmatrix} 1 & 1 \\ 1 & 2 \end{bmatrix}$$

である．また，

$$\sigma_x = \sqrt{\sigma_x^2} = \sqrt{\sigma_{xx}} = 1, \quad \sigma_y = \sqrt{\sigma_{yy}} = \sqrt{2}$$

なので，相関行列は，

$$R = \begin{bmatrix} 1 & \frac{\sigma_{xy}}{\sigma_x \sigma_y} \\ \frac{\sigma_{xy}}{\sigma_x \sigma_y} & 1 \end{bmatrix} = \begin{bmatrix} 1 & \frac{1}{\sqrt{2}} \\ \frac{1}{\sqrt{2}} & 1 \end{bmatrix}$$

である． ∎

共分散行列と相関行列を導入しましたが，これらが何の役に立つのか?，という点を考えてみましょう．そのためには，固有値と固有ベクトルを思い出さなければなりません．

n 次正方行列 A およびスカラー $\lambda \in \mathbb{C}$ に対して，

$$A\boldsymbol{x} = \lambda \boldsymbol{x} \quad (\boldsymbol{a} \neq \boldsymbol{0})$$

となる $\boldsymbol{x}$ が存在するとき，λ を A の**固有値**，$\boldsymbol{x}$ を λ に属する**固有ベクトル**といいました．ちょっと乱暴ないい方ですが，$A\boldsymbol{x} = \lambda \boldsymbol{x}$ というのは，行列 A の情報は固有値 λ に集約されている，といえます．ということは，A の情報をベクトルで表すために固有値 λ に対する固有ベクトルを利用しよう，というのは自然な発想です．そして，行列 A の情報を1つのベクトルで表せ，といわれたら，最も値の大きい固有値に属する固有ベクトルを使うことでしょう．

このことは，2次元データ $(x_1, y_1), (x_2, y_2), \ldots, (x_N, y_N)$ を1つのベクトルに代表させられることを意味します．このことを例 1.13 のデータを使って確認してみましょう．

―― **データの集約** ――

例 1.14 例 1.13 のデータを代表するベクトルを1つ求めよ．

【解答】
まず，データの解析には，単位に依存しない相関行列を使うことに注意する．
そこで，相関行列

$$R = \begin{bmatrix} 1 & \frac{1}{\sqrt{2}} \\ \frac{1}{\sqrt{2}} & 1 \end{bmatrix}$$

の固有値と固有ベクトルを求める[18]と，固有値は $\lambda_1 = \dfrac{2-\sqrt{2}}{2}$, $\lambda_2 = \dfrac{2+\sqrt{2}}{2}$ で，それぞれに属する固有ベクトルは $\boldsymbol{x}_1 = \begin{bmatrix} -1 \\ 1 \end{bmatrix}$, $\boldsymbol{x}_2 = \begin{bmatrix} 1 \\ 1 \end{bmatrix}$ である．行列 R の最大固有値は λ_2 なので，これに属する固有ベクトル $\boldsymbol{x}_2$ をデータを代表するベクトルとする． ■

次の図から分かるように，すべてのデータが $\boldsymbol{x}_2$ 方向を傾きとする直線（傾きが1の直線）上にあります．

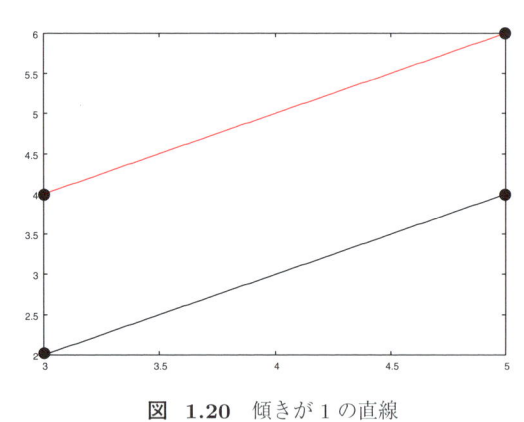

図 1.20 傾きが1の直線

なお，例 1.14 が，多変量解析における**主成分分析**の基本的な考え方です．

---

[18] 固有値と固有ベクトルの求め方については，拙著 [8] の第 11 章を見てください．

第2章
確率変数と確率分布

　第1章では，データ全体の状況，つまり，**分布**を把握できるようなデータ整理方法について説明しました．この分布こそがデータの特徴である，といえるでしょう．したがって，分布の性質を調べたり，その規則を発見することは非常に重要です．そこで，この章では，分布の一般的な性質や規則に関するお話をしたいと思います．

Section 2.1
確率とは何か

　これから考える分布は，今までのような度数分布ではなく，確率を伴った**確率分布**と呼ばれるものです．これを理解するには確率の知識が必要となりますから，本節では，確率について説明します．

2.1.1　頻度的立場の確率

　我々は，普段から「降水確率」や「当選確率」のように「確率」という言葉を使っていますが，実は「確率」を定義するのは簡単なことではありません．
　例えば，サイコロを1回投げると，1～6のいずれかの目が出ます．このとき，サイコロの目が1となる確率は？と問われたら，ほとんどの人が，

全体が 6 通りで，1 が出るのは 1 通りしかないので，$\frac{1}{6}$ と答えるでしょう．確率をこのように考えることを**古典的立場**あるいは**組合せ的**といいます．

古典的立場による確率

定義 2.1 全体で n 通りの場合のうち，ある事象 A が起こる場合の数が a 通りあるとき，事象 A の起こる**確率**を $\frac{a}{n}$ と定義し，

$$P(A) = \frac{a}{n}$$

と表す．このように定義された確率を**算術的確率**あるいは**先験的確率**という．ただし，**事象**とは，試行の結果，起こる事柄のことである．

それでは，6 回サイコロを投げると必ず 1 が 1 回出るか，というと，そんなことはありません．この $\frac{1}{6}$ というのは，サイコロを何回も投げれば，やがて，1 が出る確率は $\frac{1}{6}$ に近付く，という意味です．図 2.1 は，コンピュータによる疑似実験の結果を示しています．12000 回試行[1])したことに相当しているので，全体としては，1〜6 の目がそれぞれ約 2000 回が出ていることが分かります．しかし，ピッタリ 2000 回ということはありません．

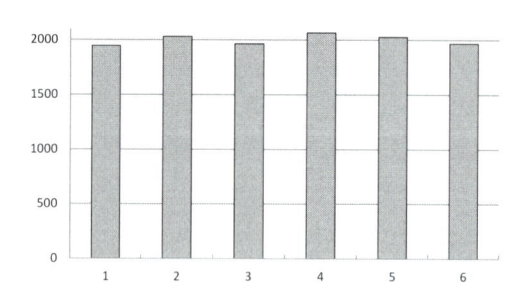

図 2.1 サイコロの出た目 (12000 回)

いままでの話をもう少し一般的にすると，n 回中 k 回だけ 1 が出たときの相対度数 $\frac{k}{n}$ は，n が大きくなるにつれ，一定値 $\frac{1}{6}$ に近付き，これを確率とする，ということになります．確率に対するこのような考え方を**頻度的立場**といいます．この考え方は，今でも広く受け入れられています．この

---
[1]) **試行**とは，ある定まった条件の下で，繰り返し行うことができる実験や観測のことです．

立場の客観性を保証するものは，多数回試行あるいは大量データによる相対度数です．また，頻度的立場の理論的な根拠になっているものは，**大数の法則**と呼ばれるものです．これは，多数回試行で起きる相対度数が確率の値に近付いていく，というものです．

以上の話をまとめると，頻度的立場による確率は次のように表現できます．

──────── 頻度的立場による確率 ────────

定義 2.2 試行を n 回繰り返して行った場合，ある事象 A の起こった回数を $k(n)$ とする．このとき，試行回数 n を増やしていくとき，相対度数 $\dfrac{k(n)}{n}$ が一定値 p に近づくならば，p を事象 A の**確率**と定義し，

$$P(A) = p = \lim_{n \to \infty} \frac{k(n)}{n} \tag{2.1}$$

と表す．なお，(2.1) で定義される確率を**統計的確率**あるいは**経験的確率**などと呼ぶことがある．

注意 2.1.1 算術的確率は，コインやサイコロがすべて均一に作られているという理想的な条件の下で考えられるものです．しかし，一般には，算術的確率と統計的確率はほぼ同じ値になるので，実際に確率を求める際には，頻繁に算術的確率を使います．少なくとも大学入試問題における確率の問題は，そのほとんどが算術的確率です．

それでは，頻度的立場だけで十分か？ と問われたら，それがそうでもないのです．サイコロを考えても，

(1) 本当にすべてのサイコロが均一な材料で作られ，完全な立方体になっているのか？ もし，そうでなければ，頻度的立場は意味がないものではないか？

(2) サイコロを投げて出る目は，投げた瞬間に決まっているのではないか？ そうだとすると，サイコロを手にしたときから，サイコロを投げて出る目は決まっているのではないか？ そう考えれば，もともと確率なんて存在しないのではないか？

(3) サイコロの目が出る確率なんて主観的なものでもよいのではないか？ 例えば，100 回投げて 1 が 30 回でれば，その確率は 3/10 としてもよいのではないか？

といった疑問が湧いてきます．特に，確率は主観的なものでよい，という立場の統計学は**ベイズ統計学**と呼ばれています．この立場では，今までの情報，知識や経験などによって得られた確率を与えます．これを**主観確率**といいます．この確率は，主観的なものですから，分析する人によっても異なります．主観確率は，全く起こっていない，あるいはほとんど起こっていない事象や実験ごとに統計的規則が変わってしまうような事象の分析も可能になる，などといった利点がありますが，本書のレベルを超える話なので，これには立ち入らないことにしましょう．

■■■ 演習問題 ■■■■■■■■■■■■■■■■■■■■■■■■■■■■■

●**演習問題 2.1** 1つのサイコロを1回投げるとき，奇数の出る確率を求めよ．

2.1.2　公理論的立場の確率

　確率を考える上で，「確率とは何か?」という問題だけを考えるのは不毛なことといわざるをえません．化学や物理では，ある現象を考えるとき，議論しやすいように理想状態というものを考えます．それと同じように，確率も理想化された状態で考えることにします．サイコロでいえば，そのサイコロの根拠を問うのではなく，最初から理想化されたサイコロを考えるのです．そして，現実問題と理想化された問題との間を統計的検定を使ってつなぐことにするのです．

$$\boxed{\text{現実の問題}} \quad \Longleftrightarrow \quad \boxed{\text{理想化された数学の世界}}$$
$$\text{統計的検定}$$

　さて，確率を理想化された数学の世界で考えるにはどうしたらよいでしょうか? そのためには，確率を数学の世界に閉じ込める，つまり，確率をある公理を満たすものとして定義すればよいのです．確率をこのように考える立場を**公理論的立場**といい，現代の確率論や数理統計学などは，この公理論的立場に基づいて議論を展開します．

　それでは，公理論的立場で確率を定義していきましょう．そのためにいくつかの用語を導入しなければなりませんので，まずは，これらについて

説明しましょう．

--- 標本空間 ---

定義 2.3 実験や観測を行うとき，起こりうるすべての結果からなる集合を**標本空間**といい，これを Ω や U で表すことが多い．また，標本空間 Ω 内の各結果の一つだけを含む集合を**根元事象**という．

例えば，サイコロを投げるときに出る目の標本空間は $\Omega = \{1,2,3,4,5,6\}$ で，$\{1\},\{2\},\{3\},\{4\},\{5\},\{6\}$ が根元事象です．なお，根元事象を試行によって起こりうる各結果とする考え方もあります．この考えの場合，根元事象は，$1,2,3,4,5,6$ です．

--- 標本空間 ---

例 2.1 1つのコインを3回投げるという試行によってできる標本空間 Ω およびその根元事象をすべて書け．

【解答】
表を 1，裏を 0 として表すと，根元事象は $\{(1,1,1)\}, \{(1,1,0)\}, \{(1,0,1)\}, \{(1,0,0)\}, \{(0,1,1)\}, \{(0,1,0)\}, \{(0,0,1)\}, \{(0,0,0)\}$ の 8 つである．また，標本空間は，以下の通りである．
$$\Omega = \{(1,1,1),(1,1,0),(1,0,1),(1,0,0),(0,1,1),(0,1,0),(0,0,1),(0,0,0)\}$$ ∎

--- 事象 ---

定義 2.4 標本空間の部分空間を**事象**という．したがって，事象とは，実験や観測の結果，起こったこと，ともいえる．事象は，アルファベットの大文字 A, B などで表記することが多い．もし，それが空集合ならば，**空事象**といい，$\emptyset$ で表す．空事象とは，決して起こらないことを事象の1つと見なしたものである．そして，起こりうるすべての場合からなる事象を**全事象**という．全事象は，集合としてみれば，標本空間そのものなので，標本空間と同じく Ω や U で表す．

例えば，サイコロを投げて4以下の目が出るという事象 A は $A = \{1,2,3,4\}$ で，7の目が出るという事象 B は $B = \emptyset$ です．また，標本空間では，空集合が空事象に対応しています．

--- 和事象・積事象 ---

定義 2.5 事象 A と事象 B の和集合を $A \cup B$ で表し，事象 A と事象 B の**和事象**という．また，事象 A と事象 B の共通部分を $A \cap B$ で表し，事象 A と事象 B の**積事象**という（図 2.2）．

和事象 $A \cup B$ は「A または B が起こる」という事象で，積事象 $A \cap B$ は

「A と B が同時に起こる」という事象です.

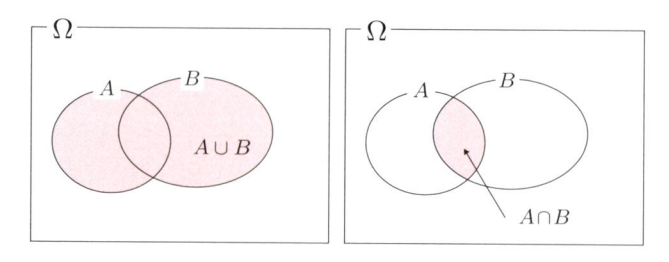

図 2.2 和事象と積事象

―― 余事象・差 ――

定義 2.6 標本空間の中で A が起こらないという事象を A の**余事象**といい,A^c で表す.また,$A - B = A \cap B^c$ を事象 A と事象 B の**差**という(図 2.3).

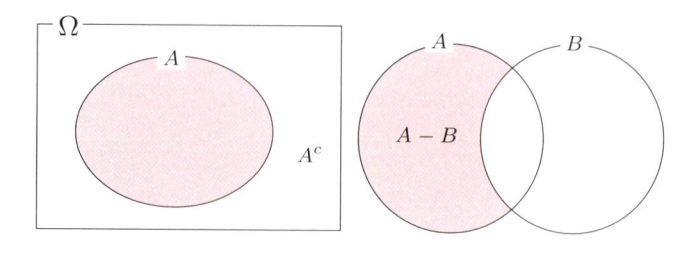

図 2.3 余事象と差

事象 A と余事象 A^c の間には,$A \cup A^c = \Omega$, $A \cap A^c = \emptyset$, $(A^c)^c = A$ という関係があります.また,事象と集合を同一視していますから,集合の基本的な性質である次の**ド・モルガンの法則**が事象 A, B に対しても成り立つことに注意しましょう.

$$(A \cup B)^c = A^c \cap B^c, \quad (A \cap B)^c = A^c \cup B^c \tag{2.2}$$

例えば,(2.2) の前半は,

$$x \in (A \cup B)^c \iff x \notin A \cup B \iff x \notin A \text{ かつ } x \notin B$$
$$\iff x \in A^c \text{ かつ } x \in B^c \iff x \in A^c \cap B^c$$

より成り立つことが分かります．後半は演習問題としましょう．

---- 排反 ----

定義 2.7 事象 A と事象 B が同時に起こることがないとき，つまり，$A \cap B = \emptyset$ となるとき，事象 A と事象 B は互いに**排反**，あるいは**互いに素**であるという．

---- 同様に確からしい ----

定義 2.8 標本空間に属するどの根元事象も同じ程度に起こると期待されるとき，これらの事象は**同様に確からしい**という．

頻度的立場の確率の前提は，この「同様に確からしい」ということです．このことを**等確率性**と呼ぶこともあります．本書で扱う事象は，特に断りがなければ「同様に確からしい」ものとします．

事象

例 2.2 1つのサイコロ投げにおいて，偶数の目が出るという事象を A，素数 (2,3,5) が出るという事象を B とする．このとき，和事象 $A \cup B$，積事象 $A \cap B$ および余事象 A^c, B^c を求めよ．

【解答】
$A = \{2, 4, 6\}$, $B = \{2, 3, 5\}$ なので，$A \cup B = \{2, 3, 4, 5, 6\}$, $A \cap B = \{2\}$ である．また，出る目の標本空間は $\Omega = \{1, 2, 3, 4, 5, 6\}$ なので，$A^c = \{1, 3, 5\}$, $B^c = \{1, 4, 6\}$ である． ∎

以上，事象という概念を導入することにより，実験や観測による結果を集合に対応させることができました．いわば，確率のもととなる事柄を集合に閉じ込めたのです．

$$\boxed{\text{実験や観測結果 (事象)}} \iff \boxed{\text{集合}}$$
$$\text{対応付ける}$$

さて，この集合を使って確率を定義したいのですが，そのために，頻度的立場や他の立場における確率が満たすべき共通の性質を抽出することにします[2]．

---

[2] このように「共通の性質を使って，ある事柄を定義する」というのは数学の常套手段です．例えば，線形代数で学ぶ行列式もこれに当たります．2～3 次行列式で成り立つ共通の性質を抜き出し，この性質を使って n 次行列式が定義できます．これについては，例えば，拙著 [8] の定義 3.1 と問題 3.4 を参考にしてください．

そして，この作業を行うために，確率が定義される事象の全体 $\mathscr{A}$ を考えます．このとき，確率を数学の世界に閉じ込めるため，$\mathscr{A}$ に集合の演算に関して閉じている[3]，ことを要求します．具体的には，$\mathscr{A}$ に対して次の (1)〜(3) を満たすことを要求します．

(1) 空事象 $\emptyset$ と全事象 Ω は $\mathscr{A}$ に含まれる．つまり，$\emptyset \in \mathscr{A}$ と $\Omega \in \mathscr{A}$ が成り立つ．

(2) 事象 A, B が $\mathscr{A}$ に属するとき，その和事象 $A \cup B$，積事象 $A \cap B$ も $\mathscr{A}$ に属する．また，A の余事象 A^c も $\mathscr{A}$ に属する．つまり，

$$A, B \in \mathscr{A} \Longrightarrow A \cup B \in \mathscr{A} \text{ かつ } A \cap B \in \mathscr{A} \quad (2.3)$$
$$A \in \mathscr{A} \Longrightarrow A^c \in \mathscr{A} \quad (2.4)$$

が成り立つ．

(3) $A_1, A_2, \ldots, A_n, \ldots$ が $\mathscr{A}$ に属せば，$\bigcup_{n=1}^{\infty} A_n$ も $\mathscr{A}$ に属する．つまり，

$$A_1, A_2, \ldots, A_n, \ldots \in \mathscr{A} \Longrightarrow \bigcup_{n=1}^{\infty} A_n \in \mathscr{A}$$

が成り立つ．

ここで，$\bigcup_{n=1}^{\infty} A_n$ は，「$A_1, A_2, \ldots, A_n, \ldots$ のいずれかが起こる」という事象を表しています．例えば，サイコロを投げる試行を考えると，「いつかは 1 の目が出る」という事象を A とし，「n 回目に初めて 1 の目が出る」という事象を A_n とすれば，$A = \bigcup_{n=1}^{\infty} A_n$ と表されます．ついでにいえば，$\bigcap_{n=1}^{\infty} A_n$ は，「$A_1, A_2, \ldots, A_n, \ldots$ のすべてが起こる」という事象を表します．$\mathscr{A}$ は，事象の全体，つまり，部分集合の全体なので，集合の集まりです．このように集合の集まりを**集合族**といいます．そして，上記の (1)〜(3)

---

[3] ある集合に属する要素どうしの演算結果が再びその集合に属することを演算について**閉じている**といいます．微分積分や線形代数の理論が実数上で構築できるのは，実数が四則演算について閉じているからです．ここでは，確率の理論を構築しやすいように，事象を集合演算について閉じている世界に閉じ込めてやるのです．

を満たす集合族 $\mathscr{A}$ を $\sigma-$**加法族**といいます[4]．性質 (3) は，可算[5]集合の和に関する性質ですが，これが，名前に σ というギリシャ文字が入っている理由です．数学では，σ という文字は「(可算個の) 和」を表すことが多いのです[6]．

ここで，ある事象 A の確率 $P(A)$ が満たすべき条件を考えてみましょう．まず，事象 A が全く起こらないときを $P(A) = 0$ とし，事象 A がいつも起こるときを $P(A) = 1$ とすれば，$P(A)$ は $0 \leq P(A) \leq 1$ を満たします．これを条件 (P1) と表すことにします．

また，事象 A がいつも起こるときは，事象 A は起こりうるすべての場合を含んでいる，ということになりますから，全事象になっています．したがって，全事象を Ω と表すと $P(\Omega) = 1$ です．これを条件 (P2) と表すことにします．逆に，事象 A が全く起こらないときは，A は空事象になりますから $P(\emptyset) = 0$ です．これを確率の条件に入れてもよいのですが，これは定理 2.1 でみるように確率の定義 (定義 2.9) から導けるので，要求しないことにします．

(P1) と (P2) だけで十分か？ と問われたら，実はそうでもないのです．確率に特有の性質として，互いに排反な事象というのがありましたね？ この性質が抜けているのです．そこで，互いに排反な事象を確率の定義に要求することにします．事象 A と B が排反ならば，A と B が同時に起こることはありませんから，$P(A \cap B) = P(\emptyset) = 0$ です．これは，排反そのものの性質ですから，わざわざ確率の条件に追加する必要はありません．そこで，和事象 $A \cup B$

---

[4] 通常，$\sigma-$加法族の定義には，(1) の $\emptyset \in \mathscr{A}$ と (2.3) は不要ですが，$\mathscr{A}$ が空事象や和事象と積事象について閉じていることを明記するために，これらの条件も記述しています．ちなみに，これらの条件が不要だということは次のようにして分かります．まず，$\Omega \in \mathscr{A}$ と (2.4) より，$\emptyset = \Omega^c \in \mathscr{A}$ が導けます．また，$A, B \in \mathscr{A}$ ならば (2.4) より $A^c, B^c \in \mathscr{A}$ なので，(3) より $A^c \cup B^c \in \mathscr{A}$ となります．したがって，再び (2.4) より $(A^c \cup B^c)^c \in \mathscr{A}$ となりますが，ド・モルガンの法則 (2.2) より $(A^c \cup B^c)^c = A \cap B$ が成り立つので，結局，$A \cap B \in \mathscr{A}$ を得ます．そして，同様の議論により，$A_1, A_2, \ldots, A_n, \ldots \in \mathscr{A} \Longrightarrow \bigcap_{n=1}^{\infty} \in \mathscr{A}$ も導けます．
[5] 「数えられる」という意味です．
[6] ちなみに，δ という文字は「積 (あるいは共通部分)」を表します．例えば，可算個の開集合の共通部分として表される集合を $G_\delta-$集合といいます．ドイツ語で和を Summe，共通部分を Durchschnitt ということから，それぞれの頭文字 S と D に対応するギリシャ文字 σ と δ を使ったといわれています．

を考えます．A と B が互いに排反ならば，それぞれの事象は別々に起こりますから，A または B が起こる確率 $P(A \cup B)$ は，$P(A \cup B) = P(A) + P(B)$ となるはずです．これと同様のことが，事象が増えても成り立つ，つまり，$P(A_1 \cup A_2 \cup \cdots \cup A_n \cup \cdots) = P(A_1) + P(A_2) + \cdots + P(A_n) + \cdots$ を要求します．これを条件 (P3) と表します．

ということで，確率を次のように定義します．

——— 公理論的立場の確率 ———

定義 2.9 標本空間 Ω の部分集合を A とする．このとき，次の 3 つの性質を満たす関数 $P(\cdot)$ を事象 A の**確率**，あるいは $(\Omega, \mathscr{A})$ 上の**確率**という．ただし，$\mathscr{A}$ は σ-加法族である．

(P1) 任意の $A \in \mathscr{A}$ に対して，$0 \leq P(A) \leq 1$
(P2) $P(\Omega) = 1$
(P3) 任意の互いに排反な事象 $A_1, A_2, \ldots, A_n, \ldots$ に対して，

$$P\left(\bigcup_{i=1}^{\infty} A_i\right) = \sum_{i=1}^{\infty} P(A_i) \tag{2.5}$$

が成り立つ．

なお，3 つの組 $(\Omega, \mathscr{A}, P)$ を**確率空間**と呼び，(2.5) の性質を**完全加法性**と呼ぶことがある．

以上の話を整理すると，

(1) 事象を集合と同一視する．

(2) 集合としての演算について閉じていることを要求する．こうしておくと，確率に関する理論が構築しやすい．

(3) さらに，どの立場の確率でも成り立つような性質を要求する．

ということになります．

なお，確率に関する厳密な議論を展開する場合には，σ-加法族やその先にあるルベーグ積分論が必要になります[7]．しかし，これは**確率・統計**

---

[7] ルベーグ積分を考える上で，σ-加法族というのは集合としてかなり大きいものとされています．そこで，開集合から生成される最小の σ-加法族を考えます．これを**ボレル集合族**といい，ボレル集合族の要素を**ボレル集合**といいます．ボレル集合族は，ルベーグ積分を行うには，十分に大きい集合ということが知られており，ボレル集合族上で議論を展開すれば，ルベーグ積分，およびそれを利用した確率に関する積分を行う上では十分です．確率の専門書にボレル集合族が登場する理由はここにあります．ただし，これらの知識

を学ぼうとする初学者には，やや難解であり，その本質の理解には必ずしも σ-加法族やルベーグ積分論を必要としません．ですから，σ-加法族が分からない，からといって，確率・統計の修得をあきらめる，といったことはしないでください．

さて，定義から直接的に導かれる性質をいくつか述べましょう．

確率の性質

定理 2.1 $P(\cdot)$ を $(\Omega, \mathscr{A})$ 上の確率とする．このとき，次が成り立つ．
(1) $P(\emptyset) = 0$
(2) $A \in \mathscr{A} \Longrightarrow P(A^c) = 1 - P(A)$
(3) $A, B \in \mathscr{A}$ かつ $A \subset B \Longrightarrow P(A) \leq P(B)$

(証明)
(1) $\emptyset = \emptyset \cup \emptyset \cup \cdots$ なので，(P3) より，$P(\emptyset) = P(\emptyset) + P(\emptyset) + \cdots$ である．ここで，(P1) より，$0 \leq P(\emptyset) \leq 1$ なので，$P(\emptyset) = P(\emptyset) + P(\emptyset) + \cdots$ が成り立つためには，$P(\emptyset) = 0$ でなければならない．よって，$P(\emptyset) = 0$ である．
(2) (P2) と (P3) より，
$$1 = P(\Omega) = P(A \cup A^c) = P(A) + P(A^c)$$
である．これより，$P(A^c) = 1 - P(A)$ が成り立つ．
(3) $A \subset B$ より，
$$B = A \cup (B - A)$$
なので，(P3) より，
$$P(B) = P(A \cup (B-A)) = P(A) + P(B-A)$$
である．ここで，(P1) より，$P(B-A) \geq 0$ なので，結局，$P(A) \leq P(B)$ が成り立つ． ∎

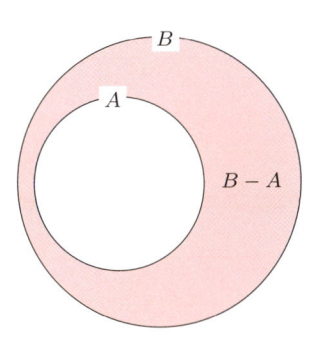

定義ばかりだと，話がよく分からないと思うので，例題を少しやってみましょう．

確率

例 2.3 表が出る確率が p のコインを 1 回投げる試行を考える．このとき，表を 1，裏を 0 として，標本空間 Ω，σ-加法族 $\mathscr{A}$，$(\Omega, \mathscr{A})$ 上の確率 $P(\cdot)$ を求めよ．

がなくても，確率の基本的な考え方は修得できます．

【解答】
1 か 0 しか出ない事象なので，標本空間は，$\Omega = \{0, 1\}$ である．そして，σ-加法族としては，標本空間の部分集合全体を考えればよいから，
$$\mathscr{A} = \{\emptyset, \{0\}, \{1\}, \{0, 1\}\}$$
である．また，定義 2.9 と定理 2.1 より，$(\Omega, \mathscr{A})$ 上の確率 $P(\cdot)$ は，
$$P(\emptyset) = 0, \quad P(\Omega) = P(\{0, 1\}) = 1, \quad P(\{0\}) = 1 - p, \quad P(\{1\}) = p$$
である． ∎

> **注意 2.1.2** 例 2.3 において，次のようなことに注意してください．
> - 表が出る確率が p (p は 1/2 とは限らない) コインを想定できるのは，確率を公理論的に定義したおかげだといえます．
> - 事象は標本空間の部分集合なので，σ-加法族としては，部分集合の全体，つまり，$\mathscr{A} = \{\emptyset, \{0\}, \{1\}, \{0, 1\}\}$ を考えれば構いません．
> - $\mathscr{A}$ に標本空間 $\{0, 1\}$ が含まれていることに注意せよ．もし，$\{0, 1\}$ が含まれていなければ，$\mathscr{A} = \{\emptyset, \{0\}, \{1\}\}$ に対して $A = \{0\}, B = \{1\}$ とすれば，$A, B \in \mathscr{A}$ だが，$A \cup B = \{0, 1\} \notin \mathscr{A}$ となります．
> - 理屈の上では，表も裏もでないという状況も想定できる (例えば，コインが浮いたまま落ちない，永遠に転がり続ける，など) ので，$\mathscr{A}$ には $\emptyset$ を含めなければなりません．
> - Ω の部分集合全体を**ベキ集合**といい，$\mathscr{P}(\Omega)$ や 2^Ω などと表します．ベキ集合 2^Ω は，Ω から作られる最大の σ-加法族です．ここで，最大とは，集合族の要素である集合の数が最も多い，という意味です．したがって，解答のように，σ-加法族としては，ベキ集合を考えるのが最も単純です．

確率の性質

例 2.4 任意の 2 つの事象 A と B に対して，
$$P(A \cup B) = P(A) + P(B) - P(A \cap B)$$
が成り立つことを示せ．さらに，A と B が互いに排反ならば，
$$P(A \cup B) = P(A) + P(B)$$
が成り立つことを示せ．

【解答】
$$A \cup B = (A \cap B) \cup (A \cap B^c) \cup (A^c \cap B)$$
で，$A \cap B$, $A \cap B^c$, $A^c \cap B$ は互いに排反なので，(P3) より，
$$P(A \cup B) = P(A \cap B) + P(A \cap B^c) + P(A^c \cap B)$$
である．また，

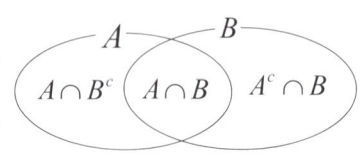

$$A = (A \cap B) \cap (A \cap B^c), \quad B = (A \cap B) \cap (A^c \cap B)$$

で，$(A \cap B)$ と $(A \cap B^c)$，$(A \cap B)$ と $(A^c \cap B)$ はそれぞれ互いに排反なので，(P3) より，

$$P(A) = P(A \cap B) + P(A \cap B^c), \quad P(B) = P(A \cap B) + P(A^c \cap B)$$

である．ゆえに，

$$\begin{aligned} P(A \cup B) &= P(A \cap B) + P(A) - P(A \cap B) + P(B) - P(A \cap B) \\ &= P(A) + P(B) - P(A \cap B) \end{aligned}$$

である．特に，A と B が互いに排反ならば，$A \cap B = \emptyset$ なので，定理 2.1 より，$P(A \cap B) = 0$ となり，

$$P(A \cup B) = P(A) + P(B)$$

を得る． ∎

本節の定義や例では，「$(\Omega, \mathscr{A})$ 上の確率」とか「確率空間 $(\Omega, \mathscr{A}, P)$」といったように，σ-加法族 $\mathscr{A}$ を意識して書いていますが，これは理論上の話で，実際の計算ではこれらを考える必要はありません．そこで，次節からは，σ-加法族という言葉を前面に出さないようにします．

■■■ 演習問題 ■■■■■■■■■■■■■■■■■■■■■

●**演習問題 2.2** 1つのコインを4回投げるという試行によってできる標本空間 Ω の根元事象をすべて書け．

●**演習問題 2.3** コインを n 回投げて，表の回数を記す試行に対応する標本空間を求めよ．

●**演習問題 2.4** 事象 A, B, C に対して，次が成り立つことを示せ．
交換法則： $A \cup B = B \cup A, \quad A \cap B = B \cap A$
結合法則： $A \cup (B \cup C) = (A \cup B) \cup C, \quad A \cap (B \cap C) = (A \cap B) \cap C$
分配法則： $A \cup (B \cap C) = (A \cup B) \cap (A \cup C), \quad A \cap (B \cup C) = (A \cap B) \cup (A \cap C)$
ド・モルガンの法則： $(A \cup B)^c = A^c \cap B^c, \quad (A \cap B)^c = A^c \cup B^c$

●**演習問題 2.5** A, B, C を任意の事象とするとき，A だけに属する結果は集合の記号 (和事象，積事象，余事象) でどのように表せるか？

●**演習問題 2.6** 1つのサイコロ投げにおいて，奇数の目が出るという事象を A，3以下の目が出る事象を B とする．このとき，和事象 $A \cup B$，積事象 $A \cap B$ および余事象 A^c，B^c を求めよ．また，この A と B を使って例 2.4 が成り立つことを確認せよ．

※**演習問題 2.7** 表が出る確率が p のコインを 2 回投げる試行を考える．このとき，表を 1 とし，裏を 0 として，標本空間 Ω，σ－加法族 $\mathscr{A}$，$A \in \mathscr{A}$ に対する確率 $P(A)$ を求めよ．また，$A = \{(0,1), (1,1)\}$ に対して具体的に $P(A)$ を求めよ．

※**演習問題 2.8** Ω を標本空間とし，A を Ω の部分集合とする．このとき，
$$\mathscr{A}_1 = \{\emptyset, \Omega\}, \quad \mathscr{A}_2 = \{\emptyset, \Omega, A, A^c\}$$
は σ－加法族になるか？理由を述べて答えよ．

●**演習問題 2.9** 3 つの事象 A, B, C に対して次式が成り立つことを示せ．
$$\begin{aligned} P(A \cup B \cup C) &= P(A) + P(B) + P(C) \\ &\quad - P(A \cap B) - P(A \cap C) - P(B \cap C) + P(A \cap B \cap C) \end{aligned}$$

(ヒント) 例 2.4 を繰り返して使う．また，$A \cap (B \cup C) = (A \cap B) \cup (A \cap C)$ および $(A \cap B) \cap (A \cap C) = A \cap B \cap C$ にも注意せよ．

※**演習問題 2.10** 事象の列 $A_1, A_2, \ldots$ が次の条件を満たしているとする．
$$A_1 \subset A_2 \subset \cdots \subset A_n \subset A_{n+1} \subset \cdots$$
このとき，$A = \bigcup_{i=1}^{\infty} A_i$ とおけば，次式が成立することを示せ．
$$P(A) = \lim_{n \to \infty} P(A_n)$$

※**演習問題 2.11** 事象の列 $A_1, A_2, \ldots$ が次の条件を満たしているとする．
$$A_1 \supset A_2 \supset \cdots \supset A_n \supset A_{n+1} \supset \cdots$$
このとき，$A = \bigcap_{i=1}^{\infty} A_i$ とおけば，次式が成立することを示せ．
$$P(A) = \lim_{n \to \infty} P(A_n)$$

Section 2.2
確率変数★

サイコロを投げて出る目の値を X とすると，X のとる値は 1, 2, 3, 4, 5, 6 です．X が出るという事象が同様に確からしいならば，X は確率 $\frac{1}{6}$ で，1〜6 のいずれかの値をとります．ここで，X が i となる確率を $P(X=i)$ と表せば，

$$P(X=1) = P(X=2) = \cdots = P(X=6) = \frac{1}{6}$$

が成り立ちます．今の場合，標本空間は $\Omega = \{1,2,3,4,5,6\}$ で，X は Ω 上の値をとる関数あるいは変数と考えられます．より具体定期には，Ω を定義域とする関数を $X = X(\omega)$ と表したとき，$X(\omega) = \omega$ と考えられます．サイコロの目の 2 倍を考えるなら，$X(\omega) = 2\omega$ とします．

また，ルーレットを回して最初の位置から X 度 ($0 < X \leq 360$) のところで止まったとすると，X のとりうる値は $0 < X \leq 360$ を満たすすべての実数です．ルーレットの針があるところで止まる，

という事象が同様に確からしいとすると，X が $30 < X \leq 90$ という値をとる確率は，区間幅 $90 - 30 = 60$ に比例することになります．よって，X が $a < X \leq b$ という値をとる確率を $P(a < X \leq b)$ と表せば，

$$P(30 < X \leq 90) = \frac{60}{360} = \frac{1}{6}$$

となります．この場合，標本空間は $\Omega = \{x \mid 0 < x \leq 360\}$ で，先の例と同様，X は Ω 上の値をとる関数あるいは変数と考えられます．

以上のように，$X = k$ となる確率 $P(X = k)$ や $a < X \leq b$ となる確率 $P(a < X \leq b)$ が定まっている変数 X を**確率変数**といいます．より一般には，確率変数とは，標本空間 Ω 上のそれぞれの元に対して実数値を対応させる関数，つまり，標本空間上の実数値関数ともいえます．また，**確率変数は確率を伴った変数なので，とりやすい値とそうでない値があります**．例えば，$X = 1$ となる確率が $P(X = 1) = \frac{1}{4}$，$X = 2$ となる確率が $P(X = 2) = \frac{3}{4}$ のときは，$X = 1$ よりは $X = 2$ がとりやすい値になります．

---------- 確率変数 ----------

定義 2.10 試行の結果に応じていろいろな値をとる変数 X が考えられ，変数 X がある値をとる場合の確率が定まるとき，X を**確率変数**という．また，確率変数が離散的な値 (とびとびの値) をとるとき**離散型確率変数**といい，連続的な値をとるとき**連続型確率変数**という．

一般に，確率変数は大文字のアルファベット X, Y, Z などで表し，それらの確率変数がとる値を小文字の x, y, z などで表します．

離散型確率変数

例 2.5 2つのサイコロを投げるとき，出る目の積によって定義される確率変数を X とする．このとき，標本空間 Ω と確率変数 X における確率を求めよ．

【解答】
サイコロの2つの目 i, j と X の値を表にすると次のようになる．

$i \backslash j$	1	2	3	4	5	6
1	1	2	3	4	5	6
2	2	4	6	8	10	12
3	3	6	9	12	15	18
4	4	8	12	16	20	24
5	5	10	15	20	25	30
6	6	12	18	24	30	36

この表に登場するすべての数が，根元事象なので，標本空間は，

$$\Omega = \{1, 2, 3, 4, 5, 6, 8, 9, 10, 12, 15, 16, 18, 20, 24, 25, 30, 36\}$$

となる．また，上の表の $6 \times 6 = 36$ 通りの目が出るとという事象は同様に確からしい，としてよい．例えば，$X = 4$ となるのは，3通りで，$X = 6$ となるのは4通りなので，

$$P(X = 4) = \frac{3}{36}, \quad P(X = 6) = \frac{4}{36}$$

である．以下，同様に考えると，

$$P(X = 1) = \frac{1}{36} \qquad P(X = 2) = \frac{2}{36} \qquad P(X = 3) = \frac{2}{36}$$
$$P(X = 4) = \frac{3}{36} \qquad P(X = 5) = \frac{2}{36} \qquad P(X = 6) = \frac{4}{36}$$
$$P(X = 8) = \frac{2}{36} \qquad P(X = 9) = \frac{1}{36} \qquad P(X = 10) = \frac{2}{36}$$
$$P(X = 12) = \frac{4}{36} \qquad P(X = 15) = \frac{2}{36} \qquad P(X = 16) = \frac{1}{36}$$
$$P(X = 18) = \frac{2}{36} \qquad P(X = 20) = \frac{2}{36} \qquad P(X = 24) = \frac{2}{36}$$
$$P(X = 25) = \frac{1}{36} \qquad P(X = 30) = \frac{2}{36} \qquad P(X = 36) = \frac{1}{36}$$

を得る． ∎

連続型確率変数

例 2.6 電車が10分おきに発着しているとき，次の電車までの待ち時間を X とすると，X は確率変数になる．このとき，標本空間 Ω と $1 < X \leq 4$ における確率を求めよ．

【解答】
待ち時間 X は $0 < X \leq 10$ を満たすので，標本空間は，

$$\Omega = \{x \mid 0 < x \leq 10\}$$

である[8]．また，$1 < X \leq 4$ における確率は，

$$P(1 < X \leq 4) = \frac{4-1}{10} = \frac{3}{10}$$

である． ∎

■■■ 演習問題 ■■■■■■■■■■■■■■■■■■■■■■■■■■■

●**演習問題 2.12** 2 枚のコインを同時に投げたとき，表の出た枚数で定義される確率変数を X とする．このとき，標本空間 Ω と確率変数 X における確率を求めよ．

●**演習問題 2.13** 地球儀を回して止まったところの経度で定義される確率変数を X とする．ただし，東経は $+$，西経は $-$ で表す．このとき，標本空間 Ω と $-20 \leq X < 60$ となる確率を求めよ．

Section 2.3
確率分布★

以上の準備をもとにして，第 2.1 節の冒頭で登場した確率分布の話に入りましょう．

前節で確率変数には離散型と連続型の 2 種類がある，と述べましたが，まずは，離散型確率変数に対する確率分布の説明から始めることにしましょう．そのために，第 2.2 節で考えたサイコロを 1 回投げる試行を考えます．このとき，確率変数 X を出る目の値とし，$X = i (i = 1, 2, \ldots, 6)$ となる確率を $P(X = i)$ とします．そして，形式的に X は 7 以上の値になることも許せば，確率変数と確率との関係は次のような表にまとめることができます．この表のことを**確率分布表**といいます．

X	1	2	3	4	5	6	7	$\cdots$	計
P	1/6	1/6	1/6	1/6	1/6	1/6	0	$\cdots$	1

このとき，$P(X = i) = p_i$ とすると，$p_i \geq 0$ で，$\sum_{i=1}^{\infty} p_i = \sum_{i=1}^{6} p_i = 1$ となり，今までの話を一般化して，定義としてまとめると次のようになります．

---

[8] 次の電車までの待ち時間だから，標本空間に $X = 0$ は含まないことに注意してください．

確率関数

定義 2.11 離散型確率変数 X が定数 $x_1, x_2, \ldots, x_i, \ldots$ という値をとる確率 $P(X = x_i)$ をそれぞれ,

$$P(X = x_1) = p_1, P(X = x_2) = p_2, \ldots, P(X = x_i) = p_i, \ldots \quad (2.6)$$

とする．ただし，$\sum_i p_i = 1, p_i \geq 0$ である．このとき，$P(X = x_i) = p_i$ は x_i の関数なので，それぞれの値に対する確率を関数 $f(x)$ を用いて，

$$f(x_i) = P(X = x_i)$$

と表せる．この関数 $f(x)$ を X の**確率関数**といい，x_i と p_i との対応 $f(x_i) = p_i$ を X の**確率分布**という．

注意 2.3.1 本書において，$\sum_i p_i$ は，X のとる値が n 個のとき $\sum_{i=1}^{n} p_i$ を表し，無限個のときは $\sum_{i=1}^{\infty} p_i$ を表すものとします．

なお, (2.6) が成り立つとき, X は**離散分布**に従うといい, (2.6) をまとめた**確率分布表**は, 次のようになります.

X	x_1	x_2	$\cdots$	x_i	$\cdots$	計
P	p_1	p_2	$\cdots$	p_i	$\cdots$	1

表 2.1 確率分布表

離散分布

例 2.7 男児と女児の出生率は等しいとする．このとき，3 人の子どもがいる家庭の確率変数 X とその確率分布を求め，これらを確率分布表にまとめよ．

【解答】
男児の数 (もしくは女児の数) は，確率変数 X となる．
このとき，3 人の子どもはすべて区別が付くので，番号を 1,2,3 と付けると，3 人から 1 人を選ぶ組合せ[9]は 3 通りである．また，3 人から 2 人を選ぶ組合せは，

$$(1,2), \quad (1,3), \quad (2,3)$$

の 3 通りであり，3 人から 3 人を選ぶ組合せは 1 通りである．
したがって，

---
[9] 組合せは高等学校で学びますが，忘れた人は，第 4.1 項を参照してください．

$$P(X=1) = \frac{3}{2^3} = \frac{3}{8}, \quad P(X=2) = \frac{3}{8}, \quad P(X=3) = \frac{1}{8}$$

であり，

$$P(X=0) = 1 - P(X=1) - P(X=2) - P(X=3) = \frac{1}{8}$$

である．これらを確率分布表にまとめると次のようになる．

X	0	1	2	3	計
P	1/8	3/8	3/8	1/8	1

■

次に連続型確率変数の場合を考えます．ここでも離散型確率変数の場合と同様に，第 2.2 節の例，つまり，ルーレットの例を取り上げて考えましょう．そこでの話を思い出せば，ルーレットの針が $30 \leq X < 90$ にある確率は，

$$P(30 \leq X < 90) = \frac{60}{360} = \frac{1}{6}$$

でした．この確率は，図 2.4 のように面積と考えることができます．

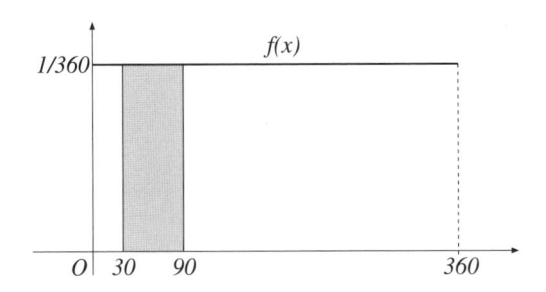

図 2.4 $P(30 \leq X < 90)$ に対応する面積

これを定積分を使って表せば，

$$f(x) = \begin{cases} \frac{1}{360} & (0 \leq x < 360) \\ 0 & (その他) \end{cases}$$

とするとき，

$$P(30 \leq X < 90) = \int_{30}^{90} f(x)dx$$

となります．また，任意の実数 x に対して，$f(x) \geq 0$ が成り立ち，

$$\int_{-\infty}^{\infty} f(x)dx = \int_{0}^{360} \frac{1}{360} dx = 1$$

も成り立ちます．

これらを一般化して，定義としてまとめると次のようになります．

―――――― 確率密度関数 ――――――

定義 2.12 連続型確率変数 X に対して，次の条件を満たす関数 $f(x)$ の存在を仮定する．

(1) 任意の x に対して，$f(x) \geq 0$
(2) $\displaystyle\int_{-\infty}^{\infty} f(x) = 1$
(3) 任意の $a, b (a \leq b)$ に対して，

$$P(a \leq X \leq b) = \int_a^b f(x)dx$$

このとき，X は**連続分布**に従うといい，$f(x)$ を確率変数 X の**確率密度関数**，または単に**密度関数**という．なお，確率密度関数を**確率分布**と呼ぶことがある．

要は，**確率分布**とは，確率変数 X のとり得る値とそれらの確率との対応関係であり，X と確率密度関数 $f(x)$ の対応関係が (連続型の) 確率分布です (図 2.5)．

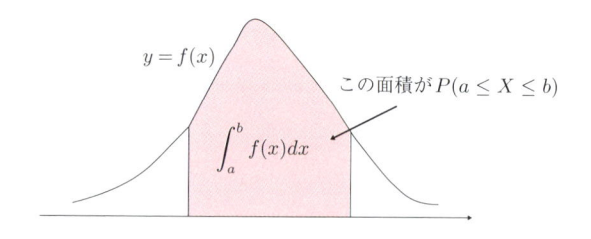

図 2.5 確率密度関数と確率

離散型とは異なり，連続型の場合は，点 $X = a$ ではなく区間 $a \leq X \leq b$ で考えていることに注意してください．というのも，定義 2.12 の (3) より $P(X = a) = \displaystyle\int_a^a f(x)dx = 0$，つまり，任意の実数 a に対しては $P(X = a) = 0$ となるので，点で考えるのは意味がないのです．ということで，X が連続型確率変数の場合は，$P(X = a)$ ではなく $P(a \leq X \leq b)$ という X の値が区間 $a \leq X \leq b$ に入る確率を問題にします[10]．

注意 2.3.2 X が連続型確率変数のとき，任意の a, b に対して，$P(X = a) = 0$，$P(X = b) = 0$ なので，

$$P(a \leq X \leq b) = P(a < X \leq b) = P(a \leq X < b) = P(a < X < b)$$

である．つまり，**不等号の等号はあってもなくてもよい**．

---

[10] 細かいことをいえば，この事実と次の注意 2.3.2 は第 2.4 節で説明する分布関数 $F(x)$ が，$x = a, b$ で連続のときに限って成り立つ話です．

2.3 確率分布 ★

確率密度関数

例 2.8 次の問に答えよ.

(1) 例 2.6 の場合,確率密度関数 $f(x)$ はどのようになるか?
(2) 与えられた $a, b(a < b)$ に対して,関数
$$f(x) = \begin{cases} k & (a < k \leq b) \\ 0 & (その他) \end{cases}$$
が確率密度関数になるためには,定数 k はどのような値であるべきか? また,このとき,$a \leq c \leq b$ となる c に対して $P(X \leq c)$ を求めよ.

【解答】
(1) 次の電車までの待ち時間は,0 分以上 10 分未満のすべての値をとり得るから
$$f(x) = \begin{cases} \frac{1}{10} & (0 \leq x < 10) \\ 0 & (その他) \end{cases}$$
である.
(2)
$$\int_{-\infty}^{\infty} f(x)dx = \int_a^b k\,dx = k(b-a)$$
であり,$\int_{-\infty}^{\infty} f(x)dx = 1$ だから,$k(b-a) = 1$ である.よって,$k = \dfrac{1}{b-a}$ である.
このとき,
$$P(X \leq c) = \int_{-\infty}^c f(x)dx = \int_a^c \frac{1}{b-a}dx = \frac{c-a}{b-a}$$
となる. ∎

この節の最後として,確率変数の変数変換を行った場合,確率密度関数がどのように変化するか見てみよう.まずは,連続型確率変数の場合です.

確率密度関数の変数変換

例 2.9 関数 $y = \varphi(x)$ は微分可能な単調増加関数とし,その逆関数を $x = \psi(y)$ とする.このとき,確率変数 X の確率密度関数が $f(x)$ ならば,確率変数 $Y = \varphi(X)$ の確率密度関数 $g(y)$ は,$g(y) = f(\psi(y))\psi'(y)$ となることを示せ.

【解答】
まず,任意の $a, b(a \leq b)$ に対して,次式が成立することに注意する.
$$P(a \leq Y \leq b) = \int_a^b g(y)dy \tag{2.7}$$
次に,$x = \psi(y)$ は微分可能で,$dx = \psi'(y)dy$ であることに注意すれば,
$$P(a \leq Y \leq b) = P(\psi(a) \leq X \leq \psi(b)) = \int_{\psi(a)}^{\psi(b)} f(x)dx = \int_a^b f(\psi(y))\psi'(y)dy \tag{2.8}$$
を得る.したがって,任意の $a, b(a \leq b)$ に対して,(2.7) と (2.8) が成り立つので,
$$g(y) = f(\psi(y))\psi'(y)$$
が成り立つ. ∎

確率変数 X が離散型の場合は，その確率関数を $f(x)$ とするとき，$Y = \varphi(X)$ の確率関数 $g(y)$ は，

$$g(y_i) = P(Y = y_i) = P(\varphi(X) = y_i) = \sum_{x:\varphi(x)=y_i} f(x) \tag{2.9}$$

と表せます．ただし，$\displaystyle\sum_{x:\varphi(x)=y_i} f(x)$ は $\varphi(x) = y_i$ となるすべての x に関する和を表します．また，連続型の場合と異なり，関数 $y = \varphi(x)$ は微分可能な単調増加関数である必要はありません．

確率関数と変数変換

例 2.10 確率分布表が

X	-2	-1	0	1	2	3	計
P	1/10	2/10	3/10	1/10	2/10	1/10	1

と与えられているとき，$Y = |X|$ の確率分布表を求めよ．

【解答】
$Y = |X|$ は $0, 1, 2, 3$ の値をとるので，

$$\begin{aligned}
P(Y=0) &= P(X=0) = \frac{3}{10} \\
P(Y=1) &= P(X=-1) + P(X=1) = \frac{3}{10} \\
P(Y=2) &= P(X=-2) + P(X=2) = \frac{3}{10} \\
P(Y=3) &= P(X=3) = \frac{1}{10}
\end{aligned}$$

となるので，Y の確率分布表は次のようになる．

Y	0	1	2	3	計
P	3/10	3/10	3/10	1/10	1

注意 2.3.3 例 2.10 において，(2.9) の形を陽に見ようと思えば，例えば，$Y = 2$ として，

$$g(2) = P(Y=2) = P(|X|=2) = P(X=-2) + P(X=2) = \sum_{x:|x|=2} f(x)$$

のように見られます．しかし，離散型の場合は，連続型の場合と異なり，式 (2.9) 自体をあまり意識する必要はありません．

■■■ 演習問題 ■■■■■■■■■■■■■■■■■■■■■■■■■■

●**演習問題 2.14** 男児と女児の出生率は等しいとする．このとき，4 人の子どもがいる家庭の確率変数 X とその確率分布を求め，これらを確率分布表にまとめよ．

(ヒント) 組合せを知っている人は，4 人から r 人選んだ場合の組合せを考えるといいでしょう．

●**演習問題 2.15** 関数

$$f(x) = \begin{cases} 2e^{-2x} & (x > 0) \\ 0 & (x \leq 0) \end{cases}$$

が確率密度関数になることを示し，$P(1 \leq X \leq 5)$ を求めよ．

●**演習問題 2.16** 確率変数 X の確率密度関数を $f(x)$ とするとき，$Y = cX + d \, (c \neq 0)$ の確率密度関数は，

$$g(y) = \frac{1}{|c|} f\left(\frac{y - d}{c}\right)$$

であることを示せ．

Section 2.4
分布関数★

確率分布が与えられたとき，確率変数 X が x 以下となる確率を求めることがあります．サイコロの目が 4 以下になる確率や電車の待ち時間が 10 分以下になる確率などがその例です．

―――― 分布関数 ――――

定義 2.13 確率変数 X に対して，x を実数とする x 以下の確率

$$F(x) = P(X \leq x)$$

を X の**累積分布関数**あるいは**分布関数**という．また，$x = a$ における値 $F(a)$ を**累積確率**という．

連続型の場合，分布関数 $F(x)$ は確率密度関数 $f(x)$ の定積分，

$$F(x) = \int_{-\infty}^{x} f(t) dt \tag{2.10}$$

となり，離散型の場合は $f(x_i) = P(X = x_i)$ とするとき，

$$F(x) = \sum_{i:x_i \leq x} f(x_i) \tag{2.11}$$

となります．ここで，$i : x_i \leq x$ は $x_i \leq i$ を満たす整数 i とします．

連続型の場合は，(2.10) および微分積分学の基本定理より，

$$F'(x) = f(x) \tag{2.12}$$

が成り立ち，

$$P(a < X \leq b) = \int_a^b f(x)dx = \int_{-\infty}^b f(x)dx - \int_{-\infty}^a f(x)dx = F(b) - F(a) \tag{2.13}$$

となります．また，離散型の場合は，(2.11) より，ε を十分小さい正数とすれば，

$$F(x_i) - F(x_i - \varepsilon) = P(x_i - \varepsilon < X \leq x_i) = P(x = x_i) = f(x_i) \tag{2.14}$$

となります．(2.12)〜(2.14) より，分布関数 $F(x)$ から確率分布 $f(x)$ と確率 $P(X)$ を求められることが分かります．

以下に，分布関数の基本性質をまとめます．

分布関数の基本性質

定理 2.2 確率変数 X の分布関数 $F(x)$ について次が成り立つ．

(1) 任意の $x \in \mathbb{R}$ に対して $0 \leq F(x) \leq 1$ である．
(2) $F(x)$ は x について広義単調増加関数である．すなわち，次が成り立つ．

$$x_1 < x_2 \text{ ならば } F(x_1) \leq F(X_2)$$

(3) $F(x)$ は右連続である．つまり，次が成り立つ．

$$\lim_{\varepsilon \to +0} F(x + \varepsilon) = F(x)$$

(4) $\displaystyle\lim_{x \to \infty} F(x) = 1, \quad \lim_{x \to -\infty} F(x) = 0,$

(証明)
(1) 確率の定義より，どんな事象についても $0 \leq P(A) \leq 1$ が成り立つので，$P(X \leq x) = P(A)$ とすれば，$F(x) = P(X \leq x)$ についても $0 \leq F(x) \leq 1$ が成り立つ．
(2) $x_1 \leq x_2$ ならば $(-\infty, x_1] \subset (-\infty, x_2]$ なので，定理 2.1(3) より，

$$F(x_1) = P((-\infty, x_1]) \leq P((-\infty, x_2]) = F(x_2)$$

が成り立つ．
(3)

$$\lim_{x \to \infty} F(x) = \lim_{x \to \infty} P(X \leq x) = P(-\infty < X < \infty) = P(\Omega) = 1$$

$$\lim_{x \to -\infty} F(x) = \lim_{x \to -\infty} P(X \leq x) = \lim_{x \to -\infty} P(-\infty < X < -\infty) = P(\emptyset) = 0$$

(4) $x \in \mathbb{R}$ を任意にとり，各 $n \in \mathbb{N}$ に対して $A_n = \left(-\infty, x + \frac{1}{n}\right]$ とすれば，

$$A_1 \supset A_2 \supset \cdots \quad \text{かつ} \quad \lim_{n \to \infty} A_n = \bigcap_{n=1}^{\infty} A_n = (-\infty, x]$$

である．よって，演習問題 2.11 より，

$$\begin{aligned}\lim_{\varepsilon \to +0} F(x+\varepsilon) &= \lim_{n \to \infty} F\left(x + \frac{1}{n}\right) = \lim_{n \to \infty} P(A_n) = P\left(\lim_{n \to \infty} A_n\right) \\ &= P(X \leq x) = F(x)\end{aligned}$$

である． ■

X が連続型で $F(x)$ が $x = a$ で不連続のとき，定理 2.2(3) から $F(x)$ は右連続なので，$F(a)$ は存在し，

$$\begin{aligned}P(X = a) &= F(a) - \lim_{\varepsilon \to +0} F(a - \varepsilon) & (2.15) \\ P(a \leq X \leq b) &= P(a < X \leq b) + P(X = a) \\ &= F(b) - F(a) + P(X = a) & (2.16)\end{aligned}$$

と考えます．

――― **分布関数（離散型）** ―――

例 2.11 例 2.7 の分布関数 $F(x)$ を求め，$F(x)$ より $P(X = 2)$ を求めよ．

【解答】
確率分布表に分布関数 $F(x)$ の値を追記すると，

X	0	1	2	3	計
P	1/8	3/8	3/8	1/8	1
F	1/8	4/8	7/8	1	—

となるので，これより，

$$F(x) = \begin{cases} 0 & (x < 0) \\ 1/8 & (0 \leq x < 1) \\ 1/2 & (1 \leq x < 2) \\ 7/8 & (2 \leq x < 3) \\ 1 & (3 \leq x) \end{cases}$$

また，(2.14) より，

$$P(X = 2) = F(2) - F(2 - \varepsilon) = F(2) - F(1) = \frac{7}{8} - \frac{4}{8} = \frac{3}{8}$$

である． ■

分布関数（連続型）

例 2.12 次の問に答えよ．
(1) 例 2.6 の分布関数 $F(x)$ を求めよ．
(2) 次式で定義される $F(x)$ が分布関数になるように定数 c を定め，$P(-2 \leq X \leq 2)$ を求めよ．

$$F(x) = \begin{cases} \dfrac{e^x}{2} & (x < 0) \\ 1 - ce^{-x} & (x \geq 0) \end{cases}$$

【解答】
(1) 例 2.8 より，確率密度関数は，

$$f(x) = \begin{cases} \dfrac{1}{10} & (0 \leq x < 10) \\ 0 & (その他) \end{cases}$$

となるので，$0 \leq x < 10$ のとき，

$$F(x) = \int_{-\infty}^{x} f(t)dt = \int_{0}^{x} \frac{1}{10} dt = \left[\frac{t}{10}\right]_0^x = \frac{x}{10}$$

となる．よって，

$$F(x) = \begin{cases} 0 & (x < 0) \\ \dfrac{x}{10} & (0 \leq x < 10) \\ 1 & (10 \leq x) \end{cases}$$

となる．

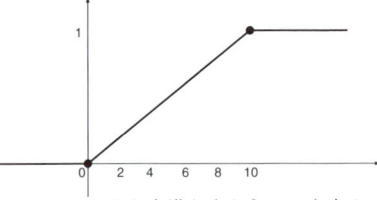

(2) 分布関数は定理 2.2 を満たさなければならないので，これらを満たすように c を定める．$y = e^x$ は $\mathbb{R}$ において単調増加なので，$F(x)$ は $x \leq 0$ において単調増加である．$x > 0$ のときは，$F'(x) = ce^{-x} \geq 0$ より広義単調増加となるためには $c \geq 0$ でなければならない．次に，$F(0) = \dfrac{1}{2}$ なので，$F(x)$ が $x = 0$ で右連続になるためには，

$$\frac{1}{2} = F(0) = \lim_{x \to +0} F(x) = \lim_{x \to +0}(1 - ce^{-x}) = 1 - c$$

とならなければならないので，$c = \dfrac{1}{2}$ である．また，

$$\lim_{x \to \infty} F(x) = \lim_{x \to \infty}(1 - ce^{-x}) = 1, \quad \lim_{x \to -\infty} F(x) = \lim_{x \to -\infty} \frac{e^x}{2} = 0$$

も成り立っているので，$c = \dfrac{1}{2}$ としてよい．
このとき，$F(x)$ はすべての実数で連続なので $P(-2 < X \leq 2) = P(-2 \leq X \leq 2)$ であり，(2.13) より，

$$P(-2 \leq X \leq 2) = F(2) - F(-2) = \left(1 - \frac{1}{2}e^{-2}\right) - \frac{e^{-2}}{2} = 1 - e^{-2}$$

となる． ∎

■■■■ 演習問題 ■■■■■■■■■■■■■■■■■■■■■■■■

●**演習問題 2.17** 赤玉 4 個と白玉 2 個が入った箱から 1 つずつ玉を取り出すとき，白玉をすべて取り出すまでの試行回数を X とする．このとき，X の確率分布および分布関数を求めよ．

●**演習問題 2.18** 確率密度関数が $f(x) = \begin{cases} 0 & (x < 10) \\ c/x^3 & (x \geq 10) \end{cases}$ であるとき，c の値を定め，分布関数 $F(x)$ を求めよ．さらに，$P(X \geq a) = 1/2$ を満たす a を求めよ．

●**演習問題 2.19** 次式で与えられる分布関数に対して，$P(-3 \leq X \leq 0.2)$, $P(X = 0)$, $P(0 < X \leq 0.5)$, $P(0 \leq X \leq 0.5)$ を求めよ．

$$F(x) = \begin{cases} 0 & (x < 0) \\ \frac{1}{2}(x+1) & (0 \leq x < 1) \\ 1 & (x \geq 1) \end{cases}$$

(ヒント) $x = 0$ で不連続なので (2.15), (2.16) を使う．

Section 2.5
確率変数の平均と分散★

次のようなサッカーくじを 1 口購入したとき，いくらの当選金が期待できるでしょうか?

	1 等	2 等	3 等	4 等	はずれ	計
金額	6 億円	300 万円	10 万円	1 万円	0	
口数	1	49	500	5,000	7,994,450	800 万

当選金の総額は，単位を万円とすると，
$(60000 \times 1) + (300 \times 49) + (10 \times 500) + (1 \times 5000) + (0 \times 7794450)$ なので，1 口当たりの平均金額は，

$$\frac{1}{800 \text{万}} \{(60000 \times 1) + (300 \times 49) + (10 \times 500) + (1 \times 5000) + (0 \times 7794450)\}$$
$$= \left\{\left(60000 \times \frac{1}{800\text{万}}\right) + \left(300 \times \frac{49}{800\text{万}}\right)\right.$$
$$\left. + \left(10 \times \frac{500}{800\text{万}}\right) + \left(1 \times \frac{5000}{800\text{万}}\right) + \left(0 \times \frac{7794450}{8000000}\right)\right\}$$
$$= 0.0105875(\text{万円}) = 105.875(\text{円})$$

です．これを1口当たりに期待できる当選金と考えてよいでしょう．よって，期待できる当選金を**期待値**と呼ぶことにすると，

$$\text{期待値} = (\text{当選金額} \times \text{その確率}) \text{の総和} \tag{2.17}$$

となります．ここで，「1口あたりの平均金額を期待値と考えた」ことに注意してください．これが，期待値が平均とも呼ばれる理由になっています．また，期待値は平均となっているので，算術平均と同様に，実際には起こり得ない値になることがしばしばあります．この例では，105円という金額は絶対に当たりませんね．

以上のことを，やや一般化して定義としてまとめると次のようになります．

―― 離散型確率変数の期待値 ――

定義 2.14 離散型確率変数 X が $x_1, x_2, \ldots, x_i, \ldots$ という値をとる確率をそれぞれ $p_1, p_2, \ldots, p_i, \ldots$ とする．このとき，X の**期待値**を $E(X)$ で表し，

$$E(X) = \sum_i x_i p_i$$

と定義する．期待値のことを**平均値**または単に**平均**といい，平均を μ で表すこともある．また，第1章で述べたデータの平均と区別するために平均 μ を**母平均**ということもある．

定義 1.11 によれば，度数分布に対する平均は，

$$\bar{x} = \frac{1}{N} \sum_{i=1}^{n} x_i f_i = \sum_{i=1}^{n} x_i \left(\frac{f_i}{N}\right) \tag{2.18}$$

となります．ここで，$\dfrac{f_i}{N}$ は階級値が x_i となる確率を表しているので $p_i = \dfrac{f_i}{N}$ と表せることに注意すれば，結局，定義 1.11 と定義 2.14 は同じものであることが分かります．

次に，X が連続型確率変数の場合，Δx が十分に小さいときは，

$$P(x \leq X \leq x + \Delta x) = \int_x^{x+\Delta x} f(u)du \approx f(x)\Delta x$$

となります（図 2.6）．

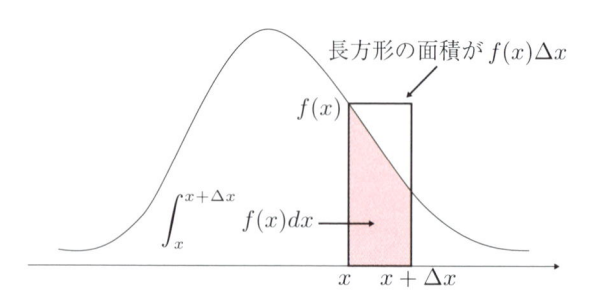

図 2.6 $x \leq X \leq x + \Delta x$ における確率と近似値

したがって，離散型の $\sum_i x_i p_i$ に相当するものは，x_i を x とし，p_i を $P(x \leq X \leq x + \Delta x)$ として，

$$\sum x P(x \leq X \leq x + \Delta x) \approx \sum x f(x) \Delta x$$

となります．x は実数全体を動くので，$\sum$ は $\int_{-\infty}^{\infty}$ に相当します．したがって，$\Delta x \to 0$ とすれば，リーマン積分の定義より，

$$\sum x f(x) \Delta x \to \int_{-\infty}^{\infty} x f(x) dx$$

となります．

連続型確率変数の期待値

定義 2.15 連続型確率変数 X の確率密度関数を $f(x)$ とするとき，

$$E(X) = \int_{-\infty}^{\infty} x f(x) dx$$

を X の**期待値**と定義する．離散型確率変数の場合と同様，$E(X)$ を μ と表したり，期待値を平均値，平均，母平均などということもある．

確率変数 X の期待値は，平均ですから，第1章の平均と同じように確率分布を代表する値といえます．そうなると，第1.6節で見たように，平均を土台にして考えた分散を散布度として利用しよう，というのは自然な発想です．ということで，次に分散を定義するのですが，そのために定義1.19 を (2.18) と同様に，

$$\sigma^2 = \frac{1}{N} \sum_{i=1}^{n} (x_i - \bar{x})^2 f_i = \sum_{i=1}^{n} (x_i - \bar{x})^2 \left(\frac{f_i}{N} \right) = \sum_{i=1}^{n} (x_i - \bar{x})^2 p_i$$

と書いて，これを定義として利用します．

分散と標準偏差

定義 2.16 確率変数 X とその期待値 $E(X) = \mu$ との差 $X - \mu$ を**偏差**という．また，偏差の2乗平均を X の**分散**といい，$V(X)$ と表す．つまり，分散とは，

$$V(X) = E((X - \mu)^2) = \begin{cases} \displaystyle\sum_i (x_i - \mu)^2 p_i & \text{(離散型)} \\ \displaystyle\int_{-\infty}^{\infty} (x - \mu)^2 f(x) dx & \text{(連続型)} \end{cases}$$

である．さらに，

$$\sigma(X) = \sqrt{V(X)}$$

を X の**標準偏差**という．

平均では $(x_i - \mu)$ あるいは $(x - \mu)$ を，分散では $(x_i - \mu)^2$ あるいは $(x_i - \mu)^2$ を確率 p_i にかけました．これらは，ある関数 $\varphi(x)$ で表現することができます．例えば，平均の場合は $\varphi(x) = x - \mu$ とし，分散の場合は $\varphi(x) = (x - \mu)^2$ とすればよいのです．こうしておくと，平均も分散も統一的に扱うことができます．

―――― 確率変数の期待値 ――――

定義 2.17 $\varphi(x)$ を x の連続関数とし，X を定義 2.14 または 2.15 の仮定を満たす確率変数とすると，$\varphi(X)$ も確率変数となる．このとき，$\varphi(X)$ の**期待値**を次式で定義する．

$$E(\varphi(X)) = \begin{cases} \displaystyle\sum_i \varphi(x_i) p_i & \text{(離散型)} \\ \displaystyle\int_{-\infty}^{\infty} \varphi(x) f(x) dx & \text{(連続型)} \end{cases}$$

これ以降，特に断りがなければ，確率変数 X は，定義 2.14 または 2.15 の仮定を満たしているものとします．

確率変数の平均と分散についても，第 1.6 節と同様な性質が成り立ちます．例題を交えながら，これらを紹介しましょう．

―――― 期待値と分散の基本性質 ――――

定理 2.3 確率変数 X と定数 a, b に対して次が成り立つ．
(1) $E(aX + b) = aE(X) + b$
(2) $V(aX + b) = a^2 V(X), \quad \sigma(aX + b) = |a|\sigma(X)$

(証明)
(1) X が離散型の場合は，

$$E(aX + b) = \sum_i (ax_i + b) p_i = a \sum_i x_i p_i + b \sum_i p_i = aE(X) + b$$

となり，連続型の場合は，

$$E(aX + b) = \int_{-\infty}^{\infty} (ax + b) f(x) dx = a \int_{-\infty}^{\infty} x f(x) dx + b \int_{-\infty}^{\infty} f(x) dx = aE(X) + b$$

となる．
(2) $Y = aX + b$ とすると，(1) より $E(Y) = E(aX + b) = aE(X) + b$ となるので，

$$\begin{aligned} V(aX + b) &= V(Y) = E((Y - E(Y))^2) = E((aX + b - (aE(X) + b))^2) \\ &= E(a^2(X - E(X))^2) = a^2 E((X - E(X))^2) = a^2 V(X) \end{aligned}$$

が成り立つ．
したがって，

$$\sigma(aX + b) = \sqrt{V(aX + b)} = \sqrt{a^2 V(X)} = |a|\sqrt{V(X)} = |a|\sigma(X)$$

である． ∎

期待値と分散の性質

例 2.13 確率変数 X に対して, 変換

$$Y = \frac{X - E(X)}{\sigma(X)}$$

を行えば, 新しい確率変数 Y の期待値と分散は,

$$E(Y) = 0, \quad V(Y) = 1$$

となることを示せ.

【解答】
$\sigma(X)$ と $E(X)$ が定数であることに注意すれば, 定理 2.3 より, $a = \sigma(X)$, $b = E(X)$ として,

$$E(Y) = E\left(\frac{X - E(X)}{\sigma(X)}\right) = E\left(\frac{X-b}{a}\right) = \frac{1}{a}E(X-b) = \frac{1}{a}(E(X)-b) = 0$$

$$V(Y) = V\left(\frac{X-b}{a}\right) = \frac{1}{a^2}V(X-b) = \frac{1}{a^2}V(X) = \frac{V(X)}{\sigma^2(X)} = \frac{V(X)}{V(X)} = 1$$

が成り立つ. ∎

分散公式

定理 2.4 確率変数 X に対して,

$$V(X) = E(X^2) - E(X)^2$$

が成り立つ.

(証明)
$E(X)$ が定数であることに注意すれば, 分散の定義 2.16 および定理 2.3 より,

$$\begin{aligned}
V(X) &= E((X - E(X))^2) = E(X^2 - 2XE(X) + E(X)^2) \\
&= E(X^2) - 2E(XE(X)) + E(E(X)^2) = E(X^2) - 2E(X)E(X) + E(X)^2 \\
&= E(X^2) - E(X)^2
\end{aligned}$$

が成り立つ. ∎

離散型確率変数の期待値と分散

例 2.14 4 個の白玉と 2 個の赤玉が 1 つの袋に入っているものとする. そして, この袋から 1 つずつ玉を取り出す試行を考える. このとき, 赤玉をすべて取り出すまでの試行回数を X として, 期待値 $E(X)$ と分散 $V(X)$ を求めよ.

【解答】
赤玉を◯, 白玉を×として, 試行を列挙すると次のようになる.

$X=2$: ◯◯
$X=3$: ×◯◯, ◯×◯
$X=4$: ××◯◯, ×◯×◯, ◯××◯
$X=5$: ×××◯◯, ××◯×◯, ×◯××◯, ◯×××◯
$X=6$: ××××◯◯, ×××◯×◯, ××◯××◯, ×◯×××◯, ◯××××◯

これより，確率分布表は，

X	1	2	3	4	5	6	計
P	0	1/15	2/15	3/15	4/15	5/15	1

となる．よって，

$$\begin{aligned}
E(X) &= 2 \times \frac{1}{15} + 3 \times \frac{2}{15} + 4 \times \frac{3}{15} + 5 \times \frac{4}{15} + 6 \times \frac{5}{15} \\
&= \frac{2+6+12+20+30}{15} = \frac{70}{15} = \frac{14}{3} \\
E(X^2) &= 2^2 \times \frac{1}{15} + 3^2 \times \frac{2}{15} + 4^2 \times \frac{3}{15} + 5^2 \times \frac{4}{15} + 6^2 \times \frac{5}{15} \\
&= \frac{4+18+48+100+180}{15} = \frac{350}{15} = \frac{70}{3} \\
V(X) &= E(X^2) - E(X)^2 = \frac{70}{3} - \left(\frac{14}{3}\right)^2 = \frac{210-196}{9} = \frac{14}{9}
\end{aligned}$$

を得る． ■

続いて，連続型の例を示しますが，その計算で必要となる積分値をあらかじめ求めておきましょう．

―― よく使う積分値 ――

補題 2.1 a を実数とし，n を自然数とする．このとき，

$$\int_0^\infty x^n e^{-ax} dx = \frac{n!}{a^{n+1}} \tag{2.19}$$

が成り立つ．

(証明)
ここでは，広義積分で必要な極限操作を省略し，形式的に計算する．
$n=1$ のとき，

$$\begin{aligned}
\int_0^\infty x e^{-ax} dx &= \left[-\frac{1}{a} x e^{-ax}\right]_0^\infty + \frac{1}{a} \int_0^\infty e^{-ax} dx \\
&= \frac{1}{a} \int_0^\infty e^{-ax} dx = \frac{1}{a}\left[-\frac{1}{a} e^{-ax}\right]_0^\infty = \frac{1}{a^2}(-0+1) = \frac{1}{a^2}
\end{aligned}$$

となり，(2.19) が成り立つ．
$n=k$ のとき (2.19) が成り立つとすると，$n=k+1$ のとき，

$$\begin{aligned}
\int_0^\infty x^{k+1} e^{-ax} dx &= \left[-\frac{1}{a} x^{k+1} e^{-ax}\right]_0^\infty + \frac{k+1}{a} \int_0^\infty x^k e^{-ax} dx \\
&= \frac{k+1}{a} \int_0^\infty x^k e^{-ax} dx = \frac{k+1}{a} \cdot \frac{k!}{a^{k+1}} = \frac{(k+1)!}{a^{k+2}}
\end{aligned}$$

が成り立つ．よって，数学的帰納法より (2.19) が成立する． ∎

連続型確率変数の期待値と分散

例 2.15 確率変数 X の確率密度関数を

$$f(x) = \begin{cases} \lambda e^{-\lambda x} & (x \geq 0) \\ 0 & (x < 0) \end{cases} \tag{2.20}$$

とする．ただし，$\lambda > 0$ である．このとき，期待値 $E(X)$ と分散 $V(X)$ を求めよ．

【解答】

$$\begin{aligned} E(X) &= \int_{-\infty}^{\infty} x f(x) dx = \int_{0}^{\infty} x(\lambda e^{-\lambda x}) dx = \lambda \int_{0}^{\infty} x e^{-\lambda x} = \lambda \cdot \frac{1}{\lambda^2} = \frac{1}{\lambda} \\ E(X^2) &= \int_{-\infty}^{\infty} x^2 f(x) dx = \int_{0}^{\infty} x^2 (\lambda e^{-\lambda x}) dx = \lambda \int_{0}^{\infty} x^2 e^{-\lambda x} dx = \lambda \cdot \frac{2}{\lambda^3} = \frac{2}{\lambda^2} \\ V(X) &= E(X^2) - E(X)^2 = \frac{2}{\lambda^2} - \left(\frac{1}{\lambda}\right)^2 = \frac{1}{\lambda^2} \end{aligned}$$

∎

注意 2.5.1 例 2.15 では，$E(X^2) = \int_{-\infty}^{\infty} x^2 f(x) dx$ であって，$E(X^2) = \int_{-\infty}^{\infty} x^2 f(x^2) dx$ ではないことに注意してください．

なお，(2.20) で定義される確率分布 $f(x)$ を**指数分布**といいます．ある大災害が起こってから次の大災害が起こるまでの時間 X や故障率が一定のシステムが偶発的に故障するまでの時間 X などは連続型確率変数であり，一般に**待ち時間**と呼ばれています．製品の寿命や耐用年数，災害までの期間など，待ち時間が偶発的な要因のみに依存しているものは指数分布に従うことが知られています．

チェビシェフの不等式

定理 2.5 確率変数 X の期待値を μ，分散を σ^2 とするとき，任意の $\lambda > 0$ に対して，

$$P(|X - \mu| \geq \lambda \sigma) \leq \frac{1}{\lambda^2}$$

が成り立つ．言い換えれば，

$$P(|X - \mu| < \lambda \sigma) \geq 1 - \frac{1}{\lambda^2}$$

が成り立つ．

(証明)
X が連続型の場合のみを証明する．X の確率密度関数を $f(x)$ とすると，

$$\begin{aligned}
\sigma^2 &= \int_{-\infty}^{\infty} (x-\mu)^2 f(x) dx \\
&= \int_{-\infty}^{\mu-\lambda\sigma} (x-\mu)^2 f(x) dx + \int_{\mu-\lambda\sigma}^{\mu+\lambda\sigma} (x-\mu)^2 f(x) dx + \int_{\mu+\lambda\sigma}^{\infty} (x-\mu)^2 f(x) dx \\
&\geq \int_{-\infty}^{\mu-\lambda\sigma} (x-\mu)^2 f(x) dx + \int_{\mu+\lambda\sigma}^{\infty} (x-\mu)^2 f(x) dx
\end{aligned}$$

である．ここで，$|x-\mu| \geq \lambda\sigma$ より $(x-\mu)^2 \geq (\lambda\sigma)^2$ が成り立つので，

$$\begin{aligned}
\sigma^2 &\geq (\lambda\sigma)^2 \left(\int_{-\infty}^{\mu-\lambda\sigma} f(x) dx + \int_{\mu+\lambda\sigma}^{\infty} f(x) dx \right) \\
&= \lambda^2\sigma^2 \left(P(X \leq \mu-\lambda\sigma) + P(X \geq \mu+\lambda\sigma) \right) = \lambda^2\sigma^2 P(|X-\mu| \geq \lambda\sigma)
\end{aligned}$$

である．よって，両辺を $\lambda^2\sigma^2$ で割ると，

$$\frac{1}{\lambda^2} \geq P(|X-\mu| \geq \lambda\sigma)$$

を得る．また，これの余事象を考えれば，

$$P(|X-\mu| < \lambda\sigma) \leq 1 - \frac{1}{\lambda^2}$$

を得る． ■

注意 2.5.2 チェビシェフの不等式は，X の値が $(-\infty, \mu-\lambda\sigma)$ と $(\mu+\lambda\sigma, \infty)$ のどちらかにある確率が $\dfrac{1}{\lambda^2}$ 以下であることを保証しています．このように期待値と分散が分かっていれば，確率の値が不等式の形で示される，というのがチェビシェフの不等式の大きなメリットです．また，チェビシェフの不等式は X の確率分布に無関係に成り立ちます．したがって，この不等式はかなり大雑把な評価にならざるを得ません．しかし，確率分布が分かっていないときに，平均と分散から確率を見積もれる，という点はチェビシェフの不等式の大きな武器です．

チェビシェフの不等式による評価

例 2.16 確率変数 X の確率密度関数が，

$$f(x) = \begin{cases} 5e^{-5x} & (x > 0) \\ 0 & (x \leq 0) \end{cases}$$

であるとき，X が期待値 $E(X)$ から 0.4 以上離れた値をとる確率をチェビシェフの不等式を用いて評価し，真の値と比較せよ．

【解答】
分散公式 (定理 2.4) および補題 2.1 より，

$$E(X) = \int_{-\infty}^{\infty} xf(x)dx = 5\int_0^{\infty} xe^{-5x}dx = 5 \cdot \frac{1}{5^2} = \frac{1}{5}$$

$$E(X^2) = \int_{-\infty}^{\infty} x^2 f(x)dx = 5\int_0^{\infty} x^2 e^{-5x}dx = 5 \cdot \frac{2!}{5^3} = \frac{2}{25}$$

$$V(X) = E(X^2) - E(X)^2 = \frac{2}{25} - \left(\frac{1}{5}\right)^2 = \frac{1}{25}$$

なので[11]，チェビシェフの不等式において，$0.4 = \lambda\sigma(X)$ であることに注意すれば，

$$P(|X - E(X)| \geq 0.4) \leq \frac{1}{\lambda^2} = \frac{\sigma^2(X)}{(0.4)^2} = \frac{(\frac{1}{5})^2}{(\frac{2}{5})^2} = \frac{1}{4} = 0.25$$

である．一方，真の値は，

$$\begin{aligned} P\left(|X - E(X)| \geq \frac{2}{5}\right) &= P\left(X \geq \frac{3}{5}\right) + P\left(X \leq -\frac{1}{5}\right) = 5\int_{\frac{3}{5}}^{\infty} e^{-5x}dx \\ &= 5\int_0^{\infty} e^{-5(y+\frac{3}{5})}dy = 5e^{-3}\int_0^{\infty} e^{-5y}dy \\ &= 5e^{-3} \cdot \frac{1}{5} = e^{-3} \approx 0.049787... \end{aligned}$$

である．
したがって，チェビシェフの不等式による評価は，真の値に比べて約 $0.25/0.05 = 5$ 倍大きく，甘い評価だといえる． ∎

■■■ 演習問題 ■■■■■■■■■■■■■■■■■■■■■■■■■

●**演習問題 2.20** 確率変数 X の期待値を $\mu = E(X)$ とするとき，次を示せ．

(1) $E\left((X-\mu)^3\right) = E(X^3) - 3\mu E(X^2) + 2\mu^3$
(2) $E\left((X-\mu)^4\right) = E(X^4) - 4\mu E(X^3) + 6\mu^2 E(X^2) - 3\mu^4$

●**演習問題 2.21** 3 枚のコインを同時に投げたとき，表の出た枚数を X として，期待値 $E(X)$ と分散 $V(X)$ を求めよ．

●**演習問題 2.22** コインを投げて k 回目に初めて表が出たら 2^k 円を受け取るという賭けを考える．この賭けを無限回行うとき，期待できる受け取り金額 (期待値) はいくらか？

●**演習問題 2.23** 確率変数 X の確率密度関数を

$$f(x) = \begin{cases} \frac{A}{1+x^2} & (x \geq 0) \\ 0 & (x < 0) \end{cases}$$

とするとき，定数 A の値を定め，期待値 $E(X)$ を求めよ．

---

[11] $E(X)$ と $V(X)$ を求める際は，例 2.15 を使っても構いません．

●**演習問題 2.24** 確率密度関数 $f(x)$ が次式で与えられる確率変数 X の期待値と分散を求めよ．

(1) $f(x) = \begin{cases} 6x(1-x) & (0 \leq x \leq 1) \\ 0 & (その他) \end{cases}$
(2) $f(x) = \begin{cases} \frac{2}{x^3} & (x \geq 1) \\ 0 & (その他) \end{cases}$

※**演習問題 2.25** チェビシェフの不等式を，確率変数 X が離散型として証明せよ．

Section 2.6
確率変数のメジアンとモード*

第 1 章では，代表値として，平均，メジアン，モードを考えましたが，確率変数では平均（期待値）のみしか扱いませんでした．実は，確率変数に対してもメジアンとモードが定義できるので，ここでは簡単に確率変数のメジアンとモードについて述べておきましょう．

確率変数 X の**メジアン**は，

$$P(X \leq m) \geq \frac{1}{2} \quad かつ \quad P(X \geq m) \geq \frac{1}{2} \tag{2.21}$$

を満たす実数 m と定義します．つまり，分布を二分する点をメジアンとするのです．そして，X の分布関数 $F(x)$ によって，(2.21) は，

$$\frac{1}{2} \leq F(m) \leq \frac{1}{2} + P(X = m)$$

と表せ，連続型の場合，$F(x)$ が連続ならば $P(X = m) = 0$ なので，

$$F(m) = \frac{1}{2}$$

となります．

また，確率変数 X の**モード**は，確率関数や確率密度関数を最大にする値と定義します．

確率変数のメジアン・モード

例 2.17 確率変数 X が以下のように定義されるとき，X のメジアンとモードを求めよ．

(1) 確率分布表

(a)

X	-2	0	2	4	6	計
P	0.2	0.3	0.1	0.1	0.3	1

(b)

X	-3	0	3	6	9	計
P	0.2	0.2	0.3	0.1	0.2	1

(2) $f(x) = \begin{cases} 6x(1-x) & (0 \leq x \leq 1) \\ 0 & (その他) \end{cases}$

【解答】

(1)

(a) 確率関数 $f(x) = P(X = x)$ が最大になるのは，$X = 0$ と $X = 6$ のときなので，モードは 0 と 6 である．また，

$$P(X \leq 0) = \frac{1}{2}, \quad P(X \geq 2) = \frac{1}{2}$$

であり，任意の $m \in [0, 2]$ に対して，

$$P(X \leq m) = \frac{1}{2}, \quad P(X \geq m) = \frac{1}{2}$$

が成り立つので，メジアンは閉区間 $[0, 2]$ である．

(b) $X = 3$ のとき，$f(x) = P(X = x)$ は最大となるので，モードは 3 である．また，

$$P(X \leq 3) = 0.7 \geq \frac{1}{2}, \quad P(X \geq 3) = 0.6 \geq \frac{1}{2}$$

となるので，メジアンは 3 である．

(2) $f(x) = 6(x - x^2)$ より，$f'(x) = 6(1 - 2x)$ なので，$f'(x) = 0$ を解いて増減表を書くと次のようになる．

x	0	$\cdots$	$1/2$	$\cdots$	1
$f'(x)$		$+$	0	$-$	
$f(x)$	0	↗		↘	0

よって，$f(x)$ は $x = \dfrac{1}{2}$ で最大値をとるので，モードは $\dfrac{1}{2}$ である．また，メジアンを m とすると，

$$\frac{1}{2} = \int_{-\infty}^{m} f(x)dx = 6\int_{0}^{m} x(1-x)dx = 3m^2 - 2m^3$$

なので，これを解くと，

$$4m^3 - 6m^2 + 1 = 0 \Longrightarrow 2\left(m - \frac{1}{2}\right)(2m^2 - 2m - 1) = 0$$

より，$m = \dfrac{1}{2}, \dfrac{1 \pm \sqrt{3}}{2}$ となるが，$f(x)$ の定義より $0 \leq m \leq 1$ でなければならない．したがって，メジアンは $\dfrac{1}{2}$ である．

■■■ **演習問題** ■■■■■■■■■■■■■■■■■■■■■■■

※**演習問題 2.26** m を確率変数 X のメジアンとし，c を任意の固定された実数とする．このとき，

$$E(|X-m|) \leq E(|X-c|)$$

が成り立つことを示せ．

Section 2.7
MAD*

第 2.5 節で，確率分布の期待値 $E(X)$ と分散 $V(X)$ を求めましたが，すべての確率分布にこれらが存在するとは限りません．

例えば，$a > 0, -\infty < \mu < \infty$ とするとき，X の確率密度関数が

$$f(x) = \frac{a}{\pi(a^2 + (x-\mu)^2)}, \quad (-\infty < x < \infty)$$

で定義される分布を**コーシー分布**といいますが，この分布には期待値も分散も存在しません．実際，簡単のために，$\mu = 0, a = 1$ とすると，

$$E(X) = \frac{1}{\pi}\int_{-\infty}^{\infty} \frac{x}{1+x^2}dx, \quad V(X) = \frac{1}{\pi}\int_{-\infty}^{\infty} \frac{x^2}{1+x^2}dx$$

であり，

$$\begin{aligned}
\int_{-\infty}^{\infty} \frac{x}{1+x^2}dx &= \left[\frac{1}{2}\log(1+x^2)\right]_{-\infty}^{\infty} = \infty - \infty \\
\int_{-\infty}^{\infty} \frac{x^2}{1+x^2}dx &= \int_{-\infty}^{\infty}\left(1 - \frac{1}{1+x^2}\right)dx = \left[x - \tan^{-1}x\right]_{-\infty}^{\infty} \\
&= \left(\infty - \frac{\pi}{2}\right) - \left(-\infty + \frac{\pi}{2}\right) = \infty
\end{aligned}$$

となるため，$E(X)$ と $V(X)$ が存在しないことが分かります．

このようなとき，強いて平均に対応するような代表値を求めるならば，メジアンとなるでしょう．そして，分散に対応するような代表値として **MAD**(Median absolute deviation) を考えます．

2.7 MAD*

MAD

定義 2.18 確率変数 $X_1, X_2, \ldots, X_n$ に対して,

$$\mathrm{MAD} = \mathrm{Median}_i(|X_i - \mathrm{Median}_j(X_j)|) \tag{2.22}$$

を **MAD**(Median absolute deviation) という. ここで, $\mathrm{Median}_i(X_i)$ は, 確率変数 $X_1, X_2, \ldots, X_n$ のメジアンを表す.

例えば, 第 1.5.2 項で示したデータ

$$0, \quad 1, \quad 2, \quad 3, \quad 5, \quad 7, \quad 9, \quad 10, \quad 70, \quad 100$$

のメジアンは 6 なので, 偏差の絶対値は,

$$6, \quad 5, \quad 4, \quad 3, \quad 1, \quad 1, \quad 3, \quad 4, \quad 64, \quad 94$$

となり, これを小さい順に並べ替えると,

$$1, \quad 1, \quad 3, \quad 3, \quad 4, \quad 4, \quad 5, \quad 6, \quad 64, \quad 94$$

となるので, このメジアン 4 が MAD となります.

なお, メジアンは外れ値の影響を受けにくい代表値であったことを思い出すと, MAD も外れ値に影響を受けにくい代表値であることが分かります.

第3章
多次元確率分布

実際のデータを解析する場合，1つの確率変数では不十分で2つ以上の確率変数を必要とすることが多いものです．ここでは，確率変数が2つ以上の確率分布とその性質について説明しましょう．

Section 3.1
2次元確率分布★

話を具体的に進めるために，ここでは二人がそれぞれサイコロを投げ，その出た目の大小で勝敗を決めるゲームを考えます．ただし，同点は引き分けとし，勝敗からは除外するものとします．そして，2つのサイコロの目 X_1 と X_2 の小さい方を X，大きい方を Y とします．同点のときは，$X = X_1 = X_2 = Y$ です．

このとき，$X = i$ かつ $Y = j$ となる確率

$$P(X = i, Y = j) \qquad (1 \leq i \leq 6, 1 \leq j \leq 6)$$

を求めてみましょう．例えば，$X = 3$, $Y = 4$ のときは，出た目が $(X_1, X_2) = (4,3), (3,4)$ の2つなので $P(X = 3, Y = 4) = \frac{1}{36} + \frac{1}{36} = \frac{2}{36}$ です．また，$X = 3$ かつ $Y = 2$ というケースはありませんから，$P(X = 3, Y = 2) = 0$ です．他も同じように考えていけば，結局，下表のようになります．

X \ Y	1	2	3	4	5	6	各行の合計
1	1/36	2/36	2/36	2/36	2/36	2/36	11/36
2	0	1/36	2/36	2/36	2/36	2/36	9/36
3	0	0	1/36	2/36	2/36	2/36	7/36
4	0	0	0	1/36	2/36	2/36	5/36
5	0	0	0	0	1/36	2/36	3/36
6	0	0	0	0	0	1/36	1/36
各列の合計	1/36	3/36	5/36	7/36	9/36	11/36	(計) 1

このとき，大きい方が小さい方に 3 以上の差をつけるという事象を $A = \{(x,y) \,|\, y - x \geq 3\}$，大きい方が 6 の値をとるという事象を $B = \{(x,y) \,|\, y = 6, x \neq y\}$ とすると，

$$P(A) = 6 \times \frac{2}{36} = \frac{1}{3} \approx 0.33, \quad P(B) = 5 \times \frac{2}{36} = \frac{5}{18} \approx 0.27$$

となる．したがって，事象 B より事象 A のほうが起こりやすい，つまり，勝敗のルールとしては「大きい方が小さい方に 3 以上の差をつける」としたほうが勝負が早く決まりやすい，ということになります．

---— 同時確率関数 ———

定義 3.1 離散型確率変数 X, Y の組 (X, Y) のとる値 (x_i, y_j) に対して，その確率

$$p_{ij} = f(x_i, y_j) = P(X = x_i, Y = y_j), \quad (i, j = 1, 2, \ldots, \sum_i \sum_j p_{ij} = 1)$$

が与えられているとき，2 変数関数 $f(x, y)$ を 2 次元**同時確率変数** (X, Y) の**同時確率関数**といい，(x_i, y_j) と p_{ij} との対応 $p_{ij} = f(x_i, y_j)$ を (X, Y) の**同時確率分布**あるいは単に**確率分布**という．また，表 3.1 を (X, Y) の**同時確率分布表**という．

表 **3.1** 同時確率分布表

X \ Y	y_1	y_2	$\cdots$	y_j	$\cdots$	X の周辺確率分布
x_1	p_{11}	p_{12}	$\cdots$	p_{1j}	$\cdots$	$p_{1\bullet}$
x_2	p_{21}	p_{22}	$\cdots$	p_{2j}	$\cdots$	$p_{2\bullet}$
$\vdots$	$\vdots$	$\vdots$		$\vdots$		$\vdots$
x_i	p_{i1}	p_{i2}	$\cdots$	p_{ij}	$\cdots$	$p_{i\bullet}$
$\vdots$	$\vdots$	$\vdots$		$\vdots$	$\cdots$	$\vdots$
Y の周辺確率分布	$p_{\bullet 1}$	$p_{\bullet 2}$	$\cdots$	$p_{\bullet j}$	$\cdots$	(計) 1

例えば，$A = \{x_1, x_2\}$，$B = \{y_1, y_2\}$ とし，$x \in A, y \in B$ となる確率を $P(x \in A, y \in B)$ と表せば，

$$\begin{aligned}
P(x \in A, y \in B) &= P(X = x_1, Y = y_1) + P(X = x_1, Y = y_2) \\
&\quad + P(X = x_2, Y = y_1) + P(X = x_2, Y = y_2) \\
&= \sum_i \sum_j P(X = x_i, Y = y_j)
\end{aligned}$$

となります．また，この右辺は $\sum_{x_i \in A} \sum_{y_j \in B} f(x_i, y_j)$ と表すこともできます．そこで，一般には，事象 A の確率を，

$$P((X,Y) \in A) = \sum_{(x_i, y_j) \in A} f(x_i, y_i)$$

あるいは，添字を付けずに，

$$P((X,Y) \in A) = \sum_{(x,y) \in A} f(x,y)$$

などと表します．

周辺確率関数

定義 3.2 表 3.1 の同時確率分布表から，X と Y のそれぞれの確率分布

$$f_1(x_i) = P(X = x_i) = \sum_j f(x_i, y_j) = \sum_j p_{ij} = p_{i\bullet}$$

$$f_2(y_j) = P(Y = y_j) = \sum_i f(x_i, y_j) = \sum_i p_{ij} = p_{\bullet j}$$

が求められる．この関数 $f_1(x)$，$f_2(y)$ をそれぞれ X および Y の**周辺確率関数**といい，対応 $f_1(x_i) = p_{i\bullet}$，$f_2(y_j) = p_{\bullet j}$ を**周辺確率分布**という．

文字通り，$f_1(x)$ と $f_2(y)$ は表 3.1 の周辺にあります．

同時確率分布

例 3.1 2 つのサイコロを同時に投げて，

$$X = \begin{cases} 0 & (\text{目が } 6) \\ 1 & (\text{目が } 6 \text{ 以外}) \end{cases}, \quad Y = \begin{cases} 0 & (\text{目が } 1) \\ 1 & (\text{目が } 2 \text{ か } 3 \text{ か } 4) \\ 2 & (\text{目が } 5 \text{ か } 6) \end{cases}$$

とする．このとき，(X, Y) の同時確率分布と周辺確率分布を求めよ．

【解答】

$$P(X=0, Y=0) = \frac{1}{6} \times \frac{1}{6} = \frac{1}{36}, \quad P(X=0, Y=1) = \frac{1}{6} \times \frac{3}{6} = \frac{3}{36},$$

$$P(X=0, Y=2) = \frac{1}{6} \times \frac{2}{6} = \frac{2}{36}, \quad P(X=1, Y=0) = \frac{5}{6} \times \frac{1}{6} = \frac{5}{36},$$

$$P(X=1, Y=1) = \frac{5}{6} \times \frac{3}{6} = \frac{15}{36}, \quad P(X=1, Y=2) = \frac{5}{6} \times \frac{2}{6} = \frac{10}{36}$$

なので，同時確率分布は次のようになる．

X \ Y	0	1	2	計
0	1/36	3/36	2/36	6/36
1	5/36	15/36	10/36	30/36
計	6/36	18/36	12/36	1

また，周辺確率分布は次のようになる．

X	0	1	計
P	6/36	30/36	1

Y	0	1	2	計
P	6/36	18/36	12/36	1

■

X と Y が連続型確率変数の場合は，次のようになります．

同時確率密度関数

定義 3.3 連続型確率変数 X, Y に対して次の条件を満たす関数 $f(x,y)$ が存在するものとする．

(1) 任意の x, y に対して $f(x,y) \geq 0$

(2) $\displaystyle\int_{-\infty}^{\infty}\int_{-\infty}^{\infty} f(x,y)dxdy = 1$

(3) 任意の定数 $a,b,c,d (a \leq b, c \leq d)$ に対して，

$$P(a \leq X \leq b, c \leq Y \leq d) = \int_c^d \int_a^b f(x,y)dxdy$$

このとき，$f(x,y)$ を (X,Y) の**同時確率密度関数**という．さらに，

$$f_1(x) = \int_{-\infty}^{\infty} f(x,y)dy, \quad f_2(y) = \int_{-\infty}^{\infty} f(x,y)dx$$

を，それぞれ，X および Y の**周辺確率密度関数**という．

確率変数が 1 つのときと同様，(X,Y) の同時確率関数や同時確率密度関数を (X,Y) の**同時確率分布**あるいは単に**同時分布**と総称することがあります．

同時確率密度関数

例 3.2
$$f(x,y) = \begin{cases} K & (x, y \geq 0, x+y \leq 1) \\ 0 & (\text{その他}) \end{cases}$$

が (X,Y) の同時確率密度関数になるように定数 K を定め，このときの周辺確率密度関数 $f_1(x), f_2(y)$ を求めよ．

【解答】

$$\int_{-\infty}^{\infty}\int_{-\infty}^{\infty} f(x,y)dxdy$$
$$=\int_0^1\int_0^{1-y} K dxdy = K\int_0^1 \Big[x\Big]_0^{1-y} dy$$
$$=K\int_0^1 (1-y)dy = K\left[y-\frac{1}{2}y^2\right]_0^1 = \frac{K}{2}$$

ここで,
$$\int_{-\infty}^{\infty}\int_{-\infty}^{\infty} f(x,y)dxdy = 1$$
でなければならないから, $K=2$ となる.

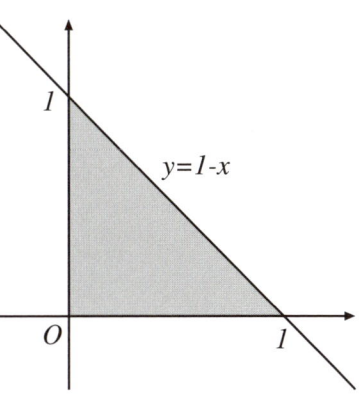

また, X の周辺確率密度関数は, $f(x,y)=2$ となるのが $0 \leq y \leq 1-x$ であり, このとき $0 \leq x \leq 1$ となることに注意すれば,

$$f_1(x) = \int_{-\infty}^{\infty} f(x,y)dy = \int_0^{1-x} 2dy = 2(1-x)$$

より,
$$f_1(x) = \begin{cases} 2(1-x) & (0 \leq x \leq 1) \\ 0 & (その他) \end{cases}$$

となる. 同様に, Y の周辺確率密度関数は,

$$f_2(y) = \int_{-\infty}^{\infty} f(x,y)dx = \int_0^{1-y} 2dx = 2(1-y)$$

を得て,
$$f2(y) = \begin{cases} 2(1-y) & (0 \leq y \leq 1) \\ 0 & (その他) \end{cases}$$

を得る. ∎

実際に統計処理を行う場合, 確率変数 X, Y に対して, 新たな確率変数 $X+Y$ や XY などの確率分布を求めなければならないことがあります. これらの分布を求めるには, X, Y の同時確率密度関数が変数変換によって, どのように変化するのかが分かれば十分です. その状況を示したのが次の定理です[1].

---

[1] ヤコビアンが登場する計算練習をしたい人は, 例えば, 拙著 [10] の第 6.2 節を参照してください.

変数変換と同時確率密度関数

定理 3.1 連続型確率変数 (X,Y) の同時確率密度関数を $f(x,y)$ とする．そして，確率変数 (X,Y) から (U,V) への 1 対 1 の写像を ϕ，その逆写像を ψ として，

$$\psi(u,v) = (\psi_1(u,v), \psi_2(u,v)), \quad \phi(x,y) = (\phi_1(x,y), \phi_2(x,y))$$

とすれば，$(u,v) = (\phi_1(x,y), \phi_2(x,y))$ である．このとき，(U,V) の同時確率密度関数 $g(u,v)$ は次式で与えられる．

$$g(u,v) = f(x,y) \left| \frac{\partial(x,y)}{\partial(u,v)} \right| \tag{3.1}$$

ただし，$\dfrac{\partial(x,y)}{\partial(u,v)}$ は**ヤコビアン** $\dfrac{\partial(x,y)}{\partial(u,v)} = \begin{vmatrix} \frac{\partial x}{\partial u} & \frac{\partial x}{\partial v} \\ \frac{\partial y}{\partial u} & \frac{\partial y}{\partial v} \end{vmatrix}$ で，$\dfrac{\partial(x,y)}{\partial(u,v)} \neq 0$ とする．

(証明)
例えば，拙著 [10] の定理 6.9 より，任意の $a, b (a \leq b)$ および $c, d (c \leq d)$ に対して，

$$\iint_D f(x,y) dx dy = \int_c^d \int_a^b f(\psi_1(u,v), \psi_2(u,v)) \left| \frac{\partial(x,y)}{\partial(u,v)} \right| du dv$$

が成り立つ．ここで，$D = \{(x,y) \mid x = \psi_1(u,v), y = \psi_2(u,v), a \leq u \leq b, c \leq v \leq d\}$ である．
一方，

$$P(a \leq U \leq b, c \leq V \leq d) = \int_c^d \int_a^b g(u,v) du dv$$

に対応する (X,Y) の確率は $P(D)$ なので，結局，

$$\begin{aligned} P(a \leq U \leq b, c \leq V \leq d) &= P(D) = \iint_D f(x,y) dx dy \\ &= \int_c^d \int_a^b f(\psi_1(u,v), \psi_2(u,v)) \left| \frac{\partial(x,y)}{\partial(u,v)} \right| du dv \end{aligned}$$

となる．ゆえに，任意の $a, b(a \leq b)$ および $c, d(c \leq d)$ に対して $\int_c^d \int_a^b g(u,v) du dv$
$= \int_c^d \int_a^b f(\phi_1(u,v), \phi_2(u,v)) \left| \frac{\partial(x,y)}{\partial(u,v)} \right| du dv$ が成立するので，定理の主張を得る． ∎

確率変数の和と確率密度関数

例 3.3 連続型確率変数 (X,Y) の同時確率密度関数を $f(x,y)$ とするとき，確率変数 $Z = X + Y$ の確率密度関数 $h(z)$ を求めよ．

【解答】
(x,y) から (z,w) への変換 $\begin{cases} z = x+y \\ w = x \end{cases}$ を考えると，$\begin{cases} x = w \\ y = z-w \end{cases}$ なので，

$$\frac{\partial(x,y)}{\partial(z,w)} = \begin{vmatrix} x_z & x_w \\ y_z & y_w \end{vmatrix} = \begin{vmatrix} 0 & 1 \\ 1 & -1 \end{vmatrix} = -1 \neq 0$$

である．よって，定理 3.1 より，(Z, W) の同時確率密度関数 $g(z, w)$ は，

$$g(z, w) = f(x, y) \left| \frac{\partial(x, y)}{\partial(z, w)} \right| = f(w, z - w)$$

である．これより，z の確率密度関数は

$$h(z) = \int_{-\infty}^{\infty} g(z, w) dw = \int_{-\infty}^{\infty} f(w, z - w) dw$$

となる．　■

　確率変数 (X, Y) が離散型の場合はもう少し話が簡単です．離散型確率変数 (X, Y) の同時確率関数を $f(x, y)$ とし，(X, Y) から (U, V) への（必ずしも 1 対 1 ではない）写像 $S(x, y) = (\varphi_1(x, y), \varphi_2(x, y))$ に対して，(U, V) の確率関数 $g(u, v)$ は，

$$\begin{align}
g(u_i, v_j) &= P(U = u_i, V = v_j) \\
&= P(\varphi_1(x, y) = u_i, \varphi_2(x, y) = v_j) \\
&= \sum_{(x, y) : S(x, y) = (u_i, v_j)} f(x, y)
\end{align} \tag{3.2}$$

と表せます．ここで，和は $S(x, y) = (u_i, v_j)$ となるすべての (x, y) に関するものです．例 3.3 で見たように，連続型の場合は (3.1) を意識する必要がありますが，次の例で見るように，離散型の場合は (3.2) を意識する必要はありません．

変数変換と確率分布

例 3.4 次の同時確率分布表が与えられたとする．

X \ Y	0	1	2	計
0	1/8	2/8	0	3/8
1	0	2/8	2/8	4/8
2	0	0	1/8	1/8
計	1/8	4/8	3/8	1

このとき，$Z = XY$ の確率分布を求めよ．

【解答】
Z がとり得る値は $0, 1, 2, 4$ だから，

$$\begin{align}
P(Z = 0) &= P(XY = 0) = P(X = 0, Y = 0) + P(X = 0, Y = 1) + P(X = 0, Y = 2) \\
&\quad + P(X = 1, Y = 0) + P(X = 2, Y = 0) = \frac{1}{8} + \frac{2}{8} + 0 + 0 + 0 = \frac{3}{8} \\
P(Z = 1) &= P(XY = 1) = P(X = 1, Y = 1) = \frac{2}{8} \\
P(Z = 2) &= P(XY = 2) = P(X = 1, Y = 2) + P(X = 2, Y = 1) = \frac{2}{8} + 0 = \frac{2}{8} \\
P(Z = 4) &= P(XY = 4) = P(X = 2, Y = 2) = \frac{1}{8}
\end{align}$$

となる．よって，求める確率分布は次のようになる．

Z	0	1	2	4	計
P	3/8	2/8	2/8	1/8	1

注意 3.1.1 例 3.4 で，(3.2) の形を具体的に見たい場合は，(x,y) から (z,w) への変換 $\begin{cases} z = xy \\ w = x \end{cases}$ を考えて，例えば，次のように書き下します．

$$\begin{aligned} g(0,0) &= P(Z=0, W=0) = P(XY=0, X=0) \\ &= P(X=0, Y=0) + P(X=0, Y=1) + P(X=0, Y=2) \\ &= \sum_{(x,y):xy=0, x=0} f(x,y) \end{aligned}$$

■■■ 演習問題 ■■■■■■■■■■■■■■■■■■■■■■■

●**演習問題 3.1** 1個のサイコロと1枚のコインを同時に投げて，

$$X = \begin{cases} 1 & (\text{目が }3) \\ 0 & (\text{それ以外}) \end{cases}, \quad Y = \begin{cases} 1 & (\text{表になる}) \\ 0 & (\text{裏になる}) \end{cases}$$

とする．このとき，確率変数 (X, Y) の同時確率分布と周辺確率分布を求めよ．

●**演習問題 3.2**

$$f(x,y) = \begin{cases} Kxy(1-x-y) & (x, y \geq 0, x+y \leq 1) \\ 0 & (\text{その他}) \end{cases}$$

が確率変数 (X, Y) の同時確率密度関数になるように定数 K を定め，このときの周辺確率密度関数 $f_1(x)$, $f_2(y)$ を求めよ．

※**演習問題 3.3** 連続型確率変数 (X, Y) の同時確率密度関数を $f(x, y)$ とするとき，次を示せ．

(1) 確率変数 $Z = XY$ の確率密度関数 $h_{XY}(z)$ は，

$$h_{XY}(z) = \int_{-\infty}^{\infty} f\left(w, \frac{z}{w}\right) \frac{1}{|w|} dw$$

である．

(2) 確率変数 $Z = X/Y$ の確率密度関数 $h_{X/Y}(z)$ は，

$$h_{X/Y}(z) = \int_{-\infty}^{\infty} f(zw, w) |w| dw$$

である．

(3) 確率変数 $Z = X - Y$ の確率密度関数 $h_{X-Y}(z)$ は，

$$h_{X-Y}(z) = \int_{-\infty}^{\infty} f(w, w-z) dw$$

である．

※**演習問題 3.4** 連続型確率変数 (X, Y) の同時確率密度関数を,

$$f(x, y) = \begin{cases} 4xy & (0 \leq x \leq 1, 0 \leq y \leq 1) \\ 0 & (その他) \end{cases}$$

とし, $U = X + Y, V = X - Y$ とするとき, (U, V) の同時確率密度関数 $g(u, v)$ および U の周辺確率密度関数 $f_1(u)$ を求めよ.

●**演習問題 3.5** 次の同時確率分布表が与えられたとき, $Z = X + Y$ の確率分布を求めよ.

X \ Y	0	1	2	3	計
0	0	4/20	0	0	4/20
1	5/20	0	2/20	3/20	10/20
2	0	0	6/20	0	6/20
計	5/20	4/20	8/20	3/20	1

Section 3.2
独立な確率変数★

ここでは, 2つの確率変数 X と Y の独立性について考えます. 一般に, 数学で X と Y が独立, というときは, X と Y の間には何の関係もない, ということです. 例えば, 最高気温 X と最低気温 Y には関係があるでしょうが, 最高気温 X とある試験の平均点 Y には関係がないでしょう.

話を具体的に進めるために, 離散型確率変数 X と Y を考えましょう. まず, X と Y が独立だということは, すべての x_i, y_j に対して $X = x_i$ になることと $Y = y_j$ になることが無関係, ということです. これを「確率」という言葉でいえば, $X = x_i$ になる確率と $Y = y_j$ になる確率は無関係である, といえるでしょう. もう少しいえば, $X = x_i$ であっても $X \neq x_i$ であっても $Y = y_j$ となる確率は変わらない, ということです.

この「$X = x_i$ であっても $X \neq x_i$ であっても $Y = y_j$ となる確率は変わらない」ということを扱うには,「$X = x_i$ となったときの $Y = y_j$ となる確

率」というものを定義しなければなりません．そのために，$X = x_i$ となる事象を A，$Y = y_j$ となる事象を B として，話を集合に持ち込むことにします．このとき，$X = x_i$ かつ $Y = y_j$ となる事象は $A \cap B$ と表せます（図 3.1）．また，事象 A が起きたという条件下では，考察の対象となる範囲を A に限定するべきです．

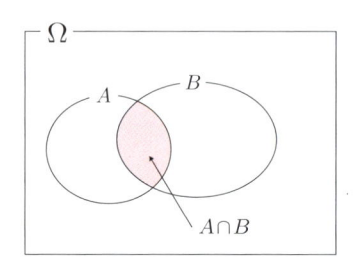

図 3.1 事象 A($X = x_i$) と事象 B($Y = y_j$) がともに起きる場合

そこで，事象 A が起こったという条件下で事象 B が起こる確率を，

$$P(B|A) = \frac{P(A \cap B)}{P(A)} \tag{3.3}$$

と定義し，これを**条件付き確率**と呼ぶことにします．そして，これに対応して，条件付き確率分布を次のように定義します．

3.2 独立な確率変数★

―― 条件付き確率分布 ――

定義 3.4 $X = x_i$ となったとき $Y = y_j$ となる確率分布を,

$$P(Y = y_j | X = x_i) = \frac{P(X = x_i, Y = y_j)}{P(X = x_i)}$$

とし, $Y = y_j$ となったとき $X = x_i$ となる確率分布を,

$$P(X = x_i | Y = y_j) = \frac{P(X = x_i, Y = y_j)}{P(Y = y_i)}$$

と定義し, これらを**条件付き確率分布**と呼ぶ. また, 連続型の場合は, $X = x$ を与えたときの Y の条件付き確率密度関数を,

$$f(y|x) = \frac{f(x,y)}{f_1(x)} = \frac{f(x,y)}{\int_{-\infty}^{\infty} f(x,y) dy}$$

で定義し, $Y = y$ を与えたときの X の条件付き確率密度関数を,

$$f(x|y) = \frac{f(x,y)}{f_2(y)} = \frac{f(x,y)}{\int_{-\infty}^{\infty} f(x,y) dx}$$

で定義する.

この条件付き確率分布を使えば,「$X = x_i$ であっても $X \neq x_i$ であっても $Y = y_j$ となる確率は変わらない」は,

$$P(Y = y_j | X = x_i) = P(Y = y_j | X \neq x_i) \tag{3.4}$$

と表せます. また,「$Y = y_j$ であっても $Y \neq y_j$ であっても $X = x_i$ となる確率は変わらない」は,

$$P(X = x_i | Y = y_j) = P(X = x_i | Y \neq y_j) \tag{3.5}$$

と表せます. このとき, (3.4) より,

$$\frac{P(X = x_i, Y = y_j)}{P(X = x_i)} = \frac{P(X \neq x_i, Y = y_j)}{P(X \neq x_i)}$$

が成り立ちます. ここで, 余事象を考えれば,

$$P(X \neq x_i) = 1 - P(X = x_i)$$
$$P(X \neq x_i, Y = y_j) = P(Y = y_j) - P(X = x_i, Y = y_j)$$

が成り立つので，

$$\frac{P(X=x_i, Y=y_j)}{P(X=x_i)} = \frac{P(Y=y_j) - P(X=x_i, Y=y_j)}{1 - P(X=x_i)}$$

を得ます．これより，

$$P(X=x_i, Y=y_j) - P(X=x_i, Y=y_j)P(X=x_i)$$
$$= P(X=x_i)P(Y=y_j) - P(X=x_i)P(X=x_i, Y=y_j)$$

となりますから，結局，

$$P(X=x_i, Y=y_j) = P(X=x_i)P(Y=y_j) \tag{3.6}$$

を得ます．また，同じように考えれば，(3.5) からも (3.6) を導くことができます．そこで，(3.6) を X と Y が独立であると定義します．

―――――― 確率変数の独立性 ――――――

定義 3.5 2次元同時確率変数 (X, Y) の同時確率分布 $f(x,y)$ が周辺確率分布 $f_1(x), f_2(y)$ を用いて，
$$f(x,y) = f_1(x)f_2(y)$$
と表されるとき，X と Y は独立であるという．

確率分布という言葉は，確率関数と確率密度関数の総称ですから，上記の定義は，離散型と連続型の両方を含んだものになっています．

なお，独立のときは，X, Y それぞれの周辺確率分布 $f_1(x), f_2(y)$ が分かれば，(X, Y) の同時確率分布 $f(x,y)$ が分かり，同時確率分布と周辺確率分布を別々に求める必要はありません．つまり，それを必要とするような関係がない，ということが独立ということです．また，$y = a$ と固定すると，$f_2(a)$ は定数となりますから，これを α とおくと，X, Y が独立のときは，

$$f(x, a) = f_1(x)f_2(a) = \alpha f_1(x)$$

となります．つまり，確率密度関数 $f(x, a)$ は周辺確率関数 $f_1(x)$ の定数倍，$f(x, a)$ は $f_1(x)$ と同じ形になっています．このことは，$f(x, a)$ の形を決めるのは，$f_1(x)$ であって，$f_2(y)$ ではないことを意味します．

離散型確率変数の独立性

例 3.5 サイコロを 2 回続けて投げる試行を考える．1 回目の目の数を X，2 回目の目の数を Y とするとき，X と Y は独立であることを示せ．

【解答】
(X, Y) が取り得るのは，$6 \times 6 = 36$ 通りの数である．これら，36 通りが起こる可能性はすべて等しいから，同時確率分布表は次のようになる．

X \ Y	1	2	...	6	X の周辺確率分布
1	1/36	1/36	...	1/36	1/6 $P(X=1)$
2	1/36	1/36	...	1/36	1/6 $P(X=2)$
3	1/36	1/36	...	1/36	1/6 $P(X=3)$
4	1/36	1/36	...	1/36	1/6 $P(X=4)$
5	1/36	1/36	...	1/36	1/6 $P(X=5)$
6	1/36	1/36	...	1/36	1/6 $P(X=6)$
Y の周辺確率分布	1/36 $P(Y=1)$	1/6 $P(Y=2)$	...	1/6 $P(Y=6)$	(計) 1

これより，

$$P(X=x, Y=y) = \frac{1}{36} \quad (x=1,2,\ldots,6, y=1,2,\ldots,6)$$

$$P(X=x) = \frac{1}{6} \quad (x=1,2,\ldots,6)$$

$$P(Y=y) = \frac{1}{6} \quad (y=1,2,\ldots,6)$$

を得るので，結局，

$$P(X=x, Y=y) = P(X=x)P(Y=y)$$

が成り立つ．よって，X と Y は独立である．

連続型確率変数の独立性

例 3.6 (X, Y) の同時確率密度関数が

$$f(x, y) = \begin{cases} 6e^{-2x-3y} & (x \geq 0, y \geq 0) \\ 0 & (その他) \end{cases}$$

で与えられているとき，X と Y は独立であることを示せ．

【解答】
ここでは，広義積分は極限操作を省略し，形式的に計算することとする．

$$\begin{aligned}
f_1(x) &= \int_{-\infty}^{\infty} f(x,y) dy = \int_0^{\infty} 6e^{-2x-3y} dy = 6e^{-2x} \int_0^{\infty} e^{-3y} dy \\
&= 6e^{-2x} \left[-\frac{1}{3} e^{-3y} \right]_0^{\infty} = 2e^{-2x}
\end{aligned}$$

$$f_2(y) = \int_{-\infty}^{\infty} f(x,y)dx = \int_{-\infty}^{\infty} 6e^{-2x-3y}dx = 6e^{-3y}\int_{-\infty}^{\infty} e^{-2x}dx$$
$$= 6e^{-3y}\left[-\frac{1}{2}e^{-2x}\right]_0^{\infty} = 3e^{-3y}$$

である．よって，

$$f_1(x) = \begin{cases} 2e^{-2x} & (x \geq 0) \\ 0 & (x < 0) \end{cases}$$

$$f_2(y) = \begin{cases} 3e^{-3y} & (y \geq 0) \\ 0 & (y < 0) \end{cases}$$

である．よって，$x \geq 0$, $y \geq 0$ も，それ以外のときも，

$$f(x,y) = f_1(x)f_2(y)$$

が成り立つ．よって，X と Y は独立である． ∎

また，確率変数の関数も独立になります．

―――― 確率変数の関数と独立性 ――――

定理 3.2 確率変数 X と Y が独立ならば，任意の関数 f, g に対して $f(X)$ と $g(Y)$ も独立になる．

(証明)
厳密な証明をするにはボレル可測関数の話が必要となるので，ここでは離散型の場合について形式的に証明する．
$u_i = f(x_i)$, $v_j = g(y_j)$ とし，それぞれの逆像を形式的に $x_i = f^{-1}(u_i)$, $y_j = g^{-1}(v_j)$ と表す．このとき，

$$P(U = f(x_i), V = g(y_j)) = P(X = f^{-1}(u_i), Y = g^{-1}(v_j))$$
$$= P(X = f^{-1}(u_i))P(Y = g^{-1}(v_j)) = P(U = f(x_i))P(V = g(y_j))$$

となるので $f(X)$ と $g(Y)$ は独立である． ∎

この節では確率変数の独立性について述べてきましたが，最後に事象の独立性についても言及しておきましょう．

$X = x_i$ および $Y = y_j$ となる事象をそれぞれ A と B で表すと，確率変数の独立性 (3.6)

$$P(X = x_i, Y = y_j) = P(X = x_i)P(Y = y_j)$$

は，

$$P(A \cap B) = P(A)P(B) \tag{3.7}$$

と表せます．そこで，事象 A, B に対して (3.7) が成り立つとき，事象 A と B は**独立**であるといいます．(3.7) は (3.3) からも導けます．実際，(3.3) より，

$$P(A \cap B) = P(A)P(B|A)$$

であり，事象 B の起こる確率が他方の事象 A に影響されない，つまり，A と B が独立ならば，

$$P(B) = P(B|A)$$

が成り立つので，結局，

$$P(A \cap B) = P(A)P(B)$$

を得ます．

―― 事象の独立性 ――

例 3.7 1つのサイコロを投げるとき，奇数の目が出るという事象を A，3以下の目が出るという事象を B とする．このとき，A と B は独立か？

【解答】
$A = \{1, 3, 5\}$，$B = \{1, 2, 3\}$，$A \cap B = \{1, 3\}$ なので，

$$P(A) = \frac{3}{6} = \frac{1}{2}, \quad P(B) = \frac{3}{6} = \frac{1}{2}, \quad P(A \cap B) = \frac{2}{6} = \frac{1}{3}$$

である．よって，

$$P(A \cap B) \neq P(A)P(B)$$

なので，A と B は独立ではない． ■

■■■ **演習問題** ■■■■■■■■■■■■■■■■■■■■■■■■■■

●**演習問題 3.6** 数字 ⓪ が記入されたカード 4 枚，数字 ① が記入されたカード 6 枚，計 10 枚のカードが箱に入っている．そして，この箱から無作為にカードを引き，最初に引いたカードの数字を X，これを戻さずに引いたカードの数字を Y とする．このとき，X と Y は独立か？

※**演習問題 3.7** (X, Y) の同時確率密度関数が，

$$f(x, y) = \begin{cases} \frac{1}{2} & (-y < x < y, -1 < y < 1) \\ 0 & (その他) \end{cases}$$

のとき，X と Y は独立か？

(ヒント) 積分領域を図示して，$f_1(x)$ は $|x|<1$ 上で，$f_2(y)$ は $|y|<1$ 上で考えよ．

●**演習問題 3.8** (X,Y) の同時確率密度関数を $f(x,y)$ とし，X と Y の周辺確率密度関数をそれぞれ $f_1(x), f_2(y)$ とする．このとき，X と Y が独立ならば，$Z = X+Y$ の確率密度関数 $h(z)$ は，

$$h(z) = \int_{-\infty}^{\infty} f_1(w) f_2(z-w) dw$$

となることを示せ．なお，一般に $\int_{-\infty}^{\infty} f_1(x) f_2(y-x) dx$ を f_1 と f_2 の**たたみ込み**といい，$(f_1 * f_2)(y)$ と表すので，$h(z)$ は $h(z) = (f_1 * f_2)(z)$ と表せる．

●**演習問題 3.9** 1つのサイコロを2回投げるとき，出た目の和が4の倍数であるという事象を A，出た目の積が5の倍数であるという事象を B とする．このとき，A と B は独立か？

●**演習問題 3.10** 例 3.4 の同時確率分布表に対して条件付き確率分布 $P(X=x|Y=y)$ $(x,y=0,1,2)$ を求めよ．

●**演習問題 3.11** 例 3.6 の同時確率密度関数に対して条件付き確率密度関数 $f(y|x)$ および $f(x|y)$ を求めよ．

※**演習問題 3.12** 同時確率変数 (X,Y) の同時確率密度関数を，

$$f(x,y) = \begin{cases} e^{-y} & (0<x<y<\infty) \\ 0 & (その他) \end{cases}$$

とするとき，条件付き確率密度関数 $f(y|x)$ および $f(x|y)$ を求めよ．

Section 3.3
ベイズの定理

ある現象 (これを B とします) を解析していると，いくつかの原因 (これ

を A_i とします) は想定されるけれども，そのいずれかが特定できないことがよくあります．このような場合でも，それぞれの原因 A_i の下で，この現象 B が生じる確率 $P(B|A_i)$ が分かることもあります．このようなとき，この現象を観測した事実から，逆にどの原因によるものかを確率的に求める方法としてベイズの定理が知られています．

ベイズの定理

定理 3.3 事象 $A_1, A_2, \ldots, A_n$ が互いに排反であり，

$$\Omega = A_1 \cup A_2 \cup \cdots \cup A_n$$

ならば，任意の事象 B に対して次が成り立つ．

全確率の定理

$$\begin{aligned} P(B) &= P(A_1)P(B|A_1) + P(A_2)P(B|A_2) + \cdots + P(A_n)P(B|A_n) \\ &= \sum_{i=1}^{n} P(A_i)P(B|A_i) \end{aligned}$$

ベイズの定理

$$P(A_i|B) = \frac{P(B \cap A_i)}{P(B)} = \frac{P(A_i)P(B|A_i)}{\sum_{i=1}^{n} P(A_i)P(B|A_i)}$$

(証明)
(全確率の定理の証明)
仮定および分配法則より，

$$\begin{aligned} B &= \Omega \cap B = (A_1 \cup A_2 \cup \cdots \cup A_n) \cap B \\ &= (A_1 \cap B) \cup (A_2 \cap B) \cup \cdots \cup (A_n \cap B) \end{aligned}$$

であり，$A_1 \cap B, A_2 \cap B, \ldots, A_n \cap B$ は互いに排反なので，確率の条件 (P3) より，

$$P(B) = P(A_1 \cap B) + P(A_2 \cap B) + \cdots + P(A_n \cap B)$$

である．ここで，条件付き確率 (3.3) より，

$$P(A_i \cap B) = P(A_i)P(B|A_i) \tag{3.8}$$

が成り立つことに注意すれば，

$$\begin{aligned} P(B) &= P(A_1)P(B|A_1) + P(A_2)P(B|A_2) + \cdots + P(A_n)P(B|A_n) \\ &= \sum_{i=1}^{n} P(A_i)P(B|A_i) \end{aligned}$$

を得る．
(ベイズの定理の証明)
(3.8) において，A_i と B を入れ換えると，

$$P(B \cap A_i) = P(B)P(A_i|B)$$

なので，
$$P(A_i|B) = \frac{P(B \cap A_i)}{P(B)}$$
であり，上式に再び (3.8) を適用すれば，
$$P(A_i|B) = \frac{P(A_i)P(B|A_i)}{P(B)}$$
を得る．さらに，全確率の定理より，
$$P(A_i|B) = \frac{P(A_i)P(B|A_i)}{\sum_{i=1}^{n} P(A_i)P(B|A_i)}$$
を得る． ∎

ベイズの定理は，ある事象 B が起こった場合に，原因に対する結果の確率 $P(B|A_i)$ から，結果に対する原因の確率，つまり，どの原因によって発生したか，という確率 $P(A_i|B)$ を計算する公式を与えています．なお，確率 $P(A_1), ..., P(A_n)$ は事象 B を観測する前に与えられているので，原因 A_i の**事前確率**といいます．これに対して，事象 B を観測した後の条件付き確率 $P(A_1|B), ..., P(A_n|B)$ を**事後確率**といいます．このように「事前」「事後」という言葉は，事象 B が起こったことを基準としています．B の確率は直接求まらないけれども，その条件付き確率 $P(B|A_1), ..., P(B|A_n)$ は求まっていることがあるので，$P(B)$ を求めるのに全確率の定理を，$P(A_i|B)$ を求めるのにベイズの定理を使います．

ベイズの定理

例 3.8 ある大学の講義では毎週小テストを行っており，

A_1：得点獲得率が 60%以上
A_2：得点獲得率が 50%台
A_3：得点獲得率が 50%未満

に分類するとき，過去の経験から，単位を取得できる学生の割合は，

A_1 で 90%,　A_2 で 70%,　A_3 で 40%

であることが分かっている．そして，今年は A_1, A_2, A_3 に属する学生の割合がそれぞれ 50%, 30%, 20% であった．このとき，次の問に答えよ．
(1) 今年の学生が単位を取得する確率を求めよ．
(2) 一人の単位取得者を任意に選ぶとき，それが A_2 に属する確率を求めよ．

【解答】
事象 B を「単位を取得する」とすると，
$$P(A_1) = 0.5, \quad P(A_2) = 0.3, \quad P(A_3) = 0.2,$$
$$P(B|A_1) = 0.9, \quad P(B|A_2) = 0.7, \quad P(B|A_3) = 0.4$$
である．

(1) 全確率の定理より，
$$\begin{aligned} P(B) &= P(A_1)P(B|A_1) + P(A_2)P(B|A_2) + P(A_3)P(B|A_3) \\ &= 0.5 \times 0.9 + 0.3 \times 0.7 + 0.2 \times 0.4 = 0.74 \end{aligned}$$

(2) ベイズの定理より，
$$P(A_2|B) = \frac{P(A_2)P(B|A_2)}{P(B)} = \frac{0.3 \times 0.7}{0.74} = 0.2837... \approx 0.28$$

である． ∎

> **注意 3.3.1** 主観的であれ，客観的であれ，例 3.8 のように妥当な事前確率 $P(A_i)$ が与えられれば，ベイズの定理を適用するだけで，ある観測の下における妥当な確率 $P(A_i|B)$ が得られます．なお，例 3.8 では，事前確率 $P(A_i)$ を経験によって与えていますが，これは担当教員の主観とも考えられます．

そもそも日常生活において，原因から結果を考えることはあまりないでしょう．事件や事故が起こった後，その原因を探るのが一般的です．つまり，結果から原因を考える，というのが人間の思考としては順当です．そういう意味では，ベイズの定理は人間の思考の流れに沿った定理だといえます．

■■■ 演習問題 ■■■■■■■■■■■■■■■■■■■■■■■■

●**演習問題 3.13** ある薬物検査法において，

事象 A： 検査により，被検査者は陽性と判断される
事象 B： 被検査者は，実際に薬物を使用している

とする．このとき，次の問に答えよ．

(1) $P(A|B) = 0.98, P(A|B^c) = 0.005, P(B) = 0.001$ で，検査結果が陽性のとき，被検査者が本当に薬物を使用している確率を求めよ．
(2) $P(B) = 0.0005, P(A|B^c) = 0.003$ のとき，$P(B|A) \geq 0.142$ となるためには，$P(A|B)$ がいくら以上になればよいか？

Section 3.4
同時確率変数の期待値と分散★

確率変数の期待値と分散を考えたように，ここでは同時確率変数の期待値と分散を考えましょう．

まず，期待値は定義 2.17 と同様な考え方で次のように定義します．

―――― 同時確率変数の期待値 ――――

定義 3.6 $\varphi(x,y)$ と x と y の連続関数とし，(X,Y) を同時確率変数とすると，$\varphi(X,Y)$ は (1 次元) 確率変数となる．このとき，$\varphi(X,Y)$ の**期待値**を次のように定義する．

$$E(\varphi(X,Y)) = \begin{cases} \sum_i \sum_j \varphi(x_i, y_j) p_{ij} & (離散型) \\ \int_{-\infty}^{\infty} \int_{-\infty}^{\infty} \varphi(x,y) f(x,y) dx dy & (連続型) \end{cases}$$

ただし，$p_{ij} = P(X = x_i, Y = y_j)$ で $f(x,y)$ は (X,Y) の同時確率密度関数である．

この定義において，$\varphi(x,y) = x$ とおけば，X が離散型のとき，

$$E(X) = \sum_i \sum_j x_i p_{ij} = \sum_i x_i \sum_j p_{ij} = \sum_i x_i p_{i\bullet} \tag{3.9}$$

となり，連続型のとき，

$$\begin{aligned} E(X) &= \int_{-\infty}^{\infty} \int_{-\infty}^{\infty} x f(x,y) dx dy = \int_{-\infty}^{\infty} x \left(\int_{-\infty}^{\infty} f(x,y) dy \right) dx \\ &= \int_{-\infty}^{\infty} x f_1(x) dx \end{aligned} \tag{3.10}$$

となります．同様に，Y が，それぞれ離散型，連続型の場合，

$$E(Y) = \sum_i \sum_j y_j p_{ij} = \sum_j y_j \sum_i p_{ij} = \sum_j y_j p_{\bullet j} \tag{3.11}$$

$$E(Y) = \int_{-\infty}^{\infty} \int_{-\infty}^{\infty} y f(x,y) dx dy = \int_{-\infty}^{\infty} y f_2(y) dy \tag{3.12}$$

となります．このことは，$E(X)$ と $E(Y)$ は，周辺確率分布によって得られる期待値と一致することを意味します．

次に，分散を考えるのですが，これも定義 2.16 にならって定義することにします．しかし，$V(X) = E((X - \mu)^2) = E((X - E(X))^2)$ だからといって，単純に $V(X,Y) = E(((X,Y) - E(X,Y))^2)$ とする訳にはいきません．というのも，(X,Y) は実数の組 (つまり，2 次元の数) で，$E(X,Y)$ は実数 (つまり，1 次元の

数) としなければならない数だからです．期待値が実数の組というのは何となく変ですね．また，「(2次元の値) − (1次元の値)」というのも変です．そこで，(X,Y) の代わりに $\varphi(X,Y)$ とし，$E(X,Y)$ の代わりに $E(\varphi(X,Y))$ とします．

―――― 同時確率変数の分散 ――――

定義 3.7 同時確率変数 (X,Y) と連続関数 $\varphi(x,y)$ に対し，$\varphi(X,Y)$ の **分散** を次式で定義する．

$$V(\varphi(X,Y)) = E\left[\{\varphi(X,Y) - E(\varphi(X,Y))\}^2\right]$$

期待値と分散の定義から，次の性質が導かれます．

期待値と分散の基本性質

定理 3.4 同時確率変数 (X,Y) と定数 a,b,c に対して次が成り立つ．
 (1) $E(aX + bY + c) = aE(X) + bE(Y) + c$
 (2) X と Y が独立ならば，$E(XY) = E(X)E(Y)$
  より一般には，$g(x)$ と $h(y)$ をそれぞれ x と y のみの関数とするとき，

$$E(g(X)h(Y)) = E(g(X))\,E(h(Y))$$

 (3) X と Y が独立ならば，$V(aX + bY) = a^2 V(X) + b^2 V(Y)$

(証明)
連続型と離散型とでは，証明にさほど違いはないので，ここでは，(1) は離散型の場合のみを，(2) は連続型の場合のみを示すことにする．
(1)

$$\begin{aligned}
E(aX + bY + c) &= \sum_i \sum_j (ax_i + by_j + c) p_{ij} \\
&= a\sum_i x_i \left(\sum_j p_{ij}\right) + b\sum_j y_j \left(\sum_i p_{ij}\right) + c\sum_i \sum_j p_{ij} \\
&= a\sum_i x_i p_{i\bullet} + b\sum_j y_j p_{\bullet j} + c \\
&= aE(X) + bE(Y) + c
\end{aligned}$$

を得る．ここで，(3.9) と (3.11) を利用した．
(2) X と Y は独立なので，$f(x,y) = f_1(x) f_2(y)$ である．ここで，$\varphi(x,y) = xy$ とすれば，

$$\begin{aligned}
E(XY) &= \int_{-\infty}^{\infty} \int_{-\infty}^{\infty} xy f(x,y) dx dy = \int_{-\infty}^{\infty} \int_{-\infty}^{\infty} xy f_1(x) f_2(y) dx dy \\
&= \left(\int_{-\infty}^{\infty} x f_1(x) dx\right) \left(\int_{-\infty}^{\infty} y f_2(y) dy\right) = E(X) E(Y)
\end{aligned}$$

となる．ここで，(3.10) と (3.12) を利用した．
より一般的な場合は，$\varphi(x,y) = g(x) h(y)$ とすればよい．

(3) $\varphi(x,y) = ax + by$ とおくと,

$$\begin{aligned}
V(aX+bY) &= E(((aX+bY) - E(aX+bY))^2) \\
&= E((a(X-E(X)) + b(Y-E(Y)))^2) \\
&= a^2 E((X-E(X))^2) + b^2 E((Y-E(Y))^2) + 2ab E((X-E(X))(Y-E(Y))) \\
&= a^2 E((X-E(X))^2) + b^2 E((Y-E(Y))^2) \\
&\quad + 2ab E(XY - XE(Y) - YE(X) + E(X)E(Y))
\end{aligned}$$

となる. ここで, X と Y は独立なので, (1) と (2) より,

$$\begin{aligned}
E(XY &- XE(Y) - YE(X) + E(X)E(Y)) \\
&= E(XY) - E(X)E(Y) - E(Y)E(X) + E(X)E(Y) \\
&= E(XY) - E(X)E(Y) = E(X)E(Y) - E(X)E(Y) = 0
\end{aligned}$$

となる. よって,

$$V(aX+bY) = a^2 V(X) + b^2 V(Y)$$

が成り立つ. ∎

第 1.7 節で, 2 つの変量 x,y に対してこれらの関係を見るために共分散や相関係数というものを考えました. 2 つの確率変数 X,Y に対しても, 同じように共分散や相関係数を考えることができます.

---- 確率変数の共分散と相関係数 ----

定義 3.8 同時確率変数 (X,Y) の**共分散** $\mathrm{Cov}(X,Y)$ および**相関係数** $\rho(X,Y)$ を次式で定義する.

$$\begin{aligned}
\mathrm{Cov}(X,Y) &= E((X-E(X))(Y-E(Y))) \\
&= \begin{cases} \displaystyle\sum_i \sum_j (x_i - E(X))(y_j - E(Y)) p_{ij} & \text{(離散型)} \\ \displaystyle\int_{-\infty}^{\infty} \int_{-\infty}^{\infty} (x-E(X))(y-E(Y)) f(x,y) dx dy & \text{(連続型)} \end{cases} \\
\rho(X,Y) &= \frac{\mathrm{Cov}(X,Y)}{\sigma(X)\sigma(Y)} = \frac{\mathrm{Cov}(X,Y)}{\sqrt{V(X)V(Y)}}
\end{aligned}$$

定義 1.22 より, 共分散 $\sigma_{xy} = \dfrac{1}{N}\sum_{i=1}^N (x_i - \bar{x})(y_i - \bar{y})$ は, $(x_i - \bar{x})(y_i - \bar{y})$ の平均だったことを思い出せば, $\mathrm{Cov}(X,Y)$ を $(X-E(X))(Y-E(Y))$ の平均 $E((X-E(X))(Y-E(Y)))$ で定義するのは自然なことでしょう. また, 定義より $\mathrm{Cov}(X,Y) = \mathrm{Cov}(Y,X)$ は明らかですが, 特に, 定義 2.16 より, $\mathrm{Cov}(X,X) = E((X-E(X))^2) = V(X)$ と $\mathrm{Cov}(Y,Y) = V(Y)$ が成り立つことに注意しましょう.

共分散・相関係数の計算

例 3.9 次のものに対して，同時確率変数 (X, Y) の共分散 $\mathrm{Cov}(X, Y)$ と相関係数 $\rho(X, Y)$ を求めよ．

(1) 例 3.4 の同時確率分布．

(2) 同時確率密度関数 $f(x, y) = \begin{cases} 6(x-y) & (0 \leq y < x \leq 1) \\ 0 & (その他) \end{cases}$．

【解答】
(1) 例 3.4 の同時確率分布および解答の $Z = XY$ の確率分布より，

$$E(X) = 0 \times \frac{3}{8} + 1 \times \frac{4}{8} + 2 \times \frac{1}{8} = \frac{3}{4}, \quad E(X^2) = 0^2 \times \frac{3}{8} + 1^2 \times \frac{4}{8} + 2^2 \times \frac{1}{8} = 1,$$

$$V(X) = E(X^2) - E(X)^2 = 1 - \frac{9}{16} = \frac{7}{16},$$

$$E(Y) = 0 \times \frac{1}{8} + 1 \times \frac{4}{8} + 2 \times \frac{3}{8} = \frac{5}{4}, \quad E(Y^2) = 0^2 \times \frac{1}{8} + 1^2 \times \frac{4}{8} + 2^2 \times \frac{3}{8} = 2$$

$$V(Y) = E(Y^2) - E(Y)^2 = 2 - \frac{25}{16} = \frac{7}{16},$$

$$E(XY) = E(Z) = 0 \times \frac{3}{8} + 1 \times \frac{2}{8} + 2 \times \frac{2}{8} + 4 \times \frac{1}{8} = \frac{5}{4}$$

なので，$V(X) = V(Y)$ に注意すれば，共分散と相関係数はそれぞれ，

$$\mathrm{Cov}(X, Y) = E(XY) - E(X)E(Y) = \frac{5}{4} - \frac{3}{4} \cdot \frac{5}{4} = \frac{5}{16},$$

$$\rho(X, Y) = \frac{\mathrm{Cov}(X, Y)}{\sqrt{V(X)V(Y)}} = \frac{\mathrm{Cov}(X, Y)}{V(X)} = \frac{5}{16} \cdot \frac{16}{7} = \frac{5}{7}$$

となる．ただし，共分散の計算では，例 3.10(1) の結果を用いた．

(2) X の周辺確率密度関数を $f_1(x)$，Y の周辺確率密度関数を $f_2(y)$ とすると，

$$f_1(x) = \int_{-\infty}^{\infty} f(x, y) dy = 6 \int_0^x (x - y) dy = 6 \left[xy - \frac{1}{2} y^2 \right]_0^x = 6 \left(x^2 - \frac{1}{2} x^2 \right) = 3x^2,$$

$$f_2(y) = \int_{-\infty}^{\infty} f(x, y) dx = 6 \int_y^1 (x - y) dx = 6 \left[\frac{1}{2} x^2 - yx \right]_y^1 = 3(y^2 - 2y + 1)$$

なので，

$$E(X) = \int_{-\infty}^{\infty} x f_1(x) dx = 3 \int_0^1 x^3 dx = \frac{3}{4},$$

$$E(Y) = \int_{-\infty}^{\infty} y f_2(y) dy = 3 \int_0^1 (y^3 - 2y^2 + y) dy = \frac{1}{4},$$

$$E(X^2) = \int_{-\infty}^{\infty} x^2 f_1(x) dx = 3 \int_0^1 x^4 dx = \frac{3}{5},$$

$$E(Y^2) = \int_{-\infty}^{\infty} y^2 f_2(y) dy = 3 \int_0^1 (y^4 - 2y^3 + y^2) dy = \frac{1}{10},$$

$$V(X) = E(X^2) - E(X)^2 = \frac{3}{5} - \frac{9}{16} = \frac{3}{80},$$

$$V(Y) = E(Y^2) - E(Y)^2 = \frac{1}{10} - \frac{1}{16} = \frac{3}{80}$$

である. また,

$$\begin{align}
E(XY) &= \int_{-\infty}^{\infty}\int_{-\infty}^{\infty} xyf(x,y)dxdy = 6\int_0^1\int_y^1 xy(x-y)dxdy \\
&= 6\int_0^1 y\left(\left[\frac{1}{3}x^3 - \frac{1}{2}x^2y\right]_y^1\right)dy = 6\int_0^1 y\left(\frac{1}{3} - \frac{y}{2} - \frac{1}{3}y^3 + \frac{1}{2}y^3\right)dy \\
&= \int_0^1 (y^4 - 3y^2 + 2y)dy = \frac{1}{5}
\end{align}$$

なので, $V(X) = V(Y)$ に注意すれば, 共分散と相関係数はそれぞれ

$$\begin{align}
\mathrm{Cov}(X,Y) &= E(XY) - E(X)E(Y) = \frac{1}{5} - \frac{3}{4}\cdot\frac{1}{4} = \frac{1}{80}, \\
\rho(X,Y) &= \frac{\mathrm{Cov}(X,Y)}{\sqrt{V(X)V(Y)}} = \frac{\mathrm{Cov}(X,Y)}{V(X)} = \frac{1}{80}\cdot\frac{80}{3} = \frac{1}{3}
\end{align}$$

となる. ただし, 共分散の計算では, 例 3.10(1) の結果を用いた. ■

共分散の性質

例 3.10 同時確率変数 (X,Y) および定数 a,b,c に対して次を示せ.
(1) $\mathrm{Cov}(X,Y) = E(XY) - E(X)E(Y)$
(2) $V(X) = \mathrm{Cov}(X,X)$
(3) $\mathrm{Cov}(X+a, Y+b) = \mathrm{Cov}(X,Y)$
(4) X と Y が独立ならば, $\mathrm{Cov}(X,Y) = 0$
(5) $V(aX + bY + c) = a^2 V(X) + 2ab\mathrm{Cov}(X,Y) + b^2 V(Y)$

【解答】
定理 3.4(3) の証明でも同様の計算をしているが, 念のため, ここでも計算してみよう.
(1) $\mu_1 = E(X)$, $\mu_2 = E(Y)$ とすると, 定義 3.8 と定理 3.4(1) より, 次を得る.

$$\begin{align}
\mathrm{Cov}(X,Y) &= E((X-\mu_1)(Y-\mu_2)) = E(XY - \mu_2 X - \mu_1 Y + \mu_1\mu_2) \\
&= E(XY) - \mu_2 E(X) - \mu_1 E(Y) + \mu_1\mu_2 \\
&= E(XY) - \mu_1\mu_2 - \mu_1\mu_2 + \mu_1\mu_2 \\
&= E(XY) - \mu_1\mu_2 = E(XY) - E(X)E(Y)
\end{align}$$

(2) (1) において $Y = X$ とすれば, 分散公式 (定理 2.4) より次式が成り立つ.

$$\mathrm{Cov}(X,X) = E(X^2) - E(X)^2 = V(X)$$

(3) 定理 2.3, 3.4 および (1) より,

$$\begin{align}
\mathrm{Cov}(X+a, Y+b) &= E\{(X+a)(Y+b)\} - E(X+a)E(Y+b) \\
&= E(XY + bX + aY + ab) - (E(X)+a)(E(Y)+b) \\
&= E(XY) + bE(X) + aE(Y) + ab - (E(X)E(Y) + bE(X) + aE(Y) + ab) \\
&= E(XY) - E(X)E(Y) = \mathrm{Cov}(X,Y)
\end{align}$$

(4) 定理 3.4(2) より, X と Y が独立ならば,

$$E(XY) = E(X)E(Y)$$

が成り立つので，(1) の結果と合わせれば次式が成立する．
$$\mathrm{Cov}(X,Y) = 0$$
(5) 分散の定義より，
$$V(aX+bY+c) = E\left(((aX+bY+c) - E(aX+bY+c))^2\right)$$
であり，
$$\{(aX+bY+c) - E(aX+bY+c)\}^2 = \{a(X-E(X)) + b(Y-E(Y))\}^2$$
$$= a^2(X-E(X))^2 + 2ab(X-E(X))(Y-E(Y)) + b^2(Y-E(Y))^2$$
なので，定理 3.4(1) より，次を得る．
$$\begin{aligned} V(aX+bY+c) &= a^2 E((X-E(X))^2) + 2abE\left((X-E(X))(Y-E(Y))\right) \\ & \quad + b^2(Y-E(Y))^2 \\ &= a^2 V(X) + 2ab\mathrm{Cov}(X,Y) + b^2 V(Y) \end{aligned}$$
∎

> **注意 3.4.1** 例 3.10 より，「X と Y が独立 $\Longrightarrow \mathrm{Cov}(X,Y) = 0$」は成り立つが，一般にはこの逆「$\mathrm{Cov}(X,Y) = 0 \Longrightarrow X$ と Y は独立」は成り立たない．ただし，X と Y が共に正規分布に従う場合は「$\mathrm{Cov}(X,Y) = 0 \Longrightarrow X$ と Y は独立」が成り立つ．

────── $\mathrm{Cov}(X,Y)=0$ だが独立ではない例 ──────

> **例 3.11** 太郎君と次郎君は，大学近くの喫茶店 A と喫茶店 B を決まった時間帯に利用している．この時間帯において，二人とも入っていない喫茶店の数を X，二人のうち喫茶店 A に入っている数を Y とする．このとき，$\mathrm{Cov}(X,Y)$ を求め，X と Y の独立性を調べよ．

【解答】
喫茶店 A と喫茶店 B に二人が入るパターンは次の 4 通り．
① A: 太郎　　　　B: 次郎
② A: 太郎, 次郎　B: なし
③ A: 次郎　　　　B: 太郎
④ A: なし　　　　B: 太郎, 次郎

これらは，同じ確率 1/4 で起こると考えてよい[2]から，同時確率分布表は次のようになる．

X \ Y	0	1	2	計
0	0	2/4	0	2/4
1	1/4	0	1/4	2/4
計	1/4	2/4	1/4	1

---

[2] 例えば，太郎君が A に入る確率は 1/2 で，次郎君が B に入る確率は 1/2 なので，①が起こる確率は 1/2×1/2=1/4 です．他も同様に考えてください．

これより，
$$E(X) = 0 \times \frac{2}{4} + 1 \times \frac{2}{4} = \frac{1}{2}$$
$$E(Y) = 0 \times \frac{1}{4} + 1 \times \frac{2}{4} + 2 \times \frac{1}{4} = 1$$
$$\begin{aligned}E(XY) &= 0 \times 0 \times 0 + 0 \times 1 \times \frac{2}{4} + 0 \times 2 \times 0 \\ &\quad + 1 \times 0 \times \frac{1}{4} + 1 \times 1 \times 0 + 1 \times 2 \times \frac{1}{4} = \frac{2}{4} = \frac{1}{2}\end{aligned}$$

なので，
$$\mathrm{Cov}(X,Y) = E(XY) - E(X)E(Y) = \frac{1}{2} - \frac{1}{2} \times 1 = 0$$

である．また，例えば，
$$P(X=0, Y=0) = 0$$

だが，
$$P(X=0)P(Y=0) = \frac{2}{4} \times \frac{1}{4} = \frac{1}{8}$$

なので，
$$P(X=0, Y=0) \neq P(X=0)P(Y=0)$$

である．よって，X と Y は独立ではない． ∎

■■■ 演習問題 ■■■■■■■■■■■■■■■■■■■■■■■■■■■

●**演習問題 3.14** X と Y を独立な確率変数とするとき，次を示せ．

(1) 任意の関数 $g(x)$, $h(y)$ に対して，
$$E(g(X)h(Y)) = E(g(X))E(h(Y))$$

(2) $V(XY) = V(X)V(Y) + E(X)^2 V(Y) + E(Y)^2 V(X)$

●**演習問題 3.15** 確率変数 (X,Y) の同時確率密度関数が，
$$f(x,y) = \begin{cases} \frac{1}{2} & (-y < x < y, -1 < y < 1) \\ 0 & (その他) \end{cases}$$

のとき，$\mathrm{Cov}(X,Y)$ を求めよ．

(ヒント) 演習問題 3.7 の結果を利用せよ．

●**演習問題 3.16** 確率変数 (X,Y) の同時確率密度関数が，
$$f(x,y) = \begin{cases} 8xy & (0 \leq x \leq 1, 0 \leq y \leq x) \\ 0 & (その他) \end{cases}$$

とするとき，共分散 $\mathrm{Cov}(X,Y)$ と相関係数 $\rho(X,Y)$ を求めよ．

※**演習問題 3.17** 確率変数 (X,Y) に対して次を示せ．

(1) $E(XY)^2 \leq E(X^2)E(Y^2)$　　(シュワルツの不等式)
(2) $\mathrm{Cov}(X,Y)^2 \leq V(X)V(Y)$

(3) $-1 \leq \rho(X,Y) \leq 1$

※**演習問題 3.18** 確率変数 X, Y と定数 α に対して次を示せ.

$$\mathrm{Cov}(X+Y,Z) = \mathrm{Cov}(X,Z) + \mathrm{Cov}(Y,Z),$$
$$\mathrm{Cov}(X,Y+Z) = \mathrm{Cov}(X,Y) + \mathrm{Cov}(X,Z),$$
$$\mathrm{Cov}(\alpha X,Y) = \alpha \mathrm{Cov}(X,Y) = \mathrm{Cov}(X,\alpha Y).$$

(ヒント) 例 3.10(1) と定理 3.4 を使う.

Section 3.5
n 個の確率変数

前節までは,2 つの確率変数 X と Y について考えましたが,n 個の確率変数 $X_1, X_2, \ldots, X_n$ に対しても同様の性質が成り立ちます.以下で,n 個の確率変数に対する同時確率関数や同時確率密度関数 (総称すれば,確率分布) を定義しますが,これらは,少し数式が複雑で分かりにくいものです.理解するに越したことはないのですが,当面は,定理 3.5 や定理 3.7 が使えれば問題ありません.

---- n 変数版同時確率関数 ----

定義 3.9 離散型確率変数 $X_1, X_2, \ldots, X_n$ の組 $(X_1, X_2, \ldots, X_n)$ のとる値 $(x_1, x_2, \ldots, x_n)$ に対して,

$$P_{X_1 X_2 \cdots X_n}(x_1, x_2, \ldots, x_n) = P(X_1 = x_1, X_2 = x_2, \ldots, X_n = x_n)$$

が与えられているとき,n 変数関数 $P_{X_1 X_2 \cdots X_n}(x_1, x_2, \ldots, x_n)$ を **n 次元同時確率変数** $(X_1, X_2, \ldots, X_n)$ の**同時確率関数**という.ただし,$\sum_{x_1} \sum_{x_2} \cdots \sum_{x_n} P_{X_1 X_2 \cdots X_n}(x_1, x_2, \ldots, x_n) = 1$ で,$\sum_{x_k}$ は x_k について和を求めることを意味する.

―――― n 変数版周辺確率関数 ――――

定義 3.10 離散型確率変数 $(X_1, X_2, \ldots, X_n)$ に対して，

$$\begin{aligned} P_{X_i}(x_i) &= P(X_i = x_i) \\ &= \sum_{x_1}\sum_{x_2}\cdots\sum_{x_{i-1}}\sum_{x_{i+1}}\cdots\sum_{x_n} P_{X_1 X_2 \cdots X_n}(x_1, x_2, \ldots, x_n) \\ & \hspace{5em} (i = 1, 2, \ldots, n) \end{aligned}$$

を X_i の**周辺確率関数**という．

―――― n 変数版離散型確率変数の独立 ――――

定義 3.11 離散型確率変数 $(X_1, X_2, \ldots, X_n)$ の同時確率関数 $P_{X_1 X_2 \cdots X_n}(x_1, x_2, \ldots, x_n)$ が，周辺確率関数 $P_{X_i}(x_i)$ を用いて，

$$P_{X_1 X_2 \cdots X_n}(x_1, x_2, \ldots, x_n) = P_{X_1}(x_1) P_{X_2}(x_2) \cdots P_{X_n}(x_n)$$

と表されるとき，$X_1, X_2, \ldots, X_n$ は互いに**独立**であるという．

―――― n 変数版同時確率密度関数 ――――

定義 3.12 連続型確率変数 $(X_1, X_2, \ldots, X_n)$ について，次の条件を満たす関数 $f(x_1, x_2, \ldots, x_n)$ が存在するものとする．

(1) 任意の $x_1, x_2, \ldots, x_n$ に対して，$f(x_1, x_2, \ldots, x_n) \geq 0$
(2) $\displaystyle\int_{-\infty}^{\infty}\int_{-\infty}^{\infty}\cdots\int_{-\infty}^{\infty} f(x_1, x_2, \ldots, x_n) dx_1 dx_2 \cdots dx_n = 1$
(3) 任意の定数 $a_i, b_i (a_i \leq b_i, i = 1, 2, \ldots, n)$ に対して，

$$\begin{aligned} &P(a_1 \leq X_1 \leq b_1, a_2 \leq X_2 \leq b_2, \ldots, a_n \leq X_n \leq b_n) \\ &= \int_{a_1}^{b_1}\int_{a_2}^{b_2}\cdots\int_{a_n}^{b_n} f(x_1, x_2, \ldots, x_n) dx_1 dx_2 \cdots dx_n \end{aligned}$$

このとき，$f(x_1, x_2, \ldots, x_n)$ を $(X_1, X_2, \ldots, X_n)$ の**同時確率密度関数**という．さらに，$i = 1, 2, \ldots, n$ に対して，

$$f_{X_i}(x_i) = \int_{-\infty}^{\infty}\int_{-\infty}^{\infty}\cdots\int_{-\infty}^{\infty} f(x_1, x_2, \ldots, x_n) dx_1 dx_2 \cdots dx_{i-1} dx_{i+1} \cdots dx_n$$

を X_i の**周辺確率密度関数**という．

--- n 変数版分布関数 ---

定義 3.13 確率変数の組 $\boldsymbol{X} = (X_1, X_2, \ldots, X_n)$ および実数の組 $\boldsymbol{x} = (x_1, x_2, \ldots, x_n)$ に対して,

$$F(\boldsymbol{X}) = P(X_1 \leq x_1, X_2 \leq x_2, \ldots, X_n \leq x_n)$$

を $\boldsymbol{X}$ の**累積分布関数**あるいは**分布関数**という.

--- n 変数版連続型確率変数の独立 ---

定義 3.14 連続型確率変数 $(X_1, X_2, \ldots, X_n)$ の同時確率密度関数 $f(x_1, x_2, \ldots, x_n)$ が, 周辺確率関数 $f_{X_i}(x_i)(i=1,2,\ldots,n)$ を用いて,

$$f(x_1, x_2, \ldots, x_n) = f_{X_1}(x_1) f_{X_2}(x_2) \cdots f_{X_n}(x_n)$$

と表されるとき, $X_1, X_2, \ldots, X_n$ は互いに**独立**であるという.

定理 3.4 および定理 3.1 は, 次のように一般化されます. 変数が増えただけで基本的な考え方は同じなので, 証明は割愛します.

--- n **変数版期待値と分散の基本性質** ---

定理 3.5 同時確率変数 $(X_1, X_2, \ldots, X_n)$ と定数 $a_1, a_2, \ldots, a_n$ に対して次が成り立つ.

(1) $E(a_1 X_1 + a_2 X_2 + \cdots + a_n X_n) = a_1 E(X_1) + a_2 E(X_2) + \cdots + a_n E(X_n)$
(2) $X_1, X_2, \ldots X_n$ が互いに独立ならば,

$$E(X_1 X_2 \cdots X_n) = E(X_1) E(X_2) \cdots E(X_n)$$

より一般的には,

$$E(g_1(X_1) g_2(X_2) \cdots g_n(X_n)) = E(g_1(X_1)) E(g_2(X_2)) \cdots E(g_n(X_n))$$

ただし, $g_1(x_1), g_2(x_2), \ldots, g_n(x_n)$ はそれぞれ $x_1, x_2, \ldots, x_n$ のみに依存する関数.
(3) $X_1, X_2, \ldots X_n$ が互いに独立ならば,

$$V(a_1 X_1 + a_2 X_2 + \cdots + a_n X_n) = a_1^2 V(X_1) + a_2^2 V(X_2) + \cdots + a_n^2 V(X_n)$$

---
n 変数版の変数変換

定理 3.6 確率変数 $\boldsymbol{X} = (X_1, X_2, \ldots, X_n)$ の確率密度関数を $f_{\boldsymbol{X}}(x_1, x_2, \ldots, x_n)$ とする．また，$\boldsymbol{X}$ から $\boldsymbol{Y} = (Y_1, Y_2, \ldots, Y_n)$ への 1 対 1 写像を $\boldsymbol{\phi}$，その逆写像を $\boldsymbol{\psi}$ とし，$\boldsymbol{\phi} = {}^t[\phi_1, \phi_2, \ldots, \phi_n]$，$\boldsymbol{\psi} = {}^t[\psi_1, \psi_2, \ldots, \psi_n]$ とする．このとき，$\boldsymbol{Y}$ の確率密度関数 $f_{\boldsymbol{Y}}(y_1, y_2, \ldots, y_n)$ は次式で与えられる．

$$f_{\boldsymbol{Y}}(y_1, y_2, \ldots, y_n) = f_{\boldsymbol{X}}(x_1, x_2, \ldots, x_n)|J|.$$

ここで，J はヤコビアン

$$J = \frac{\partial(x_1, x_2, \ldots, x_n)}{\partial(y_1, y_2, \ldots, y_n)} = \frac{\partial \boldsymbol{\psi}}{\partial \boldsymbol{y}} = \begin{vmatrix} \frac{\partial x_1}{\partial y_1} & \frac{\partial x_1}{\partial y_2} & \cdots & \frac{\partial x_1}{\partial y_n} \\ \frac{\partial x_2}{\partial y_1} & \frac{\partial x_2}{\partial y_2} & \cdots & \frac{\partial x_2}{\partial y_n} \\ \vdots & \vdots & \ddots & \vdots \\ \frac{\partial x_n}{\partial y_1} & \frac{\partial x_n}{\partial y_2} & \cdots & \frac{\partial x_n}{\partial y_n} \end{vmatrix}$$

で $J \neq 0$ とする．

さて，互いに独立な確率変数 $X_1, X_2, \ldots, X_n$ が同一分布に従うとし，これらの期待値を μ，分散を σ^2 とします．このとき，$X_1 + X_2 + \cdots + X_n$ を n で割った算術平均を，

$$\bar{X} = \frac{X_1 + X_2 + \cdots + X_n}{n}$$

とすると，

$$E(\bar{X}) = \mu, \quad V(\bar{X}) = \frac{\sigma^2}{n} \tag{3.13}$$

が成り立ちます．この性質は，後に登場する推定や検定の基礎をなす，という意味で非常に重要なものです．また，(3.13) によれば，算術平均 $\bar{X}$ は，期待値は n とは関係なくいつも μ に一致しますが，分散は n は大きくなると 0 に近づくことが分かります．このことは，例えばサイコロを投げる回数を n 回とし，その目が 1 となる回数を k としたとき，$\frac{k}{n}$ は $\frac{1}{6}$ に近づいていく，ということを意味します．この事実を定理の形としてまとめたものが**大数の法則**ですが，これについては次節で述べることにしましょう．

確率変数の平均に対する同一分布の期待値と分散

定理 3.7 $X_1, X_2, \ldots, X_n$ は互いに独立な確率変数で,$E(X_i) = \mu$, $V(X_i) = \sigma^2$ $(i = 1, 2, \ldots, n)$ を満たすとする.このとき,$\bar{X} = \dfrac{1}{n}\sum_{i=1}^{n} X_i$ とすれば,次が成り立つ.

(1) $E(\bar{X}) = \mu$, $\quad V(\bar{X}) = \dfrac{\sigma^2}{n}$

(2) $E(X_i - \bar{X}) = 0$, $\quad V(X_i - \bar{X}) = \dfrac{n-1}{n}\sigma^2$ $(i = 1, 2, \ldots n)$

(証明)
(1) 仮定と定理 3.5 より,

$$
\begin{aligned}
E(\bar{X}) &= E\left(\frac{X_1 + X_2 + \cdots + X_n}{n}\right) = \frac{1}{n}E(X_1) + \frac{1}{n}E(X_2) + \cdots + \frac{1}{n}E(X_n) \\
&= \frac{1}{n}\left(E(X_1) + E(X_2) + \cdots + E(X_n)\right) = \frac{1}{n}(\mu + \mu + \cdots + \mu) \\
&= \frac{1}{n}(n\mu) = \mu
\end{aligned}
$$

$$
\begin{aligned}
V(\bar{X}) &= V\left(\frac{X_1 + X_2 + \cdots + X_n}{n}\right) = \frac{1}{n^2}V(X_1) + \frac{1}{n^2}V(X_2) + \cdots + \frac{1}{n^2}V(X_n) \\
&= \frac{1}{n^2}\left(V(X_1) + V(X_2) + \cdots + V(X_n)\right) = \frac{1}{n^2}(\sigma^2 + \sigma^2 + \cdots + \sigma^2) \\
&= \frac{1}{n^2}(n\sigma^2) = \frac{\sigma^2}{n}
\end{aligned}
$$

(2) (1) より,
$$
E(X_i - \bar{X}) = E(X_i) - E(\bar{X}) = \mu - \mu = 0
$$
である.また,定義 2.16 において $X = X_i - \bar{X}$ とし,$E(X) = E(X_i - \bar{X}) = 0$ に注意すれば,定理 2.3 より,

$$
\begin{aligned}
V(X_i - \bar{X}) &= E\left((X_i - \bar{X})^2\right) = E\left(\left((X_i - \mu) - (\bar{X} - \mu)\right)^2\right) \\
&= E\left((X_i - \mu)^2\right) - 2E\left((X_i - \mu)(\bar{X} - \mu)\right) + E\left((\bar{X} - \mu)^2\right)
\end{aligned}
$$

である.ここで,
$$
E\left((X_i - \mu)^2\right) = V(X_i) = \sigma^2, \quad E\left((\bar{X} - \mu)^2\right) = V(\bar{X}) = \frac{\sigma^2}{n}
$$
に注意する.また,

$$
\begin{aligned}
(X_i - \mu)(\bar{X} - \mu) &= (X_i - \mu)\left(\frac{1}{n}\sum_{i=1}^{n} X_i - \mu\right) \\
&= (X_i - \mu)\left\{\frac{1}{n}(X_1 + \cdots + X_n) - \frac{1}{n}(\mu + \cdots + \mu)\right\} \\
&= (X_i - \mu)\left\{\frac{1}{n}(X_i - \mu) + \frac{1}{n}\sum_{j \neq i}^{n}(X_j - \mu)\right\} \\
&= \frac{1}{n}(X_i - \mu)^2 + \frac{1}{n}\sum_{j \neq i}^{n}(X_i - \mu)(X_j - \mu)
\end{aligned}
$$

であり，X_i と X_j が互いに独立のとき，定数分だけずれた $X_i - \mu$ と $X_j - \mu$ も独立なので，定理 3.5 および定理 2.3 より，

$$
\begin{aligned}
E\left((X_i - \mu)(X_j - \mu)\right) &= E(X_i - \mu)E(X_j - \mu) \\
&= (E(X_i) - E(\mu))(E(X_j) - E(\mu)) \\
&= (\mu - \mu)(\mu - \mu) = 0
\end{aligned}
$$

となる．よって，

$$
\begin{aligned}
E\left((X_i - \mu)(\bar{X} - \mu)\right) &= E\left(\frac{1}{n}(X_i - \mu)^2\right) + E\left(\frac{1}{n}\sum_{j \neq i}^{n}(X_i - \mu)(X_j - \mu)\right) \\
&= \frac{1}{n}V(X_i) + \frac{1}{n}\sum_{j \neq i}^{n} E\left((X_i - \mu)(X_j - \mu)\right) \\
&= \frac{1}{n}\sigma^2 + 0 = \frac{\sigma^2}{n}
\end{aligned}
$$

となる．
ゆえに，

$$
V(X_i - \bar{X}) = \sigma^2 - 2\frac{\sigma^2}{n} + \frac{\sigma^2}{n} = \sigma^2 - \frac{\sigma^2}{n} = \frac{n-1}{n}\sigma^2
$$

を得る． ∎

注意 3.5.1 X_i と $\bar{X}$ は独立とは限らないので，$V(X_i - \bar{X}) = V(X_i) + V(\bar{X}) = \sigma^2 + \dfrac{\sigma^2}{n} = \dfrac{n+1}{n}\sigma^2$ という計算をしてはいけません．ましてや，$V(X_i - \bar{X}) = V(X_i) - V(\bar{X}) = \sigma^2 - \dfrac{\sigma^2}{n} = \dfrac{n-1}{n}\sigma^2$ という計算をしてはいけません．

―― **期待値・共分散行列の計算** ――

例 3.12 確率変数 $X_1, X_2, \ldots, X_n$ の期待値，共分散，分散を，
$$E(X_i), \ \mathrm{Cov}(X_i, X_j) = \mathrm{Cov}(X_j, X_i), \ V(X_i) = \mathrm{Cov}(X_i, X_i)$$
とする．また，
$$\boldsymbol{X} = {}^t[X_1, X_2, \ldots, X_n], \quad E(\boldsymbol{X}) = {}^t[E(X_1), E(X_2), \ldots, E(X_n)]$$
とし，共分散行列 $\boldsymbol{\Sigma}$ を，
$$\boldsymbol{\Sigma} = \begin{bmatrix} \mathrm{Cov}(X_1, X_1) & \mathrm{Cov}(X_1, X_2) & \cdots & \mathrm{Cov}(X_1, X_n) \\ \mathrm{Cov}(X_2, X_1) & \mathrm{Cov}(X_2, X_2) & \cdots & \mathrm{Cov}(X_2, X_n) \\ \vdots & \vdots & \ddots & \vdots \\ \mathrm{Cov}(X_n, X_1) & \mathrm{Cov}(X_n, X_2) & \cdots & \mathrm{Cov}(X_n, X_n) \end{bmatrix}$$
とする．このとき，定ベクトル $\boldsymbol{a} = {}^t[a_1, a_2, \ldots, a_n]$ に対して確率変数
$$ {}^t\boldsymbol{a}\boldsymbol{X} = a_1 X_1 + a_2 X_2 + \cdots + a_n X_n $$
の期待値と分散は，
$$ E({}^t\boldsymbol{a}\boldsymbol{X}) = {}^t\boldsymbol{a} E(\boldsymbol{X}), \quad V({}^t\boldsymbol{a}\boldsymbol{X}) = {}^t\boldsymbol{a} \boldsymbol{\Sigma} \boldsymbol{a}$$
となることを示せ．ただし，${}^t\boldsymbol{a}$ は $\boldsymbol{a}$ の転置である．

【解答】
定理 3.5(1) より，
$$\begin{aligned} E({}^t\boldsymbol{a}\boldsymbol{X}) &= E(a_1 X_1 + a_2 X_2 + \cdots + a_n X_n) \\ &= a_1 E(X_1) + a_2 E(X_2) + \cdots + a_n E(X_n) = {}^t\boldsymbol{a} E(\boldsymbol{X}) \end{aligned}$$
が成り立つ．また，分散の定義と定理 3.5(1) より，
$$V({}^t\boldsymbol{a}\boldsymbol{X}) = E\left(({}^t\boldsymbol{a}\boldsymbol{X} - E({}^t\boldsymbol{a}\boldsymbol{X}))^2\right)$$
$$= E\left(\{(a_1 X_1 + \cdots + a_n X_n) - (a_1 E(X_1) + \cdots + a_n E(X_n))\}^2\right)$$
$$= E\left(\left(\sum_{i=1}^n a_i (X_i - E(X_i))\right)^2\right) = E\left(\left(\sum_{i=1}^n a_i (X_i - E(X_i))\right)\left(\sum_{j=1}^n a_j (X_j - E(X_j))\right)\right)$$
$$= \sum_{i=1}^n \sum_{j=1}^n a_i a_j E\left((X_i - E(X_i))(X_j - E(X_j))\right) = \sum_{i=1}^n \sum_{j=1}^n a_i a_j \mathrm{Cov}(X_i, X_j)$$
$$= \sum_{i=1}^n a_i \sum_{j=1}^n \mathrm{Cov}(X_i, X_j) a_j = {}^t\boldsymbol{a} \boldsymbol{\Sigma} \boldsymbol{a}$$
が成り立つ． ■

■■■ 演習問題 ■■■

※**演習問題 3.19** 確率変数 X_1, X_2, X_3 は独立で $E(X_i) = \mu_i$, $V(X_i) = \sigma_i^2$

($i = 1, 2, 3$) とする. $Z = X_1 X_2 X_3$ とするとき,

$$E(Z) = \mu_1 \mu_2 \mu_3, \quad V(Z) = \sigma_1^2(\sigma_2^2 + \mu_2^2)(\sigma_3^2 + \mu_3^2) + \mu_1^2\left(\sigma_2^2(\sigma_3^2 + \mu_3^2) + \mu_2^2\sigma_3^2\right)$$

を示せ.

※**演習問題 3.20** 確率変数 X_1, X_2, ..., X_n, Y_1, Y_2, ..., Y_m および定数 a_1, a_2, ..., a_n, b_1, b_2, ..., b_m に対して,

$$\text{Cov}\left(\sum_{i=1}^{n} a_i X_i, \sum_{j=1}^{m} b_j Y_j\right) = \sum_{i=1}^{n}\sum_{j=1}^{m} a_i b_j \text{Cov}(X_i, Y_j)$$

を示せ.

Section 3.6
大数の法則★

ここでは，前節で少し触れた**大数の法則**について説明します．この大数の法則は，頻度的立場による確率の根拠になっているものです．

―― **大数の法則** ――

定理 3.8 $X_1, X_2, ..., X_n$ は互いに独立な確率変数で，

$$E(X_i) = \mu, \quad V(X_i) = \sigma^2 \quad (i = 1, 2, ..., n)$$

を満たすものとする．このとき，任意の $\varepsilon > 0$ に対して，

$$\lim_{n \to \infty} P(|\bar{X} - \mu| < \varepsilon) = 1$$

が成り立つ．ただし，$\bar{X} = \dfrac{1}{n}\sum_{i=1}^{n} X_i$ である．

(証明)
定理 3.7 より,

$$E(\bar{X}) = \mu, \quad V(\bar{X}) = \frac{\sigma^2}{n}$$

なので，チェビシェフの不等式 (定理 2.5) において，X を $\bar{X}$，σ を $\dfrac{\sigma}{\sqrt{n}}$，$\lambda = \dfrac{\varepsilon\sqrt{n}}{\sigma}$ とすれば,

$$P\left(|\bar{X} - \mu| < \frac{\varepsilon\sqrt{n}}{\sigma} \cdot \frac{\sigma}{\sqrt{n}}\right) \geq 1 - \frac{1}{\left(\frac{\varepsilon\sqrt{n}}{\sigma}\right)^2} \iff P(|\bar{X} - \mu| < \varepsilon) \geq 1 - \frac{\sigma^2}{\varepsilon^2 n}$$

3.6 大数の法則★

となる．よって，
$$\lim_{n\to\infty} P(|\bar{X} - \mu| < \varepsilon) \geq \lim_{n\to\infty}\left(1 - \frac{\sigma^2}{\varepsilon^2 n}\right) = 1$$
が成り立つ． ■

大数の法則は，どんな小さな $\varepsilon > 0$ に対しても n が大きければ，$\bar{X}$ が $[\mu - \varepsilon, \mu + \varepsilon]$ に入る確率が 1 に近いことを示しています．つまり，$\bar{X} = \dfrac{X_1 + X_2 + \cdots + X_n}{n}$ は n が大きいとき μ に近づく，ということです．

この意味をサイコロを例にとって考えましょう．サイコロを n 回投げた結果，1 の目が k 回出たとします．このとき，X_i を i 回目の試行で 1 の目が出れば 1，そうでなければ 0 の値をとる確率変数とすれば，
$$X_1 + X_2 + \cdots + X_n = k$$
となります．このとき，$\bar{X} = \dfrac{X_1 + X_2 + \cdots + X_n}{n} = \dfrac{k}{n}$ は 1 の目が出る相対度数で，$n \to \infty$ のときは (頻度的立場の) 確率となっています．大数の法則は，試行回数 n を増やしたとき，$\dfrac{k}{n}$ が X_i の期待値 $E(X_i) = \mu = \dfrac{1}{6}$ に近づくことを意味しています．

■■■ 演習問題 ■■■■■■■■■■■■■■■■■■■■■■■■■

●**演習問題 3.21** コインを振り続ければ，表の出る確率が $\dfrac{1}{2}$ に近づくことを大数の法則を用いて説明せよ．

第4章

二項分布と正規分布

　第2章と第3章では，確率分布の一般的な話をしました．ここからはよく知られている確率分布について具体的に学びます．

　いろいろある確率分布の中でも特に重要とされているものが**二項分布**と**正規分布**です．本章では，この2つの分布について説明しましょう．

Section 4.1
順列と組合せ★

　相異なる n 個のものから r 個を取り，順番の違いを考慮して一列に並べたものを，n 個から r 個を取り出して並べた**順列**といい，このような順列の総数を $_nP_r$ で表します．

　n 個のものから r 個を取り出して並べるとき，1番目の定め方は n 通り，1番目が定まると2番目の定め方は $n-1$ 通りです．以下，同様に考えると，r 番目の定め方は $n-r+1$ 通りあることが分かります．

$$
\begin{array}{cccc}
1\text{番目} & 2\text{番目} & \cdots & r\text{番目} \\
\vdots & \vdots & & \vdots \\
n\text{通り} & n-1\text{通り} & & n-r+1\text{通り}
\end{array}
$$

したがって，

$$_nP_r = n(n-1)(n-2)\cdots(n-r+1) = \frac{n!}{(n-r)!}$$

となります．ここで，$n! = 1 \cdot 2 \cdot 3 \cdots n$ を意味し，これを n の**階乗**といいます．ただし，$0! = 1$ と定義します．

　順列に対して，相異なる n 個のものの中から順序を考えないで r 個のものを取り出して作った組を**組合せ**といいます．例えば，順列では3つの文字 a, b, c の組 (a,b,c) と (b,c,a) を区別しますが，組合せではこれらを区別しません．また，組合

せの総数を $\binom{n}{r}$ または $_nC_r$ と表します．日本の高校数学では $_nC_r$ を使っていますが，$\binom{n}{r}$ のほうが見やすいので，本書では $\binom{n}{r}$ を使うことにします．

それでは，$\binom{n}{r}$ を具体的に求めてみましょう．$_nP_r$ の中で，順番を無視すれば $\binom{n}{r}$ が求まります．つまり，r 個の要素からなる 1 つの順列から並びの順番を変えて得られる順列は，すべて組合せとして同じものです．例えば，3 個の要素からなる組

$$(1,2,3), (1,3,2), (2,1,3), (2,3,1), (3,1,2), (3,2,1)$$

は組合せとしてはすべて同じです．そして，1 つの順列から並びの順番を変えて得られる順列の総数は，r 個の並びを換える総数と一致します．r 個の並びを並べ換える総数は，r 個のものから r 個取り出す順列の総数と一致するので，$_rP_r = r!$ です．例えば，1 つの順列 (1,2,3) の並びを換えて得られる順列の総数は (1,2,3), (1,3,2), (2,1,3), (2,3,1), (3,1,2), (3,2,1) の 6 通りです．これは，3 個の要素 1,2,3 を並び換える総数と同じで，3 個の要素から 3 個取り出す順列の総数 $_3P_3 = 3! = 3\cdot 2\cdot 1 = 6$ と一致します．

したがって，$r!\binom{n}{r} = {}_nP_r$ が成り立つので，結局，

$$\binom{n}{r} = \frac{{}_nP_r}{r!} = \frac{n!}{r!(n-r)!} = \frac{n(n-1)(n-2)\cdots(n-r+1)}{r!} \tag{4.1}$$

となります．また，これより，

$$\begin{aligned}\binom{n}{r} &= \binom{n-1}{r-1} + \binom{n-1}{r} \quad (n \geq 2) \\ \binom{n}{r} &= \binom{n}{n-r}, \quad \binom{n}{0} = \binom{n}{n} = 1\end{aligned} \tag{4.2}$$

が成り立ちます．なお，この組合せを使った有名な定理が次の**二項定理**です．証明は演習問題としましょう．

―――― 二項定理 ――――

補題 4.1 自然数 n に対して，次の展開式が成り立つ．

$$(a+b)^n = \sum_{k=0}^{n} \binom{n}{k} a^k b^{n-k}$$

■■■■ 演習問題 ■■■■■■■■■■■■■■■■■■■■■■■■■■■■

●**演習問題 4.1** 14 個の自然数の中から異なる 3 つの数を取り出す選び方は何通りあるか？

※**演習問題 4.2** 次の問に答えよ．
(1) $\binom{k+1}{r} = \binom{k}{r} + \binom{k}{r-1}$ を示せ．
(2) 補題 4.1 を証明せよ．

Section 4.2
二項分布

　例えば，「成功」と「失敗」といった2種類の結果が起こる試行を考えましょう．そして，「成功」の確率を p,「失敗」の確率を $1-p$ とします．これを同じ条件でかつ独立に繰り返す試行を，**ベルヌーイ試行**といいます．ここでは，このベルヌーイ試行を考えます．

───── ベルヌーイ試行 ─────

定義 4.1 次の条件を満たす試行を**ベルヌーイ試行**という．
(1) 各試行の結果は，成功か失敗の2通りである．
(2) ある回の試行は他の回の試行に何の影響を与えない．つまり，各回の試行は独立である．
(3) 各回の成功の確率はすべて同じである．

また，独立な有限個または無限個の確率変数の列 $\{X_n\}$ は，その各々が2通りの値（例えば0か1）のみをとり，かつ，同じ分布をもつとき，**ベルヌーイ試行列**という．

例えば，サイコロ投げにおいて，1の目が出るのを「成功」（1と見なす），それ以外の目が出るのを「失敗」（0と見なす）と考えれば，サイコロ投げはベルヌーイ試行です．ここでは，サイコロを5回投げて1の目がちょうど3回出る確率を考えましょう．この試行を列挙すると

	1回目	2回目	3回目	4回目	5回目
	○	○	○	×	×
	○	×	×	○	○
	⋮	⋮	⋮	⋮	⋮
	×	×	○	○	○

となります．これらの 1 つの場合が起きる確率はすべて，○が 3 回，×が 2 回なので，$\left(\dfrac{1}{6}\right)^3 \left(\dfrac{5}{6}\right)^2$ となります．これが合計何通りあるか，というと，5 個の中から 3 個を取り出した組合せの総数を考えればよいので，$\dbinom{5}{3} = \dfrac{5 \cdot 4 \cdot 3}{3 \cdot 2 \cdot 1} = 10$ 通りとなります．したがって，求める確率は $\dbinom{5}{3}\left(\dfrac{1}{6}\right)^3 \left(\dfrac{5}{6}\right)^2$ となります．同じように考えれば，試行回数が 5 回で，1 の目が出た回数を X 回とするとき，$X = k$ となる確率 $P(X = k)$ は，

$$P(X = k) = \binom{5}{k}\left(\frac{1}{6}\right)^k \left(\frac{5}{6}\right)^{5-k}$$

となります．このとき，確率変数 X は試行回数 5，生起確率 $\dfrac{1}{6}$ の**二項分布** $Bin\left(5, \dfrac{1}{6}\right)$ に従う，といいます．

二項分布

定義 4.2 1 回の試行において事象 A が起こる確率を $p(0 < p < 1)$ とする．この試行を独立に n 回繰り返したとき，事象 A が起こる回数を X とすると，その確率は

$$P(X = k) = \binom{n}{k} p^k (1-p)^{n-k} \quad (k = 0, 1, \ldots, n) \tag{4.3}$$

となる．この式で定まる確率分布を**二項分布**といい，$Bin(n, p)$ と表す．また，確率が (4.3) で与えられる確率変数 X は，パラメータ n, p の**二項分布**に従うという．特に，$Bin(1, p)$ を**ベルヌーイ分布**ということがある．

(4.3) の右辺が，二項定理 (補題 4.1) の各項と同じ形をしているので，「二項」という言葉が使われています．また，(4.3) より得られる関数

$$f(x) = \binom{n}{x} p^x (1-p)^{n-x}$$

が確率関数になっていることは，二項定理を用いて，

$$\sum_{k=0}^{n} f(k) = \sum_{k=0}^{n} \binom{n}{k} p^k (1-p)^{n-k} = (p + 1 - p)^n = 1^n = 1$$

となることから分かります．なお，二項分布の概形は次のようになります (図 4.1)．

4.2 二項分布

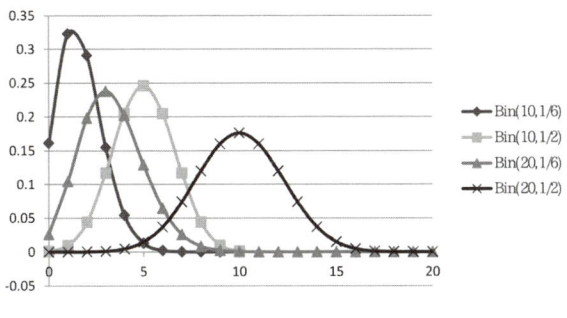

図 4.1 二項分布

二項分布

例 4.1 打率が 3 割のバッターが 5 打席でヒットを少なくとも 1 本打つ確率を求めよ.

【解答】
5 打席で打つヒットの数を X とすると, X は二項分布 $Bin\left(5, \dfrac{3}{10}\right)$ に従う.
ここで, 1 本も打たない確率は,

$$P(X=0) = \binom{5}{0}\left(\frac{3}{10}\right)^0\left(\frac{7}{10}\right)^5 = 1 \cdot 1 \cdot \frac{16807}{100000} = \frac{16807}{100000}$$

なので, 少なくとも 1 本ヒットを打つ確率は,

$$P(X \geq 1) = 1 - P(X=0) = 1 - \frac{16807}{100000} = 0.83193$$

である. ∎

それでは, 二項分布の期待値と分散を調べてみましょう.

二項分布の期待値と分散

定理 4.1 確率変数 X が二項分布 $Bin(n,p)$ に従うとき, 期待値 $E(X)$ と分散 $V(X)$ は,

$$E(X) = np, \quad V(X) = np(1-p)$$

となる.

(証明)
確率 p で起こる事象 A が, n 回の独立試行で起こった回数を X とすると, これが $Bin(n,p)$ に従う確率変数である. ここで, i 回目の試行について, A が起これば 1, そうでなければ 0 の値をとる確率変数を X_i とすれば, $X = X_1 + X_2 + \cdots + X_n$ は n 回の試行で事象 A が起こった回数, つまり, $Bin(n,p)$ に従う確率変数となる.

ここで，
$$\begin{align}E(X_i) &= \sum_k x_k p_k = 1 \cdot p + 0 \cdot (1-p) = p \\ V(X_i) &= \sum_k (x_k - \mu)^2 p_k = (1-\mu)^2 p + (0-\mu)^2(1-p) \\ &= (1-p)^2 p + (-p)^2(1-p) = p(1-p)(1-p+p) = p(1-p)\end{align}$$
に注意すれば，定理 3.5 より，
$$\begin{align}E(X) &= E(X_1 + X_2 + \cdots + X_n) = E(X_1) + E(X_2) + \cdots + E(X_n) \\ &= p + p + \cdots + p = np\end{align}$$
を得る．また，$X_1, X_2, \ldots, X_n$ が互いに独立なので，再び定理 3.5 より，
$$\begin{align}V(X) &= V(X_1 + X_2 + \cdots + X_n) = V(X_1) + V(X_2) + \cdots + V(X_n) \\ &= p(1-p) + p(1-p) + \cdots + p(1-p) = np(1-p)\end{align}$$
を得る． ∎

この定理 4.1 の意味は理解しやすいと思います．というのも，ベルヌーイ試行において，1 回当たりの成功率が p で，その試行回数が n ならば，平均的に np 回の成功が期待できる，というのは直観とあまりズレないからです．また，分散 $V(X) = np(1-p)$ は，$p = \dfrac{1}{2}$ のとき最大となりますが，これは，$p = \dfrac{1}{2}$ のとき，ある事象の発生が最も予想しにくい，ということを意味します．例えば，出掛ける際，天気予報の降水確率が 50%のときが，最も傘を持っていくかどうかの判断に迷うと思います．

---**二項分布の期待値と分散**---

例 4.2 2 つのサイコロを同時に 50 回投げたとき，目の和が 10 になる回数の期待値と分散を求めよ．

【解答】
2 つのサイコロを同時に投げて，目の和が 10 になるのは (6, 4), (4, 6), (5, 5) の 3 通りなので，その確率 p は，$3 \times \dfrac{1}{6} \times \dfrac{1}{6} = \dfrac{1}{12}$ である．

よって，50 回投げて目の和が 10 になる回数 X は，$Bin\left(50, \dfrac{1}{12}\right)$ に従うので，定理 4.1 において，$n = 50$，$p = \dfrac{1}{12}$ として，
$$\begin{align}E(X) &= np = 50 \times \frac{1}{12} = \frac{25}{6} \approx 4.17 \\ V(X) &= np(1-p) = 50 \times \frac{1}{12} \times \frac{11}{12} = \frac{275}{72} \approx 3.82\end{align}$$
となる． ∎

■■■ **演習問題** ■■■■■■■■■■■■■■■■■■■■■■■■

●**演習問題 4.3** 次の問に答えよ．

(1) ある工場で生産される製品の不良率が 1%とする．100 個ずつ箱詰めにするとき，1 箱中の不良品の個数 X はどのような二項分布に従うか?
(2) 打率 2 割 5 分のバッターが，4 打席でヒットを少なくとも 1 本打つ確率を求めよ．

●**演習問題 4.4** 1 つのサイコロを 120 回投げたとき，2 の目が出る回数 X の期待値 $E(X)$ と分散 $V(X)$ を求めよ．

Section 4.3
正規分布★

正規分布の「正規 (normal)」とは，「普通の」や「ありきたりの」という意味です．もちろん例外はありますが，正規分布は，自然現象や社会現象でよく見かけるもの，とされています[1]．これ以外にも，正規分布には

(1) 試行回数が多いとき，多くの分布が正規分布で近似される．
(2) 母集団が正規分布に従うとき，いろいろな統計量はよく知られた分布になる．

といった性質があり，正規分布は確率や統計において最も重要な分布とされています．

--- 正規分布 ---

定義 4.3 μ を定数，σ を正数とするとき，確率変数 X の確率密度関数が

$$f(x) = \frac{1}{\sqrt{2\pi}\sigma} e^{-\frac{(x-\mu)^2}{2\sigma^2}} \quad (-\infty < x < \infty) \qquad (4.4)$$

で与えられるとき，X は**正規分布**または**ガウス分布**に従うといい，その関数のグラフを**正規曲線**という (図 4.2)．μ と σ により正規分布は決まるので $N(\mu, \sigma^2)$ と表す．特に，$\mu = 0$，$\sigma = 1$ の場合 ($N(0, 1)$) を**標準正規分布**という．

なお，正規分布を $N(\mu, \sigma)$ と表さず，$N(\mu, \sigma^2)$ とするのは，定理 4.3 で示すように $E(X) = \mu$，$V(X) = \sigma^2$ となるからです．

$f(x)$ が確率密度関数になっていることを確認しましょう．そのためには，次の補題 4.2 が必要となります．

---

[1] もともと，正規分布の原型となった関数は，ガウスが天文学の観測データを分析する際に，その測定誤差がある法則に従うと仮定して誤差理論を作ったときに登場しました．

図 4.2 の位置に正規分布のグラフ（変曲点 μ−σ, μ+σ を示す）

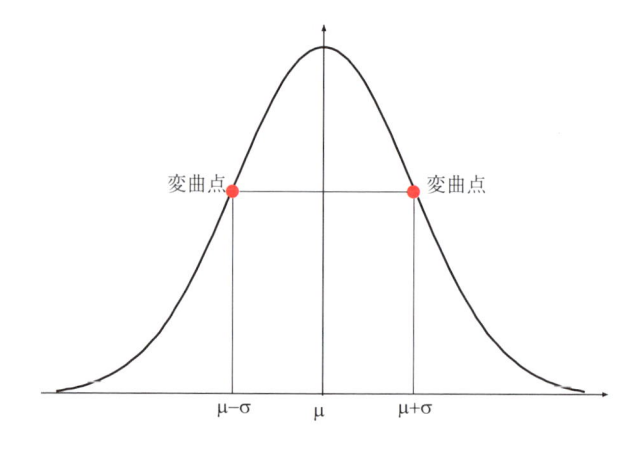

図 4.2 正規分布

よく使う積分値

補題 4.2
$$\int_{-\infty}^{\infty} e^{-\alpha(x-\beta)^2} dx = \sqrt{\frac{\pi}{\alpha}}$$

(証明)
ここでは，形式的な計算を行う．まず，微分積分で学ぶように，

$$\int_{-\infty}^{\infty} e^{-x^2} dx = \sqrt{\pi}$$

が成り立つことに注意する[2]．

次に，$y = \sqrt{\alpha}(x-\beta)$ とすると，$\dfrac{dx}{dy} = \dfrac{1}{\sqrt{\alpha}}$ なので，結局，

$$\int_{-\infty}^{\infty} e^{-\alpha(x-\beta)^2} dx = \int_{-\infty}^{\infty} e^{-y^2} \frac{1}{\sqrt{\alpha}} dy = \frac{1}{\sqrt{\alpha}} \int_{-\infty}^{\infty} e^{-y^2} dy = \sqrt{\frac{\pi}{\alpha}}$$

を得る． ■

補題 4.2 において，$\alpha = \dfrac{1}{2\sigma^2}, \beta = \mu$ とおくと，

$$\int_{-\infty}^{\infty} f(x) dx = \frac{1}{\sqrt{2\pi}\sigma} \int_{-\infty}^{\infty} e^{-\frac{(x-\mu)^2}{2\sigma^2}} dx = \frac{1}{\sqrt{2\pi}\sigma} \sqrt{2\sigma^2\pi} = 1 \quad (4.5)$$

となります．

$f(x) = \dfrac{1}{\sqrt{2\pi}\sigma} e^{-\frac{(x-\mu)^2}{2\sigma^2}}$ のグラフは，図 4.2 のようになります．このグラフを見ると分かるように，曲線の凹凸が変わる点が存在します．これを**変曲点**といいます

---

[2] 例えば，拙著 [10] の例 6.7(1) を参照してください．

が（図 4.2），微分積分で学ぶように，$f''(a) = 0$ かつ $f'''(a) \neq 0$ となる点 $x = a$ で $f(x)$ は変曲点を持ちます[3]．

正規曲線の性質

定理 4.2 (4.4) で定義される $f(x)$ は次の性質を持つ．
(1) $f(x)$ のグラフは $x = \mu$ に関して対称である．
(2) $f(x)$ は $x = \mu$ で最大値を持つ．
(3) $f(x)$ は，$x = \mu \pm \sigma$ で変曲点をもち，区間 $(\mu - \sigma, \mu + \sigma)$ において上に凸，$(-\infty, \mu - \sigma)$ および $(\mu + \sigma, \infty)$ において下に凸である．

(証明)
図 4.2 より，変曲点が存在することは分かるので，ここでは 3 次導関数は求めずに 2 次導関数までを求めて，$f(x)$ が変曲点をもつときの x の値を求めることにする．

$$
\begin{aligned}
f'(x) &= \frac{1}{\sqrt{2\pi}\sigma} \left(-\frac{2(x-\mu)}{2\sigma^2} \right) e^{-\frac{(x-\mu)^2}{2\sigma^2}} \\
&= -\frac{x-\mu}{\sigma^2} \left(\frac{1}{\sqrt{2\pi}\sigma} e^{-\frac{(x-\mu)^2}{2\sigma^2}} \right) = -\frac{x-\mu}{\sigma^2} f(x) \\
f''(x) &= -\frac{1}{\sigma^2} \left((x-\mu)' f(x) + (x-\mu) f'(x) \right) \\
&= -\frac{1}{\sigma^2} \left(f(x) + (x-\mu) \left(-\frac{x-\mu}{\sigma^2} f(x) \right) \right) \\
&= -\frac{1}{\sigma^4} \left(\sigma^2 - (x-\mu)^2 \right) f(x)
\end{aligned}
$$

ここで，$f(x) > 0$，$\sigma \neq 0$ より $-1/\sigma^4 < 0$ なので，$f''(x)$ の符号は $\sigma^2 - (x-\mu)^2$ で決まる．よって，
$$\sigma^2 - (x-\mu)^2 = 0$$
とすれば，$x - \mu = \pm\sigma$ なので，$x = \mu \pm \sigma$ となる点において，$f(x)$ は変曲点をもつ．■

正規分布の期待値と分散

定理 4.3 正規分布 $N(\mu, \sigma^2)$ に従う確率変数 X の期待値 $E(X)$ と分散 $V(X)$ は，
$$E(X) = \mu, \quad V(X) = \sigma^2$$
となる．

(証明)
ここでは，広義積分の極限操作を省略し，形式的な演算を行う．
$$E(X) = \int_{-\infty}^{\infty} xf(x)dx = \int_{-\infty}^{\infty} x \frac{1}{\sqrt{2\pi}\sigma} e^{-\frac{(x-\mu)^2}{2\sigma^2}} dx = \frac{1}{\sqrt{2\pi}\sigma} \int_{-\infty}^{\infty} x e^{-\frac{(x-\mu)^2}{2\sigma^2}} dx$$

---
[3] 例えば，拙著 [10] の系 2.6 を参照してください．

$$
\begin{aligned}
&= \frac{1}{\sqrt{2\pi}\sigma}\int_{-\infty}^{\infty}(x-\mu+\mu)e^{-\frac{(x-\mu)^2}{2\sigma^2}}dx \\
&= \frac{1}{\sqrt{2\pi}\sigma}\left(\int_{-\infty}^{\infty}(x-\mu)e^{-\frac{(x-\mu)^2}{2\sigma^2}}dx + \int_{-\infty}^{\infty}\mu e^{-\frac{(x-\mu)^2}{2\sigma^2}}dx\right) \\
&= \frac{1}{\sqrt{2\pi}\sigma}\left(\left[-\sigma^2 e^{-\frac{(x-\mu)^2}{2\sigma^2}}\right]_{-\infty}^{\infty}+\mu\sqrt{2\sigma^2\pi}\right) \\
&= \frac{1}{\sqrt{2\pi}\sigma}\left(0+\mu\sqrt{2\pi}\sigma\right) = \mu
\end{aligned}
$$

である. ここで, $\lim_{x\to\pm\infty}e^{-x^2}=0$ および補題 4.2 を利用した.

(2) $y=\dfrac{x-\mu}{\sigma}$ とおくと, $\dfrac{dx}{dy}=\sigma$ であることに注意し, 置換積分と部分積分を行うと,

$$
\begin{aligned}
V(X) &= \int_{-\infty}^{\infty}(x-\mu)^2 f(x)dx = \frac{1}{\sqrt{2\pi}\sigma}\int_{-\infty}^{\infty}(x-\mu)^2 e^{-\frac{(x-\mu)^2}{2\sigma^2}}dx \\
&= \frac{1}{\sqrt{2\pi}\sigma}\int_{-\infty}^{\infty}y^2\sigma^2 e^{-\frac{1}{2}y^2}\sigma dy = \frac{\sigma^2}{\sqrt{2\pi}}\int_{-\infty}^{\infty}y^2 e^{-\frac{1}{2}y^2}dy \\
&= \frac{\sigma^2}{\sqrt{2\pi}}\int_{-\infty}^{\infty}y\left(-e^{-\frac{1}{2}y^2}\right)'dy \\
&= \frac{\sigma^2}{\sqrt{2\pi}}\left(\left[-ye^{-\frac{1}{2}y^2}\right]_{-\infty}^{\infty}+\int_{-\infty}^{\infty}e^{-\frac{1}{2}y^2}dy\right) \\
&= \frac{\sigma^2}{\sqrt{2\pi}}(0+\sqrt{2\pi})=\sigma^2
\end{aligned}
$$

を得る. ここで, $\lim_{y\to\pm\infty}ye^{-\frac{1}{2}y^2}=0$ を使った[4]. ■

確率変数の標準化と正規分布

定理 4.4 確率変数 X が正規分布 $N(\mu,\sigma^2)$ に従うとき, $Y=cX+d\ (c\neq 0)$ は, $N(c\mu+d,c^2\sigma^2)$ に従う. 特に, $Z=\dfrac{X-\mu}{\sigma}$ は標準正規分布 $N(0,1)$ に従う.

なお, $Z=\dfrac{X-\mu}{\sigma}$ とおくことを**標準化**といい, Z を**標準化変数**ということがある.

(証明)
$f(x)=\dfrac{1}{\sqrt{2\pi\sigma^2}}e^{-\frac{(x-\mu)^2}{2\sigma^2}}\ (\sigma>0)$ のとき, 任意の $a,b(a\leq b)$ に対して, $Y=cX+d$ と

---

[4] 実際, ロピタルの定理 (例えば, 拙著 [10] の系 2.4) より,

$$
\begin{aligned}
\lim_{y\to\pm\infty}ye^{-\frac{1}{2}y^2} &= \lim_{y\to\pm\infty}\frac{y}{e^{\frac{1}{2}y^2}}=\lim_{y\to\pm\infty}\frac{1}{ye^{\frac{1}{2}y^2}} \\
&= \left(\lim_{y\to\pm\infty}\frac{1}{y}\right)\left(\lim_{y\to\pm\infty}e^{-\frac{1}{2}y^2}\right)=0\cdot 0 = 0
\end{aligned}
$$

4.3 正規分布★

おけば，$c > 0$ のとき，

$$P(a \leq Y \leq b) = P\left(\frac{a-d}{c} \leq X \leq \frac{b-d}{c}\right) = \int_{\frac{a-d}{c}}^{\frac{b-d}{c}} \frac{1}{\sqrt{2\pi\sigma^2}} e^{-\frac{(x-\mu)^2}{2\sigma^2}} dx$$

$$= \int_a^b \frac{1}{\sqrt{2\pi(c\sigma)^2}} e^{-\frac{(x-(c\mu+d))^2}{2(c\sigma)^2}} dy$$

$c < 0$ のときも同様にして，$-c\sigma > 0$ に注意すれば，

$$P(a \leq Y \leq b) = \int_a^b \frac{1}{\sqrt{2\pi}(-c\sigma)} e^{-\frac{(x-(c\mu+d))^2}{2(c\sigma)^2}} dy = \int_a^b \frac{1}{\sqrt{2\pi(-c\sigma)^2}} e^{-\frac{(x-(c\mu+d))^2}{2(c\sigma)^2}} dy$$

となる．したがって，Y は $N(c\mu + d, c^2\sigma^2)$ に従う．
特に，$z = \dfrac{x-\mu}{\sigma} = \dfrac{1}{\sigma}x - \dfrac{\mu}{\sigma}$ とすれば，Z は $c = \dfrac{1}{\sigma}, d = -\dfrac{\mu}{\sigma}$ として，

$$N\left(\frac{1}{\sigma}\mu + \left(-\frac{\mu}{\sigma}\right), \frac{1}{\sigma^2}\sigma^2\right) = N(0, 1)$$

に従うことが分かる．■

> **注意 4.3.1** 第 1.6.7 項で述べたように変量の平均を 0，標準偏差を 1 にすることを **標準化** といいます．定理 4.4 の $Z = (X - \mu)/\sigma$ と第 1.6.7 項の $y_i = (x_i - \bar{x})/\sigma$ は，ともに変数から平均を引いたものを標準偏差で割っているので，本質的に同じ式です．

定理 4.4 より，確率変数を標準化すれば，正規分布 $N(\mu, \sigma^2)$ における計算は，すべて標準正規分布 $N(0, 1)$ の計算に帰着されることが分かります．この事実を使いやすいように，定理にまとめておきましょう．

---- 正規分布と標準正規分布の関係 ----

定理 4.5 確率変数 X が正規分布 $N(\mu, \sigma^2)$ に従うとき，$Z = \dfrac{X-\mu}{\sigma}$ とおくと，Z は $N(0, 1)$ に従い，以下が成立．

$$P(a \leq X \leq b) = P\left(\frac{a-\mu}{\sigma} \leq Z \leq \frac{b-\mu}{\sigma}\right)$$
$$P(\mu + a\sigma \leq X \leq \mu + b\sigma) = P(a \leq Z \leq b)$$

(証明)
ほぼ明らかであるが，念のため，証明しよう．
まず，前半は，定理 4.4 そのものである．次に，$z = \dfrac{x-\mu}{\sigma}$ とすると，

$$a \leq x \leq b \iff \frac{a-\mu}{\sigma} \leq z \leq \frac{b-\mu}{\sigma}$$

$$\mu + a\sigma \leq x \leq \mu + b\sigma \iff \frac{\mu+a\sigma-\mu}{\sigma} \leq z \leq \frac{\mu+b\sigma-\mu}{\sigma} \iff a \leq z \leq b$$

なので，後半も成り立つ．■

さて，第 2.3 節の話を思い出すと，

$$P(a \leq X \leq b) = \int_a^b f(x)dx$$

ということでした．つまり，確率を求めるには定積分 $\int_a^b f(x)dx$ の値が必要となるのです．正規分布の場合は，定理 4.5 より標準正規分布の場合だけを考えればよいので，(4.4) において，$\mu = 0$，$\sigma = 1$ とした $f(x) = \dfrac{1}{\sqrt{2\pi}} e^{-\frac{x^2}{2}}$ の場合のみを考えればよいことになります．したがって，標準正規分布の場合は，

$$P(a \leq X \leq b) = \frac{1}{\sqrt{2\pi}} \int_a^b e^{-\frac{x^2}{2}} dx$$

が求まればよいのですが，

$$\int_a^b f(x)dx = \int_{-\infty}^b f(x)dx - \int_{-\infty}^a f(x)dx$$

なので，結局，分布関数

$$\Phi(z) = \int_{-\infty}^z f(x)dx \tag{4.6}$$

が求まればよいことになります．また，$f(x)$ が偶関数であることに注意すれば，

$$\Phi(-z) = \int_{-\infty}^{-z} f(x)dx = \int_{-\infty}^{-z} f(-x)dx$$

なので，$y = -x$ とすれば，

$$\begin{aligned}
\Phi(-z) &= \int_z^\infty f(y)dy = \int_{-\infty}^z f(y)dy - \int_{-\infty}^z f(y)dy + \int_z^\infty f(y)dy \\
&= \int_{-\infty}^\infty f(y)dy - \int_{-\infty}^z f(y)dy = 1 - \Phi(z)
\end{aligned} \tag{4.7}$$

が成り立ちます．

しかし，$e^{-\frac{x^2}{2}}$ の原始関数が存在しないので，標準正規分布に対する分布関数を手計算では求めることができません．そこで，一般にはコンピュータを使って，この値を求めます．例えば，表計算ソフトの Excel を使う場合は，NORMSDIST 関数を使います．C 言語や FORTRAN などでプログラミングができる人は，数値積分をして求めてもよいでしょう．

ただし，統計解析の基礎理論を勉強する際には，毎回，コンピュータを立ち上げて，分布関数の値を計算するのは非効率です．そこで，あらかじめ計算して表にまとめておきます．この表のことを**標準正規分布表** (p.264, 表 5) といいます．

標準正規分布表を使って $\Phi(0.65)$ を求めたいときは，左欄から 0.6 を探し，横欄から 0.05 を探します．そして，その交差点の値 0.7422 が $\Phi(0.65)$ の値となります．

z	$\cdots$	0.04	0.05	0.06	$\cdots$
$\vdots$		$\vdots$	$\vdots$	$\vdots$	
0.5	$\cdots$	0.7054	0.7088	0.7123	$\cdots$
0.6	$\cdots$	0.7389	0.7422	0.7454	$\cdots$
0.7	$\cdots$	0.7704	0.7734	0.7764	$\cdots$

標準正規分布の利用

例 4.3 平成 20 年度大学入試センター試験「数学 I・数学 A」の受験者は 350198 人,平均点は 66.31 点,標準偏差は 23.55 点であった.「数学 I・数学 A」の得点を X とし,X は正規分布に従うものとするとき,次の問に答えよ.

(1) 80〜95 点の学生は,およそ何人いると考えられるか?
(2) 得点の上位 20%の最低点は,何点か?

【解答】
(1) 得点 X は $N(66.31, 23.55^2)$ に従うので,$z = \dfrac{X - 66.31}{23.55}$ は,定理 4.5 より標準正規分布 $N(0, 1)$ に従い,

$$P(80 \leq X \leq 95)$$
$$= P\left(\frac{80 - 66.31}{23.55} \leq Z \leq \frac{95 - 66.31}{23.55}\right)$$
$$= P(0.58 \leq Z \leq 1.22)$$
$$= \Phi(1.22) - \Phi(0.58)$$
$$= 0.8888 - 0.7190 = 0.1698$$

である.
よって,求める人数は,

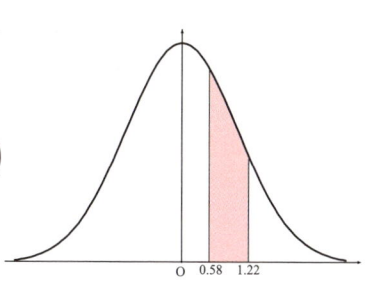

$$350198 \times 0.1698 = 59463.6204 \approx 59500(人)$$

である.

(2) 上位 20%の位置を知るには,標準正規分布において,

$$1 - \Phi(z) = 0.2$$

つまり,$\Phi(z) = 0.8$ となる点 z を求めればよい.
標準正規分布表より,

$$\Phi(0.84) = 0.7995 \approx 0.8$$

なので,$Z = 0.84$ として,

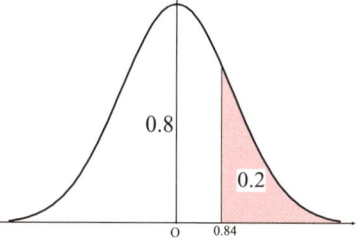

$$\frac{X - 66.31}{23.55} = 0.84$$

となるので,求める得点は,

$$X = 23.55 \times 0.84 + 66.31 = 86.092$$

より約 86 点である. ∎

ここでは,累積確率を考えましたが,後に登場する推定や検定では,その残りの部分に対応する,

$$P(Z > z) = 1 - \Phi(z)$$

を考える場合もあります.これを標準正規分布の**上側確率**といい,上側確率が α となるような z の値を $z(\alpha)$ で表し,これを標準正規分布の**上側 α 点**または**上側確率 100α%点**といいます.

つまり，
$$P(Z > z(\alpha)) = 1 - \Phi(z(\alpha)) = \alpha \qquad (4.8)$$
です．

標準正規分布表の読み取り

例 4.4 標準正規分布表 (表 5) を用いて次の値を求めよ．
(1) $\Phi(2)$ (2) $\Phi(-2)$ (3) $z(0.1)$ (4) $\Phi(z_0) = 0.1$ となる z_0

【解答】
(1)(2) 標準正規分布表 (表 5) および (4.7) より，
$$\Phi(2) = 0.9772, \quad \Phi(-2) = 1 - \Phi(2) = 0.0228$$
である．
(3) (4.8) より，$1 - \Phi(z(0.1)) = 0.1$ なので $\Phi(z) = 0.9$ となる点を求めればよい．標準正規分布表 (表 5) より，$\Phi(1.28) = 0.8997$，$\Phi(1.29) = 0.9015$ である．ここで，2 点 $(0.8997, 1.28)$，$(0.9015, 1.29)$ を通る直線は，
$$y = \frac{1.29 - 1.28}{0.9015 - 0.8997}(x - 0.8997) + 1.28$$
であり，$x = 0.9$ とすると，
$$y = \frac{0.01}{0.0018} \cdot 0.0003 + 1.28 = 1.2816666... \approx 1.2817$$
$z(0.1) \approx 1.2817$ である．
(4) (4.7) より $\Phi(-z) = 1 - \Phi(z) = 0.1$ となる z，つまり，$\Phi(z) = 0.9$ となる z を求めて符号を逆にすればよいので，(3) より，$z_0 \approx -z(0.1) = -1.2817$ である． ■

なお，
$$P(-1 \leq Z \leq 1) = \Phi(1) - \Phi(-1) = 0.6826 \quad \text{(全体の 68.3\%)}$$
$$P(-2 \leq Z \leq 2) = \Phi(2) - \Phi(-2) = 0.9544 \quad \text{(全体の 95.4\%)}$$
$$P(-3 \leq Z \leq 3) = \Phi(3) - \Phi(-3) = 0.9974 \quad \text{(全体の 99.7\%)}$$

であり，定理 4.5 より $P(-3 \leq Z \leq 3) = P(\mu - 3\sigma \leq X \leq \mu + 3\sigma)$ です．つまり，$N(\mu, \sigma^2)$ に従う X は，実質的にすべて $[\mu - 3\sigma, \mu + 3\sigma]$ の範囲にあると考えて構いません[4]．この区間 $[\mu - 3\sigma, \mu + 3\sigma]$ を **3 シグマ範囲** ということがあります．

例えば，第 1.6.7 項で説明したように偏差値 T は平均が 50 で，分散が 10^2 に調整されていますので，T が正規分布に従うとすれば，
$$50 - 2 \times 10 \leq T \leq 50 + 2 \times 10 \Longrightarrow 30 \leq T \leq 70$$

---
[4] そのため，ほとんどの場合，標準正規分布表では $\Phi(3)$ までの値を用意すれば十分です．

の範囲に受験者の約 95%が,

$$50 - 3 \times 10 \leq T \leq 50 + 3 \times 10 \implies 20 \leq T \leq 80$$

の範囲に受験者の約 99.7%が入ります．逆に偏差値が 80 を超えるような受験者数は，受験者が 10 万人の場合，$100000 \times (1 - 0.997) \div 2 = 150$ 人となります．

■■■ 演習問題 ■■■■■■■■■■■■■■■■■■■■■■■■■■

●**演習問題 4.5** 偏差値を X とすると，平均は $\mu = 50$，標準偏差は $\sigma = 10$ である．X が正規分布に従うとき，上位 15%以内に入るのは偏差値がおよそいくら以上の生徒か？

●**演習問題 4.6** 標準正規分布表 (表 5) を用いて次の値を求めよ．
(1) $\Phi(3)$ (2) $\Phi(-3)$ (3) $z(0.01)$ (4) $\Phi(z_0) = 0.01$ となる z_0

Section 4.4
二項分布と正規分布の関係★

図 4.1 と図 4.2 を見比べると，二項分布と正規分布の概形が似ているので，両者には何らかの関係がありそうです．実際，次の定理が成り立ちます．この定理は**ド・モアブル-ラプラスの定理**として知られており，第 6 章で登場する中心極限定理 (定理 6.4) の特別な場合になっています．

二項分布と正規分布の関係

定理 4.6 n が十分大きければ，二項分布 $Bin(n, p)$ に従う確率変数 X は近似的に正規分布 $N(np, np(1-p))$ に従う．特に，標準化変数 $Z = \frac{X - np}{\sqrt{np(1-p)}}$ は近似的に標準正規分布 $N(0, 1)$ に従う．

(証明)
$p_1 = p, p_2 = 1 - p, x_1 = k, x_2 = n - k, y_i = \frac{x_i - np_i}{\sqrt{n}} (i = 1, 2)$ とすると，
$x_1 + x_2 = n, y_1 + y_2 = 0$ である．
このとき，スターリングの公式 (例 6.2) より，n が十分に大きいとき，$n! \approx \sqrt{2\pi} n^{n+\frac{1}{2}} e^{-n}$ が成り立つので，

$$\binom{n}{k} p^k (1-p)^{n-k} = \frac{(x_1 + x_2)!}{x_1! x_2!} p_1^{x_1} p_2^{x_2} \approx \frac{\sqrt{2\pi}(x_1+x_2)^{x_1+x_2+\frac{1}{2}} e^{-x_1-x_2}}{\sqrt{2\pi} x_1^{x_1+\frac{1}{2}} e^{-x_1} \sqrt{2\pi} x_2^{x_2+\frac{1}{2}} e^{-x_2}} p_1^{x_1} p_2^{x_2}$$

$$= \frac{n^{x_1+x_2+\frac{1}{2}+\frac{1}{2}-\frac{1}{2}}}{\sqrt{2\pi} x_1^{x_1+\frac{1}{2}} x_2^{x_2+\frac{1}{2}}} p_1^{x_1} p_2^{x_2} = \frac{1}{\sqrt{2\pi}} \left(\frac{np_1}{x_1}\right)^{x_1+\frac{1}{2}} \left(\frac{np_2}{x_2}\right)^{x_2+\frac{1}{2}} (p_1 p_2)^{-\frac{1}{2}} \cdot n^{-\frac{1}{2}}$$

$$= \frac{1}{\sqrt{2n\pi p_1 p_2}} \left(\frac{x_1}{np_1}\right)^{-x_1-\frac{1}{2}} \left(\frac{x_2}{np_2}\right)^{-x_2-\frac{1}{2}}$$

である．
ここで，$\dfrac{x_i}{np_i} = 1 + \dfrac{y_i}{\sqrt{n}p_i}$ であり，マクローリン展開より，

$$\log(1+x) = x - \frac{x^2}{2} + \frac{x^3}{3} - \cdots + (-1)^{n-1}\frac{x^n}{n} + \cdots$$

なので，$\log(1+x) \approx x - \dfrac{x^2}{2}$ と近似できることと n が十分に大きいことに注意すれば，

$$\log\left(\frac{x_1}{np_1}\right)^{-x_1-\frac{1}{2}}\left(\frac{x_2}{np_2}\right)^{-x_2-\frac{1}{2}} = -\left(x_1 + \frac{1}{2}\right)\log\left(\frac{x_1}{np_1}\right) - \left(x_2 + \frac{1}{2}\right)\log\left(\frac{x_2}{np_2}\right)$$

$$= -\left(np_1 + \sqrt{n}y_1 + \frac{1}{2}\right)\log\left(1 + \frac{y_1}{\sqrt{n}p_1}\right) - \left(np_2 + \sqrt{n}y_2 + \frac{1}{2}\right)\log\left(1 + \frac{y_2}{\sqrt{n}p_2}\right)$$

$$\approx -\left(np_1 + \sqrt{n}y_1 + \frac{1}{2}\right)\left(\frac{y_1}{\sqrt{n}p_1} - \frac{y_1^2}{2np_1^2}\right) - \left(np_2 + \sqrt{n}y_2 + \frac{1}{2}\right)\left(\frac{y_2}{\sqrt{n}p_2} - \frac{y_2^2}{2np_2^2}\right)$$

$$= -\sqrt{n}y_1 + \frac{y_1^2}{2p_1} - \frac{y_1^2}{p_1} + \frac{y_1^3}{2\sqrt{n}p_1^2} - \frac{y_1}{2\sqrt{n}p_1} + \frac{y_1^2}{4np_1^2}$$

$$\quad -\sqrt{n}y_2 + \frac{y_2^2}{2p_2} - \frac{y_2^2}{p_2} + \frac{y_2^3}{2\sqrt{n}p_2^2} - \frac{y_2}{2\sqrt{n}p_2} + \frac{y_2^2}{4np_2^2} \approx \frac{y_1^2}{2p_1} - \frac{y_1^2}{p_1} + \frac{y_2^2}{2p_2} - \frac{y_2^2}{p_2}$$

$$= -\frac{1}{2}\left(\frac{y_1^2}{p_1} + \frac{y_2^2}{p_2}\right)$$

を得る．ゆえに，$\left(\dfrac{x_1}{np_1}\right)^{-x_1-\frac{1}{2}}\left(\dfrac{x_2}{np_2}\right)^{-x_2-\frac{1}{2}} \approx e^{-\frac{1}{2}\left(\frac{y_1^2}{p_1} + \frac{y_2^2}{p_2}\right)}$ となるので，

$$\binom{n}{k}p^k(1-p)^{n-k} \approx \frac{1}{\sqrt{2n\pi p_1 p_2}}e^{-\frac{1}{2}\left(\frac{y_1^2}{p_1} + \frac{y_2^2}{p_2}\right)} \tag{4.9}$$

である．
さて，$y_1 = \dfrac{k-np}{\sqrt{n}}$ であり，これは k に依存しているので，y_1 を r_k で表すと，

$$y_2 = \frac{x_2 - np_2}{\sqrt{n}} = \frac{n-k-n(1-p)}{\sqrt{n}} = \frac{-(k-np)}{\sqrt{n}} = -r_k$$

である．よって，

$$\begin{aligned}\frac{y_1^2}{p_1} + \frac{y_2^2}{p_2} &= \frac{r_k^2}{p} + \frac{(-r_k)^2}{1-p} = \frac{(1-p)r_k^2 + pr_k^2}{p(1-p)} = \frac{r_k^2}{p(1-p)}, \\ r_k - r_{k-1} &= \frac{k-np-(k-1)+np}{\sqrt{n}} = \frac{1}{\sqrt{n}}\end{aligned}$$

が成り立つ．
ゆえに，(4.9) および二項分布とリーマン積分[5]の定義より，

$$P\left(a \leq \frac{X-np}{\sqrt{n}} \leq b\right) = \sum_{a \leq r_k \leq b}\binom{n}{k}p^k(1-p)^{n-k} \approx \sum_{a \leq r_k \leq b}\frac{1}{\sqrt{2n\pi p(1-p)}}e^{-\frac{1}{2}\left(\frac{y_1^2}{p_1}+\frac{y_2^2}{p_2}\right)}$$

$$= \sum_{a \leq r_k \leq b}\frac{1}{\sqrt{2\pi p(1-p)}}e^{-\frac{r_k^2}{2p(1-p)}}(r_k - r_{k-1}) \approx \int_a^b \frac{1}{\sqrt{2\pi p(1-p)}}e^{-\frac{r^2}{2p(1-p)}}dr$$

---

[5] 例えば，拙著 [10] 第 3.2 節を見てください．

4.4 二項分布と正規分布の関係★

を得る．これは，$Y = \dfrac{X - np}{\sqrt{n}}$ が近似的に正規分布 $N(0, p(1-p))$ に従うことを意味する．よって，定理 4.4 より，$X = \sqrt{n}Y + np$ は $N(np, np(1-p))$ に近似的に従い，$Z = \dfrac{X - np}{\sqrt{np(1-p)}}$ は近似的に標準正規分布 $N(0, 1)$ に従う． ∎

定理 4.6 は，n が十分大きいとき，二項分布は正規分布で近似できることを主張しているのですが，実際に計算するときは少し注意が必要です．というのも，二項分布 $Bin(n, p)$ に従う確率変数 X は整数値しかとらないからです．そこで，二項分布を正規分布で近似する際，

$$P(a \leq X \leq b) \approx P\left(a - \frac{1}{2} < X < b + \frac{1}{2}\right)$$
$$= P\left(\frac{a - 0.5 - np}{\sqrt{np(1-p)}} \leq Z \leq \frac{b + 0.5 - np}{\sqrt{np(1-p)}}\right)$$

のように前後に 0.5 ずつ範囲を広げて計算して近似度を良くします (図 4.3)．これを**半整数補正**といいます．

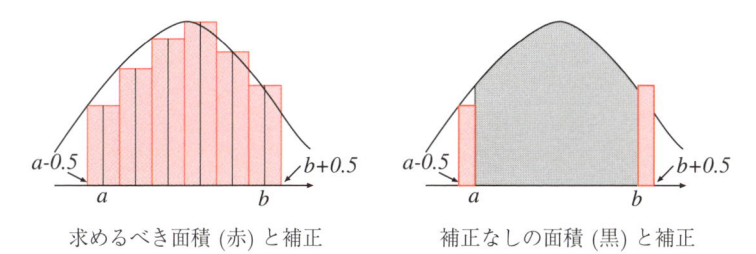

求めるべき面積 (赤) と補正　　補正なしの面積 (黒) と補正

図 4.3　半整数補正

n がどれくらい大きければ，二項分布を正規分布で近似してよいか，という点は気になるところですが，$np > 5$ かつ $n(1-p) > 5$ を満たせば，実用上十分な精度が得られるといわれています．実際に分布を描画すれば分かりますが，例えば，$p = 1/2, n = 11$ のとき，正規分布 $N(11/2, 11/4)$ と二項分布 $Bin(11, 1/2)$ の形はほぼ同じになります．一方，$p = 1/4, n = 6$ のとき，$N(3/2, 9/8)$ と $Bin(6, 1/4)$ の形は少し異なります．

正規分布による二項分布の近似

例 4.5 サイコロを 240 回投げたとき，6 の目が 38～45 回出る確率を求めよ．

【解答】
6 の目が出る回数 X は二項分布 $Bin(240, 1/6)$ に従い，

$$E(X) = np = 240 \cdot \frac{1}{6} = 40, \quad V(X) = np(1-p) = 240 \cdot \frac{1}{6} \cdot \frac{5}{6} = \frac{100}{3}$$

である.ここで,n は十分に大きい[6])ので,X は近似的に $N(40, 100/3)$ に従う.よって,求めるべき確率は,

$$P(38 \leq X \leq 45) \approx P(37.5 < X < 45.5) = P\left(\frac{37.5 - 40}{\sqrt{100/3}} \leq Z \leq \frac{45.5 - 40}{\sqrt{100/3}}\right)$$
$$\approx P(-0.43 \leq Z \leq 0.95) = \Phi(0.95) - \Phi(-0.43) = \Phi(0.95) - (1 - \Phi(0.43))$$
$$= 0.8289 - (1 - 0.6664) = 0.4953$$

である.

■

■■■■ **演習問題** ■■■■■■■■■■■■■■■■■■■■■■■■■■■■

●**演習問題 4.7** コインを 1000 回投げるとき,次の確率を求めよ.

(1) 表が出るのが 460 回以下の確率.
(2) 表が出るのが 470 回以上 520 回以下の確率.

Section 4.5
正規分布と MAD*

確率分布が正規分布の場合は,標準偏差 σ と MAD は一致するべきです.そのための条件を求めましょう.ここで,$m = \mathrm{MAD}, X = |X - \mu|$ とおけば,

$$\frac{1}{2} = F_X(\mathrm{MAD}) = P(|X - \mu| \leq \mathrm{MAD})$$
$$= P\left(\left|\frac{X - \mu}{\sigma}\right| \leq \frac{\mathrm{MAD}}{\sigma}\right) = P\left(|z| \leq \frac{\mathrm{MAD}}{\sigma}\right)$$

となります.よって,標準正規分布の分布関数を $\Phi(z)$ とし,$\Phi(z) = \frac{3}{4}$ となる点を $\Phi^{-1}\left(\frac{3}{4}\right)$ とすれば,

$$\frac{\mathrm{MAD}}{\sigma} = \Phi^{-1}\left(\frac{3}{4}\right) \approx 0.6745$$

となり,結局,

$$\sigma \approx \frac{1}{0.6745} \mathrm{MAD} = 1.4826 \mathrm{MAD} \tag{4.10}$$

を得ます.したがって,近似的に正規分布に従うような確率分布の MAD を正規分布の標準偏差 σ と比較する場合には,(4.10) を使って,MAD を 1.4826 倍する必要があります.

---

[6])この場合,$np > 5$ かつ $n(1-p) > 0$ を満たしています.

Section 4.6
多次元正規分布*

ここまでは1つの確率変数に関する正規分布を扱いましたが，2つ以上の確率変数に対しても正規分布を考えることができます．

独立な2つの確率変数 X_1, X_2 が標準正規分布 $N(0,1)$ に従っているとします．このとき，

$$Y_1 = aX_1 + bX_2, \quad Y_2 = cX_1 + dX_2 \tag{4.11}$$

として，同時確率変数 (Y_1, Y_2) の同時確率密度関数を求めてみましょう．ただし，a, b, c, d は定数で $ad - bc \neq 0$ とします．

まず，$E(X_1) = E(X_2) = 0$, $V(X_1) = V(X_2) = 1$ なので，定理3.4より

$E(Y_1) = E(Y_2) = 0$, $V(Y_1) = V(aX_1 + bX_2) = a^2 V(X_1) + b^2 V(X_2) = a^2 + b^2$, $V(Y_2) = c^2 + d^2$

を得ます．また，$E(X_1 X_2) = E(X_1)E(X_2) = 0$ なので，

$\mathrm{Cov}(Y_1, Y_2) = E\left((Y_1 - E(Y_1))(Y_2 - E(Y_2))\right) = E(Y_1 Y_2)$
$\qquad = E((aX_1 + bX_2)(cX_1 + dX_2)) = acE(X_1^2) + bdE(X_2^2) = ac + bd$

となります．なお，最後の変形で定理2.4より $E(X_i^2) = V(X_i) + E(X_i) = 1 + 0 = 1$ $(i = 1, 2)$ となることを利用しました．ここで，X_1 と X_2 は標準正規分布 $N(0,1)$ に従うので同時確率変数 (X_1, X_2) の同時確率密度関数 $f(x_1, x_2)$ は，

$$f(x_1, x_2) = \left(\frac{1}{\sqrt{2\pi}} e^{-\frac{x_1^2}{2}}\right)\left(\frac{1}{\sqrt{2\pi}} e^{-\frac{x_2^2}{2}}\right) = \frac{1}{2\pi} e^{-\frac{x_1^2 + x_2^2}{2}} \tag{4.12}$$

となります．よって，同時確率変数 (Y_1, Y_2) の同時確率密度関数を $g(y_1, y_2)$ とすれば，定理3.1より，

$$g(y_1, y_2) = f(x_1, x_2) \left| \frac{\partial(x_1, x_2)}{\partial(y_1, y_2)} \right|$$

であり，

$$\begin{bmatrix} y_1 \\ y_2 \end{bmatrix} = \begin{bmatrix} a & b \\ c & d \end{bmatrix} \begin{bmatrix} x_1 \\ x_2 \end{bmatrix} \Longrightarrow \begin{bmatrix} x_1 \\ x_2 \end{bmatrix} = \frac{1}{ad - bc} \begin{bmatrix} d & -b \\ -c & a \end{bmatrix} \begin{bmatrix} y_1 \\ y_2 \end{bmatrix}$$

なので，$D = ad - bc$ として，

$$a' = \frac{d}{D}, \quad b' = -\frac{b}{D}, \quad c' = -\frac{c}{D}, \quad d' = \frac{a}{D}$$

とすると，

$$\frac{\partial(x_1, x_2)}{\partial(y_1, y_2)} = \begin{vmatrix} \frac{\partial x_1}{\partial y_1} & \frac{\partial x_1}{\partial y_2} \\ \frac{\partial x_2}{\partial y_1} & \frac{\partial x_2}{\partial y_2} \end{vmatrix} = \begin{vmatrix} a' & b' \\ c' & d' \end{vmatrix} = a'd' - b'c'$$

となり，
$$g(y_1, y_2) = f(a'y_1 + b'y_2, c'y_1 + d'y_2)|a'd' - b'c'| \qquad (4.13)$$
を得ます．ここで，$i = 1, 2$ として $V(Y_i) = \sigma_i^2$, $\mathrm{Cov}(Y_1, Y_2) = \sigma_{12}$ とすれば，
$$\sigma_1^2 = a^2 + b^2, \quad \sigma_2^2 = c^2 + d^2, \quad \sigma_{12} = ac + bd, \quad \rho = \frac{\sigma_{12}}{\sigma_1 \sigma_2}$$
であり，$(ac + bd)^2 + (ad - bc)^2 = (a^2 + b^2)(c^2 + d^2)$ に注意すれば，
$$D^2 = (ad - bc)^2 = \sigma_1^2 \sigma_2^2 - \sigma_{12}^2 = \sigma_1^2 \sigma_2^2 \left(1 - \frac{\sigma_{12}^2}{\sigma_1^2 \sigma_2^2}\right) = \sigma_1^2 \sigma_2^2 (1 - \rho^2)$$
となります．そして，(4.13) の f を計算するために，(4.12) の右辺の $x_1^2 + x_2^2$ を計算すると，
$$\begin{aligned}
x_1^2 + x_2^2 &= (a'y_1 + b'y_2)^2 + (c'y_1 + d'y_2)^2 \\
&= (a'^2 + c'^2)y_1^2 + 2(a'b' + c'd')y_1 y_2 + (b'^2 + d'^2)y_2^2
\end{aligned}$$
であり，
$$\begin{aligned}
a'^2 + c'^2 &= \frac{d^2}{D^2} + \frac{c^2}{D^2} = \frac{\sigma_2^2}{\sigma_1^2 \sigma_2^2 (1 - \rho^2)} = \frac{1}{\sigma_1^2 (1 - \rho^2)}, \\
2(a'b' + c'd') &= -\frac{2}{D^2}(bd + ac) = -\frac{2\sigma_{12}}{\sigma_1^2 \sigma_2^2 (1 - \rho^2)} = -\frac{2\rho}{\sigma_1 \sigma_2 (1 - \rho^2)}, \\
b'^2 + d'^2 &= \frac{b^2}{D^2} + \frac{a^2}{D^2} = \frac{\sigma_1^2}{\sigma_1^2 \sigma_2^2 (1 - \rho^2)} = \frac{1}{\sigma_2^2 (1 - \rho^2)}
\end{aligned}$$
となります．よって，$e^x = \exp(x)$ として，$|a'd' - b'c'| = \dfrac{1}{|D|^2}|ad - bc| = \dfrac{1}{|D|}$
$= \dfrac{1}{\sigma_1 \sigma_2 \sqrt{1 - \rho^2}}$ に注意すれば，(4.13) は，

$$g(y_1, y_2) = \frac{1}{2\pi} \exp\left\{-\frac{1}{2}\left(\frac{1}{\sigma_1^2(1 - \rho^2)}y_1^2 - \frac{2\rho}{\sigma_1 \sigma_2 (1 - \rho^2)}y_1 y_2 + \frac{1}{\sigma_2^2(1 - \rho^2)}y_2^2\right)\right\}$$
$$\cdot \frac{1}{\sigma_1 \sigma_2 \sqrt{1 - \rho^2}} = \frac{1}{2\pi \sigma_1 \sigma_2 \sqrt{1 - \rho^2}} \exp\left\{-\frac{1}{2(1 - \rho^2)}\left(\frac{y_1^2}{\sigma_1^2} - \frac{2\rho y_1 y_2}{\sigma_1 \sigma_2} + \frac{y_2^2}{\sigma_2^2}\right)\right\} \quad (4.14)$$

と表せます．Y_1, Y_2 の平均が μ_1, μ_2 のときは (4.15) で $y_1 \leftarrow y_1 - \mu_1$, $y_2 \leftarrow y_2 - \mu_2$ として，

$$\begin{aligned}
g(y_1, y_2) = \frac{1}{2\pi \sigma_1 \sigma_2 \sqrt{1 - \rho^2}} \exp\Bigg[&-\frac{1}{2(1 - \rho^2)}\bigg\{\left(\frac{y_1 - \mu_1}{\sigma_1}\right)^2 \\
&- 2\rho\left(\frac{y_1 - \mu_1}{\sigma_1}\right)\left(\frac{y_2 - \mu_2}{\sigma_2}\right) + \left(\frac{y_2 - \mu_2}{\sigma_2}\right)^2\bigg\}\Bigg]
\end{aligned} \quad (4.15)$$

となります．この確率分布を **2 次元正規分布**といい，$N_2(\boldsymbol{\mu}, \boldsymbol{\Sigma})$ で表します．ただし，$\boldsymbol{\mu}$ は平均ベクトル，$\boldsymbol{\Sigma}$ は共分散行列です．

$$\boldsymbol{\mu} = \begin{bmatrix} \mu_1 \\ \mu_2 \end{bmatrix}, \quad \boldsymbol{\Sigma} = \begin{bmatrix} \sigma_1^2 & \sigma_{12} \\ \sigma_{12} & \sigma_2^2 \end{bmatrix}$$

4.6 多次元正規分布*

(4.15) をこれらを使って表してみましょう．$\boldsymbol{\Sigma}$ の行列式 $|\boldsymbol{\Sigma}|$ の平方根は，

$$\sqrt{|\boldsymbol{\Sigma}|} = \sqrt{\sigma_1^2\sigma_2^2 - \sigma_{12}^2} = \sqrt{\sigma_1^2\sigma_2^2(1-\rho^2)} = \sigma_1\sigma_2\sqrt{1-\rho^2}$$

であり，$\boldsymbol{\Sigma}$ の逆行列は，

$$\boldsymbol{\Sigma}^{-1} = \frac{1}{\sigma_1^2\sigma_2^2 - \sigma_{12}^2}\begin{bmatrix} \sigma_2^2 & -\sigma_{12} \\ -\sigma_{12} & \sigma_1^2 \end{bmatrix} = \frac{1}{\sigma_1^2\sigma_2^2(1-\rho^2)}\begin{bmatrix} \sigma_2^2 & -\sigma_{12} \\ -\sigma_{12} & \sigma_1^2 \end{bmatrix}$$

なので $\boldsymbol{y} = \begin{bmatrix} y_1 \\ y_2 \end{bmatrix}$ とすれば，

$$\begin{aligned}
{}^t(\boldsymbol{y}-\boldsymbol{\mu})\boldsymbol{\Sigma}^{-1}(\boldsymbol{y}-\boldsymbol{\mu}) &= [y_1-\mu_1, y_2-\mu_2]\frac{1}{\sigma_1^2\sigma_2^2(1-\rho^2)}\begin{bmatrix} \sigma_2^2 & -\sigma_{12} \\ -\sigma_{12} & \sigma_1^2 \end{bmatrix}\begin{bmatrix} y_1-\mu_1 \\ y_2-\mu_2 \end{bmatrix} \\
&= \frac{1}{\sigma_1^2\sigma_2^2(1-\rho^2)}\left\{\sigma_2^2(y_1-\mu_1)^2 - 2\sigma_{12}(y_1-\mu_1)(y_2-\mu_2) + \sigma_1^2(y_2-\mu_2)^2\right\} \\
&= \frac{1}{1-\rho^2}\left\{\left(\frac{y_1-\mu_1}{\sigma_1}\right)^2 - 2\rho\left(\frac{y_1-\mu_1}{\sigma_1}\right)\left(\frac{y_2-\mu_2}{\sigma_2}\right) + \left(\frac{y_2-\mu_2}{\sigma_2}\right)^2\right\}
\end{aligned}$$

となります．これより，(4.15) は，

$$g(y_1, y_2) = \frac{1}{2\pi\sqrt{|\boldsymbol{\Sigma}|}}\exp\left\{-\frac{1}{2}{}^t(\boldsymbol{y}-\boldsymbol{\mu})\boldsymbol{\Sigma}^{-1}(\boldsymbol{y}-\boldsymbol{\mu})\right\} \tag{4.16}$$

と表せます．この (4.16) を使って，**n 次元正規分布**を次式で定義します．

---
n 次元正規分布

定義 4.4 n 個の確率変数 X_1，X_2，…，X_n の同時確率密度関数 $f(x_1, x_2, \ldots, x_n)$ が，

$$f(x_1, x_2, \ldots, x_n) = \frac{1}{(2\pi)^{\frac{n}{2}}\sqrt{|\boldsymbol{\Sigma}|}}\exp\left\{-\frac{1}{2}{}^t(\boldsymbol{x}-\boldsymbol{\mu})\boldsymbol{\Sigma}^{-1}(\boldsymbol{x}-\boldsymbol{\mu})\right\}$$

と表せるとき，同時確率変数 $(X_1, X_2, \ldots, X_n)$ は **n 次元正規分布** $N_n(\boldsymbol{\mu}, \boldsymbol{\Sigma})$ に従うという．ここで，$E(X_i) = \mu_i$，$\sigma_{ij} = \mathrm{Cov}(X_i, X_j)(= \sigma_{ji})$ $(i,j = 1, 2, \ldots, n)$ とするとき，

$$\boldsymbol{x} = \begin{bmatrix} x_1 \\ x_2 \\ \vdots \\ x_n \end{bmatrix},\quad \boldsymbol{\mu} = \begin{bmatrix} \mu_1 \\ \mu_2 \\ \vdots \\ \mu_n \end{bmatrix},\quad \boldsymbol{\Sigma} = \begin{bmatrix} \sigma_1^2 & \sigma_{12} & \cdots & \sigma_{1n} \\ \sigma_{21} & \sigma_2^2 & \cdots & \sigma_{2n} \\ \vdots & \vdots & \ddots & \vdots \\ \sigma_{n1} & \sigma_{n2} & \cdots & \sigma_n^2 \end{bmatrix}$$

である．

多次元正規分布の基本性質

定理 4.7 確率ベクトル $\boldsymbol{X}$ が k 次元正規分布 $N_k(\boldsymbol{\mu}, \boldsymbol{\Sigma})$ に従うことと，定ベクトル $\boldsymbol{a}$ に対して ${}^t\boldsymbol{aX}$ が正規分布 $N({}^t\boldsymbol{a\mu}, {}^t\boldsymbol{a\Sigma a})$ に従うことは同値である．

(証明) $\boldsymbol{a} = {}^t[a_1, a_2, \ldots, a_k]$, $\boldsymbol{X} = {}^t[X_1, X_2, \ldots, X_k]$ とするとき, $E({}^t\boldsymbol{a}\boldsymbol{X}) = {}^t\boldsymbol{\mu}$ および $V({}^t\boldsymbol{a}\boldsymbol{X}) = {}^t\boldsymbol{a}\boldsymbol{\Sigma}\boldsymbol{a}$ を示せばよいが, これらは例 3.12 より明らかである. ∎

1 次元正規分布と多次元正規分布の関係

例 4.6 確率変数 $X_1, X_2, \ldots, X_k$ が独立でそれぞれ正規分布 $N(\mu, \sigma^2)$ に従うとき, 同時確率変数 $(X_1, X_2, \ldots, X_k)$ は k 次元正規分布 $N_k(\boldsymbol{\mu}, \boldsymbol{\Sigma})$ に従うことを示せ. ただし, $\boldsymbol{\mu}, \boldsymbol{\Sigma}$ は次式で与えられる.

$$\boldsymbol{\mu} = {}^t[\mu, \mu, \ldots, \mu], \quad \boldsymbol{\Sigma} = \begin{bmatrix} \sigma^2 & & \\ & \ddots & \\ & & \sigma^2 \end{bmatrix} \quad (4.17)$$

【解答】 ${}^t\boldsymbol{a} = [1, 1, \ldots, 1]$, $\boldsymbol{X} = {}^t[X_1, X_2, \ldots, X_k]$ とすれば, 正規分布の再生性 (例 5.6) より ${}^t\boldsymbol{a}\boldsymbol{X} = X_1 + X_2 + \cdots + X_k$ は正規分布 $N({}^t\boldsymbol{a}\boldsymbol{\mu}, {}^t\boldsymbol{a}\boldsymbol{\Sigma}\boldsymbol{a})$ に従うので, 定理 4.7 より, $\boldsymbol{X}$ は k 次元正規分布 $N_k(\boldsymbol{\mu}, \boldsymbol{\Sigma})$ に従う.
また, $E(X_i) = \mu$, $\mathrm{Cov}(X_i, X_i) = V(X_i) = \sigma^2 (i = 1, \ldots, k)$ であり, $X_1, \ldots, X_k$ は互いに独立なので, 例 3.10 より $\sigma_{ij} = \mathrm{Cov}(X_i, X_j) = 0 (i \neq j)$ となり, (4.17) を得る. ∎

(4.11) および第 5 章で学ぶ正規分布の再生性 (例 5.6) より, Y_1 と Y_2 が独立で, それぞれ正規分布 $N(\mu_1, \sigma_1^2)$, $N(\mu_2, \sigma_2^2)$ に従うなら, 同時確率変数 (Y_1, Y_2) は (4.15) を満たすことがその導出過程より分かります. 逆に演習問題 4.9 より (Y_1, Y_2) が 2 次元正規分布 $N_2(\boldsymbol{\mu}, \boldsymbol{\Sigma})$ に従うなら, Y_1 と Y_2 はそれぞれ $N(\mu_1, \sigma_1^2)$ と $N(\mu_2, \sigma_2^2)$ に従うことが分かります. 結局, これらと演習問題 4.8 より次のことが分かります.

正規分布と独立性

定理 4.8 確率変数 X と Y が正規分布に従うとき, $\mathrm{Cov}(X, Y) = 0$ ならば X と Y は独立である.

■■■■ 演習問題 ■■■■■■■■■■■■■■■■■■■■■■■■

● **演習問題 4.8** 同時確率変数 (X, Y) が 2 次元正規分布 $N_2(\boldsymbol{\mu}, \boldsymbol{\Sigma})$ に従うとし, $\rho = 0$ とする. このとき, 2 つの確率変数 X と Y は独立であることを示せ.

※ **演習問題 4.9** 同時確率変数 (Y_1, Y_2) が 2 次元正規分布 $N_2(\boldsymbol{\mu}, \boldsymbol{\Sigma})$ に従うとき, Y_1 と Y_2 の周辺密度関数がそれぞれ,

$$f_1(y_1) = \frac{1}{\sqrt{2\pi}\sigma_1} e^{-\frac{(y_1-\mu_1)^2}{2\sigma_1^2}}, \quad f_2(y_2) = \frac{1}{\sqrt{2\pi}\sigma_2} e^{-\frac{(y_2-\mu_2)^2}{2\sigma_2^2}}$$

となることを示せ. これより, Y_1 と Y_2 がそれぞれ正規分布 $N(\mu_1, \sigma_1^2)$, $N(\mu_2, \sigma_2^2)$ に従うことが分かる.

第5章
確率分布とモーメント母関数

　期待値 $E(X)$ と分散 $V(X)$ が分かれば，確率分布のおよその位置と広がり具合は分かりますが，これだけでは分布の概形を把握することはできません．なぜなら，「分布は対称なのか，非対称ならばどれくらい歪んでいるのか」，「分布の形は平らになっているのか，尖っているのか，それとも釣り鐘のようになっているのか」といったことが分からないからです．逆にいえば，歪み具合(歪度)や尖り具合(尖度)が分かれば確率分布の形が限定されてくるため，その概形が分かります．

　本章では，歪度と尖度について述べた後，そこでの知見をもとにモーメントとモーメント母関数を導入します．このモーメント母関数を導入するメリットは，モーメント母関数を使えば，比較的簡単な微分計算で期待値や分散が求められるようになる点にあります．いろいろな確率分布を通じてこのメリットを実感してみましょう．

Section 5.1
歪度と尖度*

5.1.1　歪度

　$\mu = E(X)$ が中心の確率分布を考えると，右に裾野が長い場合は全体的に(平均的に)$X - \mu > 0$ の部分が多く，左に裾野が長い場合は $X - \mu < 0$ の部分が多くなっているはずです．ここで，$y = x^3$ が $x \to \infty$ のとき急速に $y \to \infty$ となり，$x \to -\infty$ のとき急速に $y \to -\infty$ となる性質に着目して，歪み具合を表すのに指標として $E((X-\mu)^3)$ を考えることにします．こうすれば，裾野が非対称に長く伸

びるような分布については，$|E((X-\mu)^3)|$ は大きな値をとると考えられます．しかし，ここまでは $E((X-\mu)^3)$ は平均 $\mu = E(X)$ と標準偏差 σ に依存してしまうので，$X-\mu$ ではなく標準化した $(X-\mu)/\sigma$ を使います．

───── 歪度 ─────

定義 5.1 確率変数 X の期待値を μ，標準偏差を σ とするとき，

$$\alpha_3 = \frac{E\left((X-\mu)^3\right)}{\sigma^3} \tag{5.1}$$

を確率分布の**歪度**という．$\alpha_3 > 0$ ならば右に裾野が長く，$\alpha_3 < 0$ ならば左に裾が長い．また，$|\alpha_3|$ が歪みの程度を表す（図 5.1）．

α_3 を β_3 と書くこともあります．なお，α_3 を求める際には (5.1) を直接計算するよりも，演習問題 2.20 の結果 $E\left((X-\mu)^3\right) = E(X^3) - 3\mu E(X^2) + 2\mu^3$ を使ったほうが求めやすいでしょう．

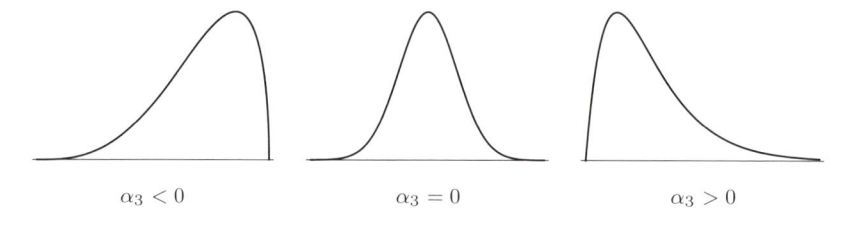

$\alpha_3 < 0 \qquad \alpha_3 = 0 \qquad \alpha_3 > 0$

図 5.1 歪度と確率分布の概形

なお，第 1.5.4 項より，$\alpha_3 < 0$ ならば「平均 < メジアン < モード」，$\alpha_3 > 0$ ならば「モード < メジアン < 平均」となっていることにも注意しましょう．

5.1.2 尖度

確率分布の尖り具合を表す尖度 α_4 は次のように定義されます．

───── 確 ─────

定義 5.2 率変数 X の期待値を μ，標準偏差を σ とするとき，

$$\alpha_4 = \frac{E\left((X-\mu)^4\right)}{\sigma^4} \tag{5.2}$$

を確率分布の**尖度**という．$\alpha_4 > 3$ ならば正規分布より尖っており，$\alpha_4 < 3$ ならば正規分布より丸みを帯びた形をしている．

α_4 を β_4 と書くこともあります．なお，α_4 を求める際には (5.2) を直接計算するよりも，演習問題 2.20 の結果 $E\left((X-\mu)^4\right) = E(X^4) - 4\mu E(X^3) + 6\mu^2 E(X^2) - 3\mu^4$ を使ったほうが求めやすいでしょう．

歪度のときは $y = x^3$ を使いましたが，尖度では $y = x^4$ を使っています．例えば，$x = 0.1$ のときは $y = 0.0001$ で $x = 1$ のときは $y = 1$ となり 10000 倍の差があります．$E((X - \mu)^4)$ が大きくなるには，$x = \mu$ の近くで $X - \mu$ の小ささに勝るくらい十分な確率が分布し，$x = \mu$ から離れたところにも確率が少しは分布していなければなりません．このときは，確率分布は値の大きいところで細く，小さいところでは長い裾を引いているはずですから，結果として確率分布は尖っているはずです．標準化した $(X - \mu)/\sigma$ を使うのは歪度のときと同様です．

さて，正規分布の場合は，$\mu = 0, \sigma = 1$ として，

$$E(X^4) = \frac{1}{\sqrt{2\pi}} \int_{-\infty}^{\infty} x^4 e^{-\frac{x^2}{2}} dx$$

であり，

$$\begin{aligned}
\int_{-\infty}^{\infty} x^4 e^{-\frac{x^2}{2}} dx &= \int_{-\infty}^{\infty} x^3 \left(-e^{-\frac{x^2}{2}}\right)' dx = \left[-x^3 e^{-\frac{x^2}{2}}\right]_{-\infty}^{\infty} + 3\int_{-\infty}^{\infty} x^2 e^{-\frac{x^2}{2}} dx \\
&= 3\int_{-\infty}^{\infty} x \left(-e^{-\frac{x^2}{2}}\right)' dx = 3\left\{\left[-xe^{-\frac{x^2}{2}}\right]_{-\infty}^{\infty} + \int_{-\infty}^{\infty} e^{-\frac{x^2}{2}} dx\right\} \\
&= 3\sqrt{2\pi}
\end{aligned}$$

なので，$E(X^4) = 3$，つまり，$\alpha_4 = 3$ となります．確率分布の尖度を見るときは，この $\alpha_3 = 3$ を基準として，正規分布に比べて尖っているか，丸みを帯びているかを判断します（図 5.2）．

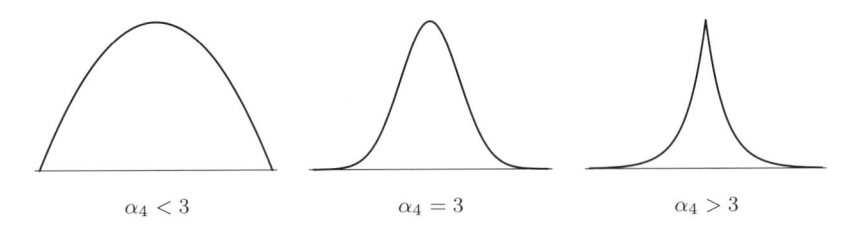

図 5.2 尖度と確率分布の概形

Section 5.2
モーメントとモーメント母関数

本節では，歪度と尖度の定義より，確率分布の形は $E((X - \mu)^k)$ で決まることが分かります．そういう意味では，これは重要な量なので名前をつけることにします．

---- モーメント ----

定義 5.3

$$\mu_k = E\left((X-\mu)^k\right) \quad (5.3)$$

を X の μ まわりの k 次**モーメント**あるいは**積率**という．特に，$\mu = 0$ のとき，つまり，$E(X^k)$ を X の原点まわりの k 次モーメントまたは積率といい，単に k 次モーメントということがある．
また，

$$\alpha_k = E\left(\left(\frac{X-\mu}{\sigma}\right)^k\right) \quad (5.4)$$

を X の k 次**標準化モーメント**という．

この定義より，期待値 $E(X)$ は原点まわりの 1 次モーメント，分散 $V(X)$ は μ まわりの 2 次モーメント，歪度 α_3 は 3 次標準化モーメント，尖度 α_4 は 4 次標準化モーメントといえます．

これらの値が指定されれば，確率分布は自ずから限定されてきます．そのため，もしも**すべての次数のモーメント**が指定できれば，**確率分布がただ 1 つに定まる**と予想されます．そこで，すべての次数のモーメントを生成するような関数を定義して利用しよう，と考えるのです．それでは，どのように定義すればよいのでしょうか？モーメントは X^k の形をしていますから，これを生み出せるような関数を考えればよいことになります．そのような関数として，すぐに思いつくのが指数関数です．実際，e^x のマクローリン展開は，

$$e^x = 1 + x + \frac{1}{2!}x^2 + \frac{1}{3!}x^3 + \frac{1}{4!}x^4 + \cdots$$

であり，各項は x^k の形となっています．

---- モーメント母関数 ----

定義 5.4 確率変数 X に対して，

$$M_X(t) = E(e^{tX}) = \begin{cases} \sum_i e^{tx_i} p_i & \text{(離散型)} \\ \int_{-\infty}^{\infty} e^{tx} f(x) dx & \text{(連続型)} \end{cases}$$

を X の**モーメント母関数**あるいは**積率母関数**という．

モーメント母関数は，(5.3) において $X = e^X$, $k = t$, $\mu = 0$ としてものになっています．また，原点まわりの k 次モーメント μ_k を使えば，モーメント母関数は，

$$\begin{aligned} M_X(t) = E(e^{tX}) &= E\left(1 + tX + \frac{1}{2!}(tX)^2 + \frac{1}{3!}(tX)^3 + \cdots\right) \\ &= E(1) + tE(X) + \frac{t^2}{2!}E(X^2) + \frac{t^3}{3!}E(X^3) + \cdots \\ &= 1 + \mu_1 t + \frac{\mu_2}{2!}t^2 + \frac{\mu_3}{3!}t^3 + \cdots \end{aligned} \quad (5.5)$$

と表せるので，モーメント母関数を t で何回か微分して $t = 0$ とおけば，k 次モーメントが求められます．実際，連続型の場合，

$$\begin{aligned} M_X'(t) &= \int_{-\infty}^{\infty}(e^{tx})'f(x)dx = \int_{-\infty}^{\infty}xe^{tx}f(x)dx = E(Xe^{tX}), \\ M_X''(t) &= \int_{-\infty}^{\infty}x^2 e^{tx}f(x)dx = E(X^2 e^{tX}), \ldots, M_X^{(k)}(t) = E(X^k e^{tX}) \end{aligned}$$

となるため，

$$M_X'(0) = E(X) = \mu_1, M_X''(0) = E(X^2) = \mu_2, \ldots, M_X^{(k)}(0) = E(X^k) = \mu_k \quad (5.6)$$

を得て，離散型の場合も同様に考えれば，(5.6) が成り立つことが分かります．したがって，すぐに次の結果が得られます．

モーメント母関数と期待値・分散

定理 5.1 確率変数 X のモーメント母関数を $M_X(t)$ とすると，期待値 $E(X)$ と分散 $V(X)$ は次式で与えられる．

$$E(X) = M_X'(0), \quad V(X) = M_X''(0) - M_X'(0)^2$$

(証明)
$E(X) = M_X'(0)$ は (5.6) より明らか．また，定理 2.4 および (5.6) より，

$$V(X) = E(X^2) - E(X)^2 = M_X''(0) - M_X'(0)^2$$

が成り立つ． ∎

モーメント母関数 $M_X(t)$ がすべての次数のモーメント $\mu_1, \mu_2, \mu_3, \ldots$ を生成するので，モーメント母関数は確率分布を決定します．したがって，次が成り立ちます．

確率分布とモーメント母関数の同値性

定理 5.2 確率変数 X, Y の確率分布を $f(x), g(y)$ とし,それぞれのモーメント母関数を $M_X(t), M_Y(t)$ とする.このとき,確率分布が等しいこととモーメント母関数が等しいことは同値,つまり,

$$f = g \iff M_X = M_Y$$

である.

二項分布の平均・分散

例 5.1 二項分布 $Bin(n, p)$ に従う確率変数 X のモーメント母関数を求め,その平均 $E(X)$ と分散 $V(X)$ をモーメント母関数を用いて求めよ.

【解答】
モーメント母関数は,(4.3) と二項定理(補題 4.1)より,

$$\begin{aligned}
M_X(t) &= E(e^{tX}) = \sum_{k=0}^{n} e^{tk} P(X = k) = \sum_{k=0}^{n} e^{tk} \binom{n}{k} p^k (1-p)^{n-k} \\
&= \sum_{k=0}^{n} \binom{n}{k} (e^t p)^k (1-p)^{n-k} = \left(pe^t + (1-p)\right)^n
\end{aligned}$$

となる.これより,

$$\begin{aligned}
M_X'(t) &= n\left(pe^t + (1-p)\right)^{n-1} \cdot \left(pe^t + (1-p)\right)' = npe^t \left(pe^t + (1-p)\right)^{n-1} \\
M_X''(t) &= npe^t \left(pe^t + (1-p)\right)^{n-1} + npe^t \cdot (n-1)\left(pe^t + (1-p)\right)^{n-2} \cdot pe^t \\
&= npe^t \left(pe^t + (1-p)\right)^{n-2} \left(\left(pe^t + (1-p)\right) + (n-1)pe^t\right)
\end{aligned}$$

となるので,

$$M_X'(0) = np\left(p + (1-p)\right)^{n-1} = np, \quad M_X''(0) = np(1 + (n-1)p)$$

となる.よって,定理 5.1 より,

$$\begin{aligned}
E(X) &= M_X'(0) = np, \\
V(X) &= M_X''(0) - M_X'(0)^2 = np + n(n-1)p^2 - (np)^2 = np - np^2 = np(1-p)
\end{aligned}$$

を得る. ∎

正規分布の平均・分散

例 5.2 正規分布 $N(\mu, \sigma^2)$ に従う確率変数 X のモーメント母関数を求め,その平均 $E(X)$ と分散 $V(X)$ をモーメント母関数を用いて求めよ.

【解答】
モーメント母関数は,

$$M_X(t) = E(e^{tX}) = \int_{-\infty}^{\infty} e^{tx} \frac{1}{\sqrt{2\pi}\sigma} e^{-\frac{(x-\mu)^2}{2\sigma^2}} dx = \int_{-\infty}^{\infty} \frac{1}{\sqrt{2\pi}\sigma} e^{tx - \frac{(x-\mu)^2}{2\sigma^2}} dx$$

であり，ここで，

$$
\begin{aligned}
tx - \frac{(x-\mu)^2}{2\sigma^2} &= \frac{2\sigma^2 tx - x^2 + 2x\mu - \mu^2}{2\sigma^2} \\
&= -\frac{x^2 - 2(\sigma^2 t + \mu)x + (\sigma^2 t + \mu)^2 - (\sigma^2 t + \mu)^2 + \mu^2}{2\sigma^2} \\
&= -\frac{(x-\mu-\sigma^2 t)^2 - \sigma^4 t^2 - 2\sigma^2 \mu t}{2\sigma^2} \\
&= -\frac{(x-\mu-\sigma^2 t)^2}{2\sigma^2} + \mu t + \frac{\sigma^2 t^2}{2}
\end{aligned}
$$

に注意すれば，結局，

$$
\begin{aligned}
M_X(t) &= \int_{-\infty}^{\infty} \frac{1}{\sqrt{2\pi}\sigma} e^{tx - \frac{(x-\mu)^2}{2\sigma^2}} dx = \int_{-\infty}^{\infty} \frac{1}{\sqrt{2\pi}\sigma} e^{-\frac{(x-\mu-\sigma^2 t)^2}{2\sigma^2} + \mu t + \frac{\sigma^2 t^2}{2}} dx \\
&= e^{\mu t + \frac{\sigma^2 t^2}{2}} \int_{-\infty}^{\infty} \frac{1}{\sqrt{2\pi}\sigma} e^{-\frac{(x-\mu-\sigma^2 t)^2}{2\sigma^2}} dx = e^{\mu t + \frac{\sigma^2 t^2}{2}}
\end{aligned}
$$

となる．なお，最後の変形で，$f(x) = \frac{1}{\sqrt{2\pi}\sigma} e^{-\frac{(x-\mu-\sigma^2 t)^2}{2\sigma^2}}$ が $N(\mu + t\sigma^2, \sigma^2)$ の確率密度関数なので，$\int_{-\infty}^{\infty} f(x)dx = 1$ となることを利用した．
これより，

$$M_X'(t) = (\mu + \sigma^2 t)e^{\mu t + \frac{\sigma^2 t^2}{2}}, \quad M_X''(t) = \sigma^2 e^{\mu t + \frac{\sigma^2 t^2}{2}} + (\mu + \sigma^2 t)^2 e^{\mu t + \frac{\sigma^2 t^2}{2}}$$

となるので，

$$M_X'(0) = \mu, \quad M_X''(0) = \sigma^2 + \mu^2$$

である．よって，定理 5.1 より，

$$E(X) = M_X'(0) = \mu, \quad V(X) = M_X''(0) - M_X'(0)^2 = \sigma^2 + \mu^2 - \mu^2 = \sigma^2$$

を得る． ∎

また，独立な確率変数の場合は，モーメント母関数は次のように計算できます．この定理は後に登場する中心極限定理を証明する際に必要となります．

---**独立な確率変数の和とモーメント母関数**---

定理 5.3 確率変数 $X_1, X_2, \ldots, X_n$ が互いに独立ならば $Y = X_1 + X_2 + \cdots + X_n$ のモーメント母関数は

$$M_Y(t) = M_{X_1}(t) M_{X_2}(t) \cdots M_{X_n}(t)$$

となる．

(証明)
定理 3.5 より，

$$
\begin{aligned}
M_Y(t) &= E(e^{tY}) = E\left(e^{t(X_1 + X_2 + \cdots + X_n)}\right) = E\left(e^{tX_1} e^{tX_2} \cdots e^{tX_n}\right) \\
&= E\left(e^{tX_1}\right) E\left(e^{tX_2}\right) \cdots E\left(e^{tX_n}\right) = M_{X_1}(t) M_{X_2}(t) \cdots M_{X_n}(t)
\end{aligned}
$$

∎

―― 独立な確率変数の和 ――

例 5.3 正規分布 $N(\mu, \sigma^2)$ に従う独立な確率変数 $X_1, X_2, \ldots, X_n$ の和 $Y = X_1 + X_2 + \cdots + X_n$ は正規分布 $N(n\mu, n\sigma^2)$ に従うことを示せ.

【解答】
例 5.2 より,X_i $(i = 1, 2, \ldots, n)$ のモーメント母関数は $M_{X_i}(t) = e^{\mu t + \frac{\sigma^2 t^2}{2}}$ なので,定理 5.3 より,

$$M_Y(t) = M_{X_1}(t) M_{X_2}(t) \cdots M_{X_n}(t) = \left(e^{\mu t + \frac{\sigma^2 t^2}{2}} \right)^n = e^{n\mu t + \frac{n\sigma^2 t^2}{2}}$$

である.これは,正規分布 $N(n\mu, n\sigma^2)$ のモーメント母関数なので,定理 5.2 より Y は正規分布 $N(n\mu, n\sigma^2)$ に従う. ∎

■■■ 演習問題 ■■■■■■■■■■■■■■■■■■■■■■■■■■

●**演習問題 5.1** (5.5) から (5.6) を導け.

●**演習問題 5.2** 母数 p の**幾何分布**

$$P(X = k) = p(1-p)^{k-1} \quad (k = 1, 2, 3, \ldots)$$

に従う確率変数 X のモーメント母関数を求め,その平均 $E(X)$ と分散 $V(X)$ をモーメント母関数を用いて求めよ.

●**演習問題 5.3** 母数 λ の**ポアソン分布**

$$P(X = k) = e^{-\lambda} \frac{\lambda^k}{k!} \quad (k = 0, 1, 2, \ldots)$$

に従う確率変数 X のモーメント母関数を求め,その平均 $E(X)$ と分散 $V(X)$ をモーメント母関数を用いて求めよ.

●**演習問題 5.4** 二項分布 $Bin(m, p)$ に従う独立な確率変数 $X_1, X_2, \ldots, X_n$ の和 $Y = X_1 + X_2 + \cdots + X_n$ の分布を求めよ.

Section 5.3
幾何分布とポアソン分布*

演習問題 5.2 と 5.3 で幾何分布とポアソン分布を取り上げましたが,ほとんど説明しませんでした.ここでは,これらについて説明します.

5.3.1 幾何分布*

ベルヌーイ試行を続けて行うとき，初めて成功するまでの回数を k とすると，$k-1$ 回連続して失敗し，k 回目に成功しますから，その確率は，

$$P(X = k) = p(1-p)^{k-1} \tag{5.7}$$

となります．これを母数 p の**幾何分布**といい，$Geo(p)$ で表します[1]．幾何分布は，初めて起こる事象までの回数の分布，別のいい方をすれば，それまでの時間（待ち時間）の分布を表しています．また，確率変数 X が幾何分布に従うなら，演習問題 5.2 より，

$$E(X) = \frac{1}{p}, \quad V(X) = \frac{1-p}{p^2}$$

となります．

幾何分布の例

例 5.4 ある地域において，大洪水が 1 年で 2% の確率で起こる．今，大洪水が起こったとして，次に起こるのは平均的に何年後か？来年に起こっても不思議ではないか？また，10 年以内に起こる確率を求めよ．

【解答】
平均的には $E(X) = \dfrac{1}{p} = \dfrac{1}{0.02} = 50$ 年後に起こると考えられるが，

$$\sqrt{V(X)} = \sqrt{\frac{1-p}{p^2}} = \sqrt{\frac{0.98}{(0.02)^2}} \approx 49.496$$

なので，50 ± 49.5，つまり，0.5 から 99.5 年後の間に起こると考えられるので，来年に起こったとしても不思議ではない．
また，10 年以内に起こる確率は，余事象を考えて，

$$P(X \leq 10) = \sum_{k=1}^{10} P(X = k) = \sum_{k=1}^{10} (0.02) \cdot (0.98)^{k-1} = 1 - (0.98)^{10} = 0.1829$$

となる． ∎

5.3.2 ポアソン分布*

二項分布において $\lambda = np$（λ は定数）という関係を保ったまま $n \to \infty, p \to 0$ とするとき，

$$\binom{n}{k} p^k (1-p)^{n-k} \to e^{-\lambda} \frac{\lambda^k}{k!}$$

が成り立ちます．これを**ポアソンの小数の法則**といいます．証明は例 5.5 の後に示します．そして，

$$P(X = k) = e^{-\lambda} \frac{\lambda^k}{k!} \quad (k = 0, 1, 2, \ldots)$$

---
[1] 幾何分布の「幾何」は，(5.7) の右辺が等比数列（幾何数列）になっていることに由来します．

を母数 λ の**ポアソン分布**といい，$Po(\lambda)$ で表します．ポアソン分布は $n \to \infty$ (大量の観察)，$p \to 0$ (稀な現象) のときを表したものなので，めったに起こらない分布を表しています．また，演習問題 5.3 より，確率変数 X がポアソン分布に従うならば，
$$E(X) = \lambda, \quad V(X) = \lambda$$
です．

ポアソン分布の例

例 5.5 不良品率が 0.1% である製品を 500 個取り出したとき，次の確率を求めよ．
 (1) 不良品が入っていない確率．
 (2) 不良品が 3 個以上入っている確率．

【解答】
不良品の数を X とすると，X は二項分布 $Bin(500, (0.01)^2)$ に従うが，$n = 500$ は十分に大きく，$p = 0.001$ は十分に小さいので近似的に $\lambda = np = 500 \times 0.001 = 0.5$ のポアソン分布 $Po(0.5) = e^{-0.5} \dfrac{0.5^k}{k!}$ に従うと考えてよい．

(1) $P(X = 0)$ を求めればよいので，$P(X = 0) = e^{-0.5} \dfrac{0.5^0}{0!} = e^{-0.5} \approx 0.6065$ となる．

(2) $P(X \geq 3)$ を求めればよいので，余事象を考えて，
$$\begin{aligned}
P(X \geq 3) &= 1 - P(X = 0) - P(X = 1) - P(X = 2) \\
&= 1 - e^{-0.5} - 0.5 e^{-0.5} - \frac{(0.5)^2}{2!} e^{-0.5} \approx 0.0144
\end{aligned}$$
となる． ∎

ポアソンの小数の法則

定理 5.4 $\lambda = np$ (λ は定数) という関係を保ったまま $n \to \infty$, $p \to 0$ とするとき，
$$\binom{n}{k} p^k (1-p)^{n-k} \to e^{-\lambda} \frac{\lambda^k}{k!}$$
が成り立つ．

(証明)
$$\begin{aligned}
P(X = k) &= \binom{n}{k} p^k (1-p)^{n-k} = \frac{n!}{k!(n-k)!} p^k (1-p)^{n-k} \\
&= \frac{1}{k!} n(n-1)(n-2) \cdots (n-k+1) \left(\frac{\lambda}{n}\right)^k \left(1 - \frac{\lambda}{n}\right)^{n-k} \\
&= \frac{\lambda^k}{k!} \left(1 - \frac{1}{n}\right) \left(1 - \frac{2}{n}\right) \cdots \left(1 - \frac{k-1}{n}\right) \left(1 - \frac{\lambda}{n}\right)^{-k} \left(1 - \frac{\lambda}{n}\right)^n
\end{aligned}$$

であり，$n \to \infty$ のとき，

$$\left(1-\frac{1}{n}\right)\left(1-\frac{2}{n}\right)\cdots\left(1-\frac{k-1}{n}\right)\left(1-\frac{\lambda}{n}\right)^{-k} \to 1, \quad \left(1-\frac{\lambda}{n}\right)^n \to e^{-\lambda}$$

なので[2]，結局，$n \to \infty$ のとき，

$$\binom{n}{k}p^k(1-p)^{n-k} \to \frac{\lambda^k}{k!}e^{-\lambda}$$

となる． ■

■■■ **演習問題** ■■■■■■■■■■■■■■■■■■■■■■■■■■■■

●**演習問題 5.5** ある学生が論文誌に自身の論文を投稿したとき，採録される確率が 0.3 であるという．このとき，次の確率を求めよ．
 (1) 初めて論文が採録されるまでに 3 回投稿している確率．
 (2) 初めて論文が採録されるまでに投稿した平均回数．

●**演習問題 5.6** ポアソン分布に従う現象例としてどのようなものがあるか？各自で調べよ．

●**演習問題 5.7** 1 日に届く電子メールの数 X がポアソン分布 $Po(1.6)$ に従うとする．このとき，次の確率を求めよ．
 (1) 電子メールが 1 通も届かない確率．
 (2) 届くメールの数が 3 通以内の確率．

Section 5.4
確率分布の再生性

ある確率分布に従う独立な確率変数 X, Y の和 $Z = X + Y$ も同じ確率分布に従うことを確率分布の**再生性**といいます．このような分布は扱いやすく，例えば，再生性のある正規分布は第 6 章以降に登場する統計的推測によく用いられます．

───── **正規分布の再生性** ─────

例 5.6 確率変数 X, Y は独立でそれぞれ正規分布 $N(\mu_1, \sigma_1^2), N(\mu_2, \sigma_2^2)$ に従うとき，$Z = X + Y$ は正規分布 $N(\mu_1 + \mu_2, \sigma_1^2 + \sigma_2^2)$ に従うことを示せ．

---
[2] 微分積分でよく知られた結果，$\displaystyle\lim_{n\to\infty}\left(1+\frac{a}{n}\right)^n = e^a$ を使っています．例えば，拙著 [10] の演習問題 1.12 を参照してください．

【解答】
例 5.2 より，確率変数 X,Y のモーメント母関数はそれぞれ，
$$M_X(t) = e^{\mu_1 t + \frac{\sigma_1^2 t^2}{2}}, \quad M_Y(t) = e^{\mu_2 t + \frac{\sigma_2^2 t^2}{2}}$$
である．よって，確率変数 $Z = X + Y$ のモーメント母関数 $M_Z(t)$ は定理 5.3 より，
$$M_Z(t) = M_X(t)M_Y(t) = e^{\mu_1 t + \frac{\sigma_1^2 t^2}{2}} e^{\mu_2 t + \frac{\sigma_2^2 t^2}{2}} = e^{(\mu_1+\mu_2)t + \frac{(\sigma_1^2+\sigma_2^2)}{2}t^2}$$
である．これは，正規分布 $N(\mu_1 + \mu_2, \sigma_1^2 + \sigma_2^2)$ のモーメント母関数なので，定理 5.2 より Z は正規分布 $N(\mu_1 + \mu_2, \sigma_1^2 + \sigma_2^2)$ に従う． ∎

二項分布の再生性

例 5.7 確率変数 X,Y は独立で，それぞれ二項分布 $Bin(n,p)$, $Bin(m,p)$ に従うとき，$Z = X + Y$ は二項分布 $Bin(m+n,p)$ に従うことを示せ．

【解答】
例 5.1 より，確率変数 X,Y のモーメント母関数は，
$$M_X(t) = \left(pe^t + (1-p)\right)^n, \quad M_Y(t) = \left(pe^t + (1-p)\right)^m$$
である．よって，確率変数 $Z = X + Y$ のモーメント母関数 $M_Z(t)$ は定理 5.3 より
$$M_Z(t) = M_X(t)M_Y(t) = \left(pe^t + (1-p)\right)^n \left(pe^t + (1-p)\right)^m = \left(pe^t + (1-p)\right)^{m+n}$$
である．これは，二項分布 $Bin(m+n,p)$ のモーメント母関数なので，定理 5.2 より Z は二項分布 $Bin(m+n,p)$ に従う． ∎

■■■ 演習問題

●**演習問題 5.8** 確率変数 X,Y は独立で，それぞれ母数 λ_1, λ_2 のポアソン分布に従っているとき，$Z = X + Y$ は母数 $\lambda_1 + \lambda_2$ のポアソン分布に従うことを示せ．

Section 5.5
同時確率変数のモーメント母関数と多項分布*

ここでは，第 8.7 節で登場する適合度検定の土台となっている多項分布について説明します．

多項分布

定理 5.5 事象 $A_1, A_2, \ldots, A_k$ は互いに排反で各事象が起こる確率を $p_i = P(A_i)(i=1,2,\ldots,k, \sum_{i=1}^k p_i = 1)$ とし,n 個の無作為標本を抽出したとき,A_i が出現した回数を $X_i(i=1,2,\ldots,k, \sum_{i=1}^k X_i = n)$ とする.このとき,

$$P(X_1 = x_1, X_2 = x_2, \ldots, X_k = x_k) = \frac{n!}{x_1! x_2! \cdots x_k!} p_1^{x_1} p_2^{x_2} \cdots p_k^{x_k} \quad (5.8)$$

が成り立つ.なお,(5.8) の右辺を**多項分布**といい,$p(n; p_1, p_2, \ldots, p_k)$ で表す.

(証明)
X_1 は二項分布 $Bin(n, p_1)$ に従うので,

$$P(X_1 = x_1) = \binom{n}{x_1} p^{x_1} (1-p_1)^{n-x_1} = \frac{n!}{x_1!(n-x_1)!} p^{x_1} (1-p_1)^{n-x_1}$$

となり,条件 $X_1 = x_1$ の下で,X_2 は二項分布 $Bin(n-x_1, p_2/(1-p_1))$ に従うので,

$$\begin{aligned}
P(X_2 = x_2 | X_1 = x_1) &= \binom{n-x_1}{x_2} \left(\frac{p_2}{1-p_1}\right)^{x_2} \left(1 - \frac{p_2}{1-p_1}\right)^{n-x_1-x_2} \\
&= \frac{(n-x_1)!}{x_2!(n-x_1-x_2)!} \left(\frac{p_2}{1-p_1}\right)^{x_2} \left(\frac{1-p_1-p_2}{1-p_1}\right)^{n-x_1-x_2}
\end{aligned}$$

となる.したがって,

$$\begin{aligned}
P(X_1 = x_1, X_2 = x_2) &= P(X_2 = x_2 | X_1 = x_1) P(X_1 = x_1) \\
&= \frac{n!}{x_1! x_2! (n-x_1-x_2)!} p_1^{x_1} p_2^{x_2} (1-p_1-p_2)^{n-x_1-x_2}
\end{aligned}$$

であり,さらに,条件 $X_1 = x_1, X_2 = x_2$ の下で,X_3 は二項分布 $Bin(n-x_1-x_2, p_3/(1-p_1-p_2))$ に従うので,

$$\begin{aligned}
&P(X_3 = x_3 | X_1 = x_1, X_2 = x_2) \\
&= \binom{n-x_1-x_2}{x_3} \left(\frac{p_3}{1-p_1-p_2}\right)^{x_3} \left(1 - \frac{p_3}{1-p_1-p_2}\right)^{n-x_1-x_2-x_3} \\
&= \frac{(n-x_1-x_2)!}{x_3!(n-x_1-x_2-x_3)!} \left(\frac{p_3}{1-p_1-p_2}\right)^{x_3} \left(\frac{1-p_1-p_2-p_3}{1-p_1-p_2}\right)^{n-x_1-x_2-x_3}
\end{aligned}$$

となる.したがって,

$$\begin{aligned}
&P(X_1 = x_1, X_2 = x_2, X_3 = x_3) \\
&= P(X_3 = x_3 | X_1 = x_1, X_2 = x_2) P(X_1 = x_1, X_2 = x_2) \\
&= \frac{n!}{x_1! x_2! x_3! (n-x_1-x_2-x_3)!} p_1^{x_1} p_2^{x_2} p_3^{x_3} (1-p_1-p_2-p_3)^{n-x_1-x_2-x_3}
\end{aligned}$$

となり,以下,同じように進めて $\sum_{i=1}^k X_i = n$,$\sum_{i=1}^k p_i = 1$ に注意すれば,(5.8) を得る. ∎

次に多項分布の期待値,分散,共分散を求めましょう.そのために,同時確率変数のモーメント母関数を,定義 5.4 と同様,次のように定義します.

―――― モーメント母関数 (同時確率変数版) ――――

定義 5.5 確率変数 $\boldsymbol{X} = (X_1, X_2, \ldots, X_n)$ の**モーメント母関数**は，実数 $t_1, t_2, \ldots, t_n$ に対して次式で定義する．

$$M_{\boldsymbol{X}}(t_1, t_2, \ldots, t_n) = E\left(e^{t_1 X_1 + t_2 X_2 + \cdots + t_n X_n}\right)$$

―――― 多項分布の期待値・分散・共分散 ――――

定理 5.6 確率変数 $\boldsymbol{X} = (X_1, X_2, \ldots, X_n)$ は多項分布 $p(n; p_1, p_2, \ldots, p_n)$ に従うとする．このとき，次が成り立つ．
 (1) $M_{\boldsymbol{X}}(t_1, t_2, \ldots, t_k) = (p_1 e^{t_1} + p_2 e^{t_2} + \cdots + p_k e^{t_k})^n$
 (2) $E(X_i) = np_i, \quad V(X_i) = np_i(1-p_i) \quad (i = 1, 2, \ldots, k)$
 (3) $\mathrm{Cov}(X_i, X_j) = -np_i p_j \quad (i, j = 1, 2, \ldots, k, i \neq j)$

(証明)
(1)

$$\begin{aligned} M_{\boldsymbol{X}}(t_1, t_2, \ldots, t_k) &= E\left(e^{t_1 X_1 + \cdots + t_k X_k}\right) \\ &= \sum e^{t_1 x_1 + \cdots + t_k x_k} P(X_1 = x_1, \ldots, X_k = x_k) \\ &= \sum e^{t_1 x_1 + \cdots + t_k x_k} \frac{n!}{x_1! x_2! \cdots x_k!} p_1^{x_1} p_2^{x_2} \cdots p_k^{x_k} = (p_1 e^{t_1} + \cdots + p_k e^{t_k})^n \end{aligned}$$

ここで，最後の変形において，**多項定理**

$$(a_1 + a_2 + \cdots + a_k)^n = \sum \frac{n!}{x_1! x_2! \cdots x_k!} a_1^{x_1} a_2^{x_2} \cdots a_k^{x_k}$$

を利用した．ただし，$\sum$ は $n!/(x_1! x_2! \cdots x_k!) a_1^{x_1} a_2^{x_2} \cdots a_k^{x_k}$ の形の項すべての和を表す．
(2) X_i は二項分布 $Bin(n, p_i)$ に従うので，定理 4.1 より，$E(X_i) = np_i$，$V(X_i) = np_i(1-p_i)$ である．
(3)

$$\begin{aligned} M_{X_i}(t) &= E(e^{tX_i}) = M_{\boldsymbol{X}}(0, \ldots, 0, t, 0, \ldots, 0) \\ &= \{p_1 + \cdots + p_{i-1} + p_i e^t + p_{i+1} + \cdots + p_k\}^n = \{p_i e^t + (1-p_i)\}^n \end{aligned}$$

は $Bin(n, p_i)$ に従う X_i のモーメント母関数なので，

$$\begin{aligned} M_{X_i + X_j}(t) &= E\left(e^{t(X_i + X_j)}\right) = M_{\boldsymbol{X}}(0, \ldots, 0, t, 0, \ldots, 0, t, 0, \ldots, 0) \\ &= \{p_1 + \cdots + p_{i-1} + p_i e^t + p_{i+1} + \cdots + p_{j-1} + p_j e^t + p_{j+1} + \cdots + p_k\}^n \\ &= \{(p_i + p_j)e^t + (1 - p_i - p_j)\}^n \end{aligned}$$

より，$X_i + X_j$ は $Bin(n, p_i + p_j)$ に従うことが分かる．よって，$V(X_i + X_j) = n(p_i + p_j)(1 - p_i - p_j)$ である．一方，例 3.10 より，

$$V(X_i + X_j) = V(X_i) + V(X_j) + 2\mathrm{Cov}(X_i, X_j)$$

なので，

$$n(p_i + p_j)(1 - p_i - p_j) = np_i(1 - p_i) + np_j(1 - p_j) + 2\mathrm{Cov}(X_i, X_j)$$

が成り立ち，これより，$\mathrm{Cov}(X_i, X_j) = -np_i p_j$ を得る． ∎

第6章
標本分布

　世論調査や製品の抜き取り調査など，私たちがデータを整理する対象は標本（サンプル）であって，全データを対象としている訳ではありません．しかし，実際に，このような標本調査から，国民全体やすべての製品の品質など，いわば全体（母集団）を推測しているのです．標本から母集団を推測するには，母集団と標本の関係を明らかにする必要があり，それらの間を結びつけるのが標本分布です．本章では，標本分布の基礎とこれを扱う際に重要な役割を果たす χ^2 分布，t 分布，F 分布について説明します．

Section 6.1
母集団と標本★

　内閣支持率やテレビの視聴率というのは，対象者全員を調べたものではありません．現実問題として，すべての有権者やテレビ保有者全員に質問することはできません．実際には，対象者の一部に質問をすることになります．このように，対象全体ではなく，その一部を取りだして調べることを**標本調査**といいます．これに対し，対象全体を調べることを**全数調査**といいます．国勢調査や全国学力テストなどは全数調査です．もちろん国勢調査に答えない人や全国学力テストを受けない人もいるでしょうが，そちらのほうが少数派，つまり，調査されない側が少数派です．これに対し標本調査のほうは，調査される側が少数派なのです．
　いずれにせよ大切なのは，標本調査と全数調査のどちらがよいかを適切に判断することです．

全数調査が好ましい場合

(1) 生命に関わること．
　　例えば，狂牛病対策の全頭検査，一酸化炭素中毒を起こす可能性を秘めた暖房機器，など．

(2) データサイズが比較的小さい場合.
例えば，学校のクラスや学年を対象とした調査や商店街を対象とした調査，など．データ数が少ないと全体の傾向はつかめません．
(3) 明らかにデータに偏りが生じると予想される場合．
例えば，学生からの意見を集めようとして学生懇談会を開いたとしても，そこに来るような学生は，満足度が高いか低いかの極端な場合が多いものです．また，企業が行っているお客さま満足度調査も，わざわざアンケートに回答する人が対象になっているので，学生懇談会とほぼ同じような状況でしょう．

全数調査を行うときは，何らかの強制力が必要です．お願いしただけでは，回答しない人のほうが多いものです．

標本調査が好ましい場合

(1) 全数調査では，時間や経費の上で調査が現実的でない場合．
例えば，内閣支持率を有権者全員に聞いて，まとめていたら，そのころには，内閣が変わっているかもしれません．
(2) 調査によって調査対象が破壊される場合．
例えば，ある菓子メーカーのお菓子の味が同じになっているかを確認するために，すべてのお菓子の味見をしていては売る商品がなくなってしまいます．
(3) 測定が不可能な要素を含む場合．
例えば，来年度の経済成長率やあるメーカーが作るすべての自動車の燃費などを調べようとすると，過去・現在・未来すべてのものを調べ上げないといけません．

標本調査は，調査対象全体をその一部から予想することを目的として行います．したがって，標本調査を行う上で，大切なのは，調査対象全体と同じと思われる偏りのないデータを集めることです．なにせ，世論調査の場合，数千人の標本調査で，国民全体の意見を予想している訳ですから．

さて，あまり専門用語を使わずに解説すると，どうしても説明が冗長になってしまいますので，ここでいくつか用語を導入しましょう．

―― 母集団 ――

定義 6.1 これから知りたいと思う集団全体を**母集団**といい，集団を構成する要素数が有限のものを**有限母集団**，無限のものを**無限母集団**という．

有限母集団の場合でも，十分に多くの要素から成るときは無限母集団と見なされることがあります．

―― 標本 ――

定義 6.2 母集団から取りだされるデータを**標本**といい，母集団から標本を取り出すことを**標本抽出**あるいは**サンプリング**という．また，抽出された標本の数を**標本の大きさ**または**標本サイズ**などといい，実際に観測された標本の値を**標本値**という．

6.1 母集団と標本★

統計的推測

定義 6.3 標本を用いて母集団の性質を推測することを**統計的推測**という．

統計的推測を行う場合，抽出された標本を用いて母集団の性質を推測するためには，独立な観測を行って偏りのないデータを取り出す必要があります．抽出された標本は，母集団をそのまま縮小した形になっていることが望ましいのです（図 6.1）．

単純無作為抽出

定義 6.4 独立に標本を抽出する方法を**無作為抽出**あるいは**ランダム・サンプリング**といい，無作為抽出された標本を**無作為標本**という．特に，母集団の各要素が標本に含まれる確率が等しくなるように無作為抽出することを，**単純無作為抽出**といい，それによりできた標本を**単純無作為標本**という．

母集団の要素数を N，標本の要素数を n とするとき，単純無作為抽出では，母集団の各要素が標本に含まれる確率を n/N とします．

単純無作為抽出を行うには，母集団のすべてのデータがほぼ同じ確率で均等に選ばれる必要があり，そのために乱数が用いられます．乱数を発生させる方法としては，乱数サイと呼ばれる正 20 面体のサイコロを用いる方法，乱数表を用いる方法やコンピュータを用いて疑似乱数を発生する方法などがあります．

なお，本書では単純無作為抽出された場合のみしか扱わないので，無作為抽出といえば，単純無作為抽出のことを指すものとします．

復元抽出と非復元抽出

定義 6.5 母集団から抽出した要素を再び母集団に戻して，再び最初と同じ母集団からデータを取り出す方法を**復元抽出**といい，抽出データを戻さずに，それ以外のデータを取り出す方法を**非復元抽出**という．

通常の実験や調査では，非復元抽出が行われていると考えられ，母集団サイズが標本サイズに比べて十分大きい場合は，いずれの方法によってもほとんど差がないので，非復元抽出のみを考えれば十分の場合が多い．

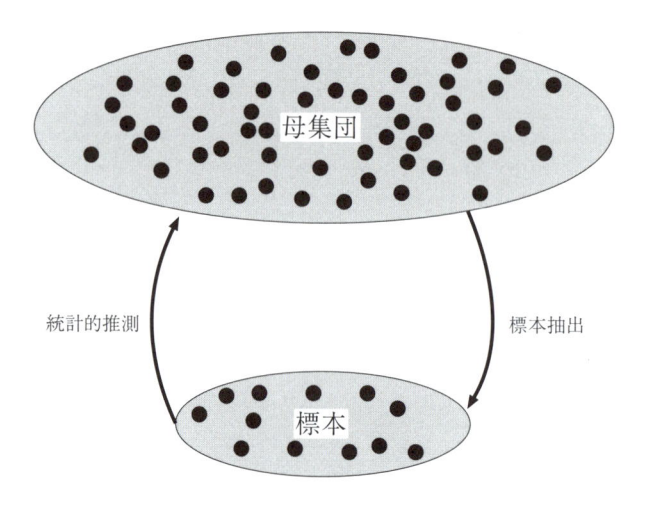

図 6.1　母集団と標本

Section 6.2
標本平均と標本分散★

　標本を今までの学んだ理論で扱うために，単純無作為抽出を確率変数という言葉を使っていい直してみましょう．

　ある母集団を観測して，大きさ n の無作為標本 $X_1, X_2, \ldots, X_n$ が得られたとしましょう．(単純) 無作為抽出ということは，「独立」に「母集団の各要素が標本に含まれる確率が等しく」なるように抽出された，ということです．前半の「独立」は，確率変数が独立ということで，後半は「母集団の分布 (これを**母分布**と呼ぶ) と同じ分布になる」という意味です．つまり，大きさ n の無作為標本 $X_1, X_2, \ldots, X_n$ とは，母分布と同一の確率分布に従う互いに独立な確率変数，ということになります．

---- 統計量と標本分布 ----

定義 6.6 $X_1, X_2, \cdots, X_n$ を無作為標本とする．このとき，推測に用いられる標本 $X_1, X_2, \cdots, X_n$ の関数 $T(X_1, X_2, \cdots, X_n)$ を**統計量**という．また，統計量の確率分布を**標本分布**という．

　統計量は，無作為標本の関数ですから，統計量もまた確率変数になります．
　統計量の代表例として，ここでは標本平均と標本分散を考えましょう．

6.2 標本平均と標本分散★

標本平均と標本分散

定義 6.7 大きさ n の無作為標本 $X_1, X_2, \ldots, X_n$ から計算された平均 $\bar{X}$ と分散 S^2

$$\bar{X} = \frac{1}{n}\sum_{i=1}^{n} X_i, \quad S^2 = \frac{1}{n}\sum_{i=1}^{n}(X_i - \bar{X})^2$$

をそれぞれ，**標本平均**，**標本分散**といい，S を**標本標準偏差**という．

さて，母集団はある確率分布によって，特徴づけられます．問題を簡単にするために，この確率分布はいくつかのパラメータを含む確率関数あるいは確率密度関数によって定まり，完全に分かるものとします．このようなパラメータのことを**母数**といいます．例えば，母集団が正規分布に従うときは，平均 μ と分散 σ^2 が母数となります．なお，これらをそれぞれ，**母平均**，**母分散**といいます．

これを踏まえて，標本平均の役割を考えてみましょう．標本平均 $\bar{X}$ は，定理 3.7 より，

(1) $E(\bar{X}) = \mu$ を満たし，
(2) 大数の法則 (定理 3.8) より，$\bar{X} \to \mu (n \to \infty)$

となるので，標本平均 $\bar{X}$ が，母平均 μ を推測するための重要な手がかりになることが分かります．

そうとなれば，母分散 σ を推測するために，標本分散 S^2 を使おう，と思うのですが，そんなには単純にいかないのです．というのも，後で見るように，

$$E(S^2) = \frac{n-1}{n}\sigma^2 \neq \sigma^2$$

となるからです．このことは，標本分散 S^2 を使って，母分散 σ^2 を推定しようとすると，やや小さめ $((n-1)/n < 1)$ に評価されることを意味します．そこで，このような偏りがないように，

$$E(U^2) = \sigma^2$$

となる新たな統計量を考える必要があります．こうして，考え出されたのが，次の不偏分散です．

不偏分散

定義 6.8 大きさ n の無作為標本 $X_1, X_2, \ldots, X_n$ から計算された

$$U^2 = \frac{1}{n-1}\sum_{i=1}^{n}(X_i - \bar{X})^2$$

を，**不偏分散**といい，$U = \sqrt{U^2}$ を**不偏標準偏差**という．

この不偏分散と通常の分散の使い分けですが，

- すべてのデータを使って分散を求めるときは，通常の分散を使い，
- 全データの一部を使って分散を求めるときは，不偏分散を使う，

と覚えておくとよいでしょう．不偏分散はあくまでも標本に対する分散であって，全データに対する分散ではありません．

以上，ざっと説明しましたが，標本平均，標本分散，不偏分散に関する性質を定理としてまとめておきましょう．

―― **標本平均の平均と分散** ――

定理 6.1 $X_1, X_2, \ldots, X_n$ は平均 μ，分散 σ^2 をもつ母分布からの無作為標本だとする．このとき，標本平均 $\bar{X}$ の平均と分散は次式で与えられる．

$$E(\bar{X}) = \mu, \quad V(\bar{X}) = \frac{\sigma^2}{n}$$

(証明)
仮定より，
$$E(X_1) = E(X_2) = \cdots = E(X_n) = \mu$$
$$V(X_1) = V(X_2) = \cdots = V(X_n) = \sigma^2$$
なので，定理 3.7 の仮定を満たす．よって，定理の主張が成り立つ． ■

$E(\bar{X}) = \mu$ は，「$\bar{X}$ は，μ を過大にも過小にも評価せず，平均的に偏りなく推定する」ことを意味します．また，$V(\bar{X}) = \dfrac{\sigma^2}{n} \to 0 (n \to \infty)$ は，「標本サイズが十分に大きければ，$\bar{X}$ は μ に集中する」ことを意味します．

―― **標本分散と不偏分散の平均** ――

定理 6.2 $X_1, X_2, \ldots, X_n$ は平均 μ，分散 σ^2 をもつ母分布からの無作為標本だとする．このとき，標本分散 S^2 と不偏分散 U^2 の平均は次式で与えられる．

$$E(S^2) = \frac{n-1}{n}\sigma^2, \quad E(U^2) = \sigma^2$$

(証明)

$$\begin{aligned}
S^2 &= \frac{1}{n}\sum_{i=1}^n (X_i - \bar{X})^2 = \frac{1}{n}\sum_{i=1}^n (X_i^2 - 2X_i\bar{X} + \bar{X}^2) \\
&= \frac{1}{n}\sum_{i=1}^n X_i^2 - 2\left(\frac{1}{n}\sum_{i=1}^n X_i\right)\bar{X} + \bar{X}^2 = \frac{1}{n}\sum_{i=1}^n X_i^2 - \bar{X}^2
\end{aligned} \quad (6.1)$$

なので，定理 3.5，分散公式 (定理 2.4) および定理 6.1 より，

$$\begin{aligned}
E(S^2) &= E\left(\frac{1}{n}\sum_{i=1}^n X_i^2 - \bar{X}^2\right) = \frac{1}{n}\sum_{i=1}^n E(X_i^2) - E(\bar{X}^2) \\
&= \frac{1}{n}\sum_{i=1}^n \left(V(X_i) + E(X_i)^2\right) - \left(V(\bar{X}) + E(\bar{X})^2\right) \\
&= \frac{1}{n}\sum_{i=1}^n (\sigma^2 + \mu^2) - \left(\frac{\sigma^2}{n} + \mu^2\right) = \sigma^2 + \mu^2 - \frac{\sigma^2}{n} - \mu^2 = \frac{n-1}{n}\sigma^2
\end{aligned}$$

を得る．そして，上式の両辺に $\dfrac{n}{n-1}$ を掛けると，

$$E\left(\frac{n}{n-1}S^2\right) = \sigma^2$$

を得る．ここで，

$$\frac{n}{n-1}S^2 = \frac{n}{n-1}\cdot\frac{1}{n}\sum_{i=1}^{n}(X_i - \bar{X})^2 = \frac{1}{n-1}\sum_{i=1}^{n}(X_i - \bar{X}) = U^2 \quad (6.2)$$

に注意すれば，結局，

$$E(U^2) = \sigma^2$$

を得る． ∎

母集団の性質を推測する場合，統計量が既知の分布に従ってくれると，何かと解析しやすいはずです．一般に，母分布が正規分布 $N(\mu, \sigma^2)$ である母集団を**正規母集団**といいますが，このときは定理 6.1 より次のことが分かります．

正規母集団からの標本平均の性質

系 6.1 $X_1, X_2, \ldots, X_n$ は平均 μ，分散 σ^2 をもつ正規母集団からの無作為標本だとする．このとき，標本平均 $\bar{X}$ は正規分布 $N\left(\mu, \dfrac{\sigma^2}{n}\right)$ に従う．したがって，$Z = \dfrac{\bar{X} - \mu}{\sigma/\sqrt{n}}$ は標準正規分布 $N(0,1)$ に従う．

(証明)

例 5.3 より $\bar{X}$ は正規分布に従い，定理 6.1 より $N\left(\mu, \dfrac{\sigma^2}{n}\right)$ に従うことが分かる．また，定理 4.5 より，

$$Z = \frac{\bar{X} - \mu}{\sqrt{\frac{\sigma^2}{n}}} = \frac{\bar{X} - \mu}{\sigma/\sqrt{n}}$$

は $N(0,1)$ に従うことが分かる． ∎

さらに，正規母集団からの無作為標本の場合は，標本平均と不偏分散は独立になります．

標本平均と不偏分散の独立性

定理 6.3 $X_1, X_2, \ldots, X_n$ は平均 μ，分散 σ^2 をもつ正規母集団からの無作為標本だとする．このとき，標本平均 $\bar{X}$ と不偏分散 U^2 は独立である．

(証明)

任意の定数 $a_1, a_2, \ldots, a_n$ に対して $\bar{a} = \dfrac{1}{n}\sum_{i=1}^{n}a_i$ として $Y = \sum_{i=1}^{n}a_i(X_i - \bar{X})$ を考えると，

$$Y = \sum_{i=1}^{n}a_i(X_i - \bar{X}) = \sum_{i=1}^{n}a_i X_i - n\bar{a}\bar{X} = \sum_{i=1}^{n}a_i X_i - \bar{a}\sum_{i=1}^{n}X_i = \sum_{i=1}^{n}(a_i - \bar{a})X_i$$

となるので，正規分布の再生性より Y は正規分布に従う．また，系 6.1 より $\bar{X}$ も正規分布に従う．ここで，演習問題 3.18, 3.20 より，

$$\mathrm{Cov}(\bar{X}, Y) = \mathrm{Cov}\left(\frac{1}{n}\sum_{i=1}^{n} X_i, \sum_{j=1}^{n}(a_j - \bar{a})X_j\right) = \frac{1}{n}\sum_{i=1}^{n}\sum_{j=1}^{n}(a_j - \bar{a})\mathrm{Cov}(X_i, X_j)$$

であり，$X_1, X_2, \ldots, X_n$ は独立なので，$i \neq j$ のとき $\mathrm{Cov}(X_i, X_j) = 0$ であることに注意すれば，

$$\mathrm{Cov}(\bar{X}, Y) = \frac{1}{n}\sum_{i=1}^{n}(a_i - \bar{a})\mathrm{Cov}(X_i, X_i) = \frac{1}{n}\sum_{i=1}^{n}(a_i - \bar{a})V(X_i) = \frac{\sigma^2}{n}\sum_{i=1}^{n}(a_i - \bar{a}) = 0$$

を得る．よって，定理 4.8 より $\bar{X}$ と Y は独立となり，特に $a_i = 1, a_j = 0 (j \neq i)$ と選べば，$\bar{X}$ と $X_i - \bar{X}$ が独立となることが分かる．ゆえに，不偏分散 $U^2 = \dfrac{1}{n-1}\sum_{i=1}^{n}(X_i - \bar{X})^2$ が $X_i - \bar{X}$ の関数であることに注意すれば，定理 3.2 より $\bar{X}$ と U^2 が独立だと分かる．■

母集団として正規母集団を仮定する，というのはいささか現実的ではないような気がしますが，実はそうではないのです．なぜなら，「標本平均 $\bar{X}$ は近似的に正規分布 $N\left(\mu, \dfrac{\sigma^2}{n}\right)$ に従う」，という強力な定理があるからです．これが，**中心極限定理**と呼ばれるものです．大数の法則 (定理 3.8) は，標本平均の分布が期待値に μ に集中していくことを主張していますが，中心極限定理は平均 μ(中心) 部分を拡大して集中の様子を調べたものです．そのために，標本平均 $\bar{X}$ と期待値 μ との差を $\sqrt{n}$ 倍した確率変数

$$Z_n = (\bar{X} - \mu)\sqrt{n} = \frac{X_1 - \mu}{\sqrt{n}} + \frac{X_2 - \mu}{\sqrt{n}} + \cdots + \frac{X_n - \mu}{\sqrt{n}}$$

の分布を考えます．

中心極限定理をより一般的に述べると次のようになります．

中心極限定理

定理 6.4 同じ分布に従う互いに独立な確率変数 $X_1, X_2, \ldots, X_n$ について，

$$E(X_i) = \mu, \quad V(X_i) = \sigma^2 \quad (i = 1, 2, \ldots, n)$$

とする．このとき，確率変数 $\bar{X} = \dfrac{1}{n}\sum_{i=1}^{n} X_i$ の分布は n が大きいとき，近似的に正規分布 $N\left(\mu, \dfrac{\sigma^2}{n}\right)$ に従う．

(証明)
$Y_i = X_i - \mu (i = 1, 2, \ldots, n)$ とすると定理 2.3 より，

$$E(Y_i) = E(X_i - \mu) = E(X_i) - \mu = 0, \quad V(Y_i) = V(X_i - \mu) = V(X_i) = \sigma^2$$

である．したがって，Y_i のモーメント母関数を $M_{Y_i}(t)$ とすると，(5.5), (5.6) より

$M_{Y_i}(0) = 1, M'_{Y_i}(0) = E(Y_i) = 0, M''_{Y_i}(0) = E(Y_i^2) = E(Y_i^2) - E(Y_i)^2 = V(X_i) = \sigma^2$

である.
$f(t) = \log M_{Y_i}(t)$ とすれば,

$$f'(t) = \frac{M'_{Y_i}(t)}{M_{Y_i}(t)}, \quad f''(t) = \frac{M''_{Y_i}(t)M_{Y_i}(t) - (M'_{Y_i}(t))^2}{M^2_{Y_i}(t)}$$

なので, $f(0) = 0$, $f'(0) = 0$, $f''(0) = \sigma^2$ である.
ここで, $f(t)$ のマクローリン展開を考えれば,

$$\log M_{Y_i}(t) = f(t) = f(0) + f'(0)t + \frac{1}{2}f''(0)t^2 + \frac{1}{6}f'''(0)t^3 + \cdots \approx \frac{\sigma^2}{2}t^2 + \alpha t^3$$

である. ただし, $\alpha = \frac{1}{6}f'''(0)$ とした.
ゆえに, $Y = \frac{1}{\sqrt{n}}(Y_1 + Y_2 + \cdots + Y_n)$ のモーメント母関数を考えると, 定理 3.5(2) より,

$$\begin{aligned}
E(e^{tY}) &= E\left(e^{\frac{t}{\sqrt{n}}(Y_1+Y_2+\cdots+Y_n)}\right) = E\left(e^{\frac{t}{\sqrt{n}}Y_1}\right)E\left(e^{\frac{t}{\sqrt{n}}Y_2}\right)\cdots E\left(e^{\frac{t}{\sqrt{n}}Y_n}\right) \\
&= M_{Y_1}\left(\frac{t}{\sqrt{n}}\right)M_{Y_2}\left(\frac{t}{\sqrt{n}}\right)\cdots M_{Y_n}\left(\frac{t}{\sqrt{n}}\right)
\end{aligned}$$

ここで, $Y_1, Y_2, \ldots, Y_n$ は同じ分布に従うので,

$$M_{Y_1}\left(\frac{t}{\sqrt{n}}\right) = M_{Y_2}\left(\frac{t}{\sqrt{n}}\right) = \cdots = M_{Y_n}\left(\frac{t}{\sqrt{n}}\right)$$

となることに注意し, $M(t) = M_{Y_i}(t)(i = 1, 2, \ldots, n)$ とすれば,

$$\begin{aligned}
E(e^{tY}) &= M\left(\frac{t}{\sqrt{n}}\right)^n = e^{n \log M\left(\frac{t}{\sqrt{n}}\right)} = e^{n\left(\frac{\sigma^2}{2}\left(\frac{t}{\sqrt{n}}\right)^2 + \alpha\left(\frac{t}{\sqrt{n}}\right)^3 + \cdots\right)} \\
&= e^{\left(\frac{\sigma^2}{2}t^2 + \frac{\alpha}{\sqrt{n}}t^3 + \cdots\right)} \to e^{\frac{\sigma^2 t^2}{2}} \quad (n \to \infty)
\end{aligned}$$

となる.
例 5.2 より, $e^{\frac{\sigma^2 t^2}{2}}$ は正規分布 $N(0, \sigma^2)$ のモーメント母関数なので,

$$Y = \frac{1}{\sqrt{n}}(Y_1 + Y_2 + \cdots + Y_n) = \frac{1}{\sqrt{n}}(X_1 + X_2 + \cdots + X_n - n\mu)$$

は n が十分に大きいとき, 近似的に正規分布 $N(0, \sigma^2)$ に従う.
したがって, 定理 4.4 より $\bar{X} = \frac{Y}{\sqrt{n}} + \mu$ は近似的に $N\left(\mu, \frac{\sigma^2}{n}\right)$ に従う. ■

― **中心極限定理** ―

系 6.2 定理 6.4 と同じ仮定の下で,

$$Z = \frac{\bar{X} - \mu}{\sigma}\sqrt{n}$$

は近似的に標準正規分布 $N(0, 1)$ に従う.

(証明)
中心極限定理 (定理 6.4) と定理 4.5 より，

$$Z = \frac{\bar{X} - \mu}{\sqrt{\frac{\sigma^2}{n}}} = \frac{\bar{X} - \mu}{\sigma}\sqrt{n}$$

は $N(0,1)$ に従うことが分かる． ∎

二項分布と正規分布

例 6.1 n が十分に大きいとき，二項分布 $Bin(n,p)$ は正規分布 $N(np, np(1-p))$ で近似されることを中心極限定理を用いて示せ．

【解答】
$X_1, X_2, \ldots, X_n$ を成功の確率が p のベルヌーイ試行とすれば，$X = \sum_{i=1}^{n} X_i$ は $Bin(n,p)$ に従う．
ここで，定理 4.1 の証明より $E(X_i) = p$, $V(X_i) = p(1-p)$ なので，中心極限定理 (定理 6.4) より $\bar{X} = \frac{1}{n}\sum_{i=1}^{n} X_i$ は近似的に $N(p, p(1-p)/n)$ に従う．よって，定理 4.4 より，
$X = n\bar{X}$ は $N\left(np, n^2 \frac{p(1-p)}{n}\right) = N(np, np(1-p))$ に近似的に従う． ∎

■■■ 演習問題 ■■■■■■■■■■■■■■■■■■■■■■■■■■■

●**演習問題 6.1** 確率変数 X が二項分布 $Bin(n,p)$ に従うとき，n が十分に大きければ $Y = \dfrac{X - np}{\sqrt{np(1-p)}}$ は標準正規分布 $N(0,1)$ に従うことを中心極限定理によって示せ．

Section 6.3
ガンマ関数・ベータ関数*

　ここでは，後に登場する推定や検定で必要な分布について説明します．
　χ^2 分布・t 分布・F 分布を理解するためにはガンマ関数とベータ関数の知識が必要なので，まずはこれらの説明をします．すでに微分積分でこれらについて学んでいる人は読み飛ばしてください．

6.3 ガンマ関数・ベータ関数*

ガンマ関数・ベータ関数

定義 6.9 $s > 0$ のとき,
$$\Gamma(s) = \int_0^\infty e^{-x} x^{s-1} dx$$
で定義される関数を**ガンマ関数**という.
また, $p > 0, q > 0$ のとき,
$$B(p,q) = \int_0^1 x^{p-1}(1-x)^{q-1} dx$$
で定義される関数を**ベータ関数**という.

ガンマ関数とベータ関数には次の性質があります.

ガンマ関数とベータ関数

定理 6.5 定義 6.9 のガンマ関数とベータ関数について, 以下の性質が成り立つ.

(1) $\Gamma(1) = 1$, $\Gamma\left(\dfrac{1}{2}\right) = \sqrt{\pi}$.

(2) $\Gamma(s+1) = s\Gamma(s)$. 特に, n が自然数のときは $\Gamma(n+1) = n!$.

(3) $B(p,q) = \dfrac{\Gamma(p)\Gamma(q)}{\Gamma(p+q)}$.

(証明)
ここでは, 広義積分で必要な極限操作を省略し, 形式的に計算する.
(1)
$\Gamma(1) = \int_0^\infty e^{-x} dx = \left[-e^{-x}\right]_0^\infty = -e^{-\infty} + e^0 = 1$
$\Gamma\left(\dfrac{1}{2}\right) = \int_0^\infty e^{-x} x^{-\frac{1}{2}} dx$ であり, $x = t^2$ とおくと $dx = 2tdt$ で, $x : 0 \to \infty$ のとき $t : 0 \to \infty$ なので,

$$\begin{aligned}\Gamma\left(\dfrac{1}{2}\right) &= \int_0^\infty e^{-x} x^{-\frac{1}{2}} dx \int_0^\infty e^{-t^2} \cdot (t^2)^{-\frac{1}{2}} \cdot 2t dt = 2\int_0^\infty e^{-t^2} dt \\ &= 2 \cdot \dfrac{\sqrt{\pi}}{2} = \sqrt{\pi}\end{aligned}$$

である. ここで, $\int_0^\infty e^{-t^2} dt = \dfrac{\sqrt{\pi}}{2}$ という事実を使った[1].

(2)
$$\begin{aligned}\Gamma(s+1) &= \int_0^\infty e^{-x} x^s dx = \left[(-e^{-x})x^s\right]_0^\infty - \int_0^\infty (-e^{-x}) s x^{s-1} dx \\ &= 0 + s\int_0^\infty e^{-x} x^{s-1} dx = s\Gamma(s)\end{aligned}$$

---
[1] 例えば, 拙著 [10] の例 6.7, 演習問題 6.25 を参照してください.

である．また，$s = n$ とすれば，

$$\begin{aligned}\Gamma(n+1) &= n\Gamma(n) = n(n-1)\Gamma(n-1) = n(n-1)(n-2)\Gamma(n-2) \\ &= \cdots = n(n-1)(n-2)\cdots 3\cdot 2\cdot 1\cdot \Gamma(1) = n!\Gamma(1) = n!\end{aligned}$$

(3)

$$\Gamma(p)\Gamma(q) = \left(\int_0^\infty e^{-x}x^{p-1}dx\right)\left(\int_0^\infty e^{-y}y^{q-1}dy\right) = \int_0^\infty\int_0^\infty e^{-(x+y)}x^{p-1}y^{q-1}dxdy$$

であり，$x = uv, y = u(1-v)$ とおくと $D = \{(x,y)\,|\,0 < x < \infty, 0 < y < \infty\}$ は $E = \{(u,v)\,|\,0 < u < \infty, 0 < v < 1\}$ と 1 対 1 に対応する．よって，ヤコビアン J は，

$$J = \frac{\partial(x,y)}{\partial(u,v)} = \begin{vmatrix} x_u & x_v \\ y_u & y_v \end{vmatrix} = \begin{vmatrix} v & u \\ 1-v & -u \end{vmatrix} = -uv - u + uv = -u$$

である．ゆえに，

$$\begin{aligned}\Gamma(p)\Gamma(q) &= \iint_E e^{-u}(uv)^{p-1}u^{q-1}(1-v)^{q-1}|-u|dudv \\ &= \left(\int_0^\infty e^{-u}u^{p+q-1}du\right)\left(\int_0^1 v^{p-1}(1-v)^{q-1}dv\right) = \Gamma(p+q)B(p,q)\end{aligned}$$

である． ∎

スターリングの公式

例 6.2

$$\lim_{n\to\infty}\frac{\Gamma(n+1)}{\sqrt{2\pi n}(n/e)^n} = 1, \tag{6.3}$$

つまり，n が十分大きいとき，次式が成り立つことを示せ．

$$n! \approx \sqrt{2\pi}n^{n+\frac{1}{2}}e^{-n} \tag{6.4}$$

なお，(6.3) や (6.4) を **スターリングの公式** という．

【解答】
(6.3) と (6.4) は表現が違うだけで内容は同じなので，(6.4) を示せば十分である．また，ここでは，広義積分で必要な極限操作を省略し，形式的に計算する．
まず，定理 6.5 より，

$$n! = \Gamma(n+1) = \int_0^\infty x^n e^{-x}dx = \int_0^x e^{\log x^n}e^{-x}dx = \int_0^x e^{-x + n\log x}dx$$

ある．次に，$f(x) = -x + n\log x$ とおいて $f'(x) = -1 + \frac{n}{x} = 0$ を解くと $x = n$ であり，$x > n$ のとき $f(x) < 0$，$x < n$ のとき $f(x) > 0$ なので $f(x)$ は $x = n$ で最大となる．この $x = n$ の周りで $f(x)$ をテイラー展開すれば，

$$\begin{aligned}f(x) &= f(n) + f'(n)(x-n) + \frac{1}{2}f''(n)(x-n)^2 + \cdots \\ &= (-n + n\log n) + 0 + \frac{1}{2}\cdot\left(-\frac{1}{n}\right)(x-n)^2 + \cdots\end{aligned}$$

となるので,
$$n! = \int_0^\infty e^{f(x)}dx = \int_0^\infty e^{-n+n\log n - \frac{1}{2n}(x-n)^2}dx = e^{-n+n\log n}\int_0^\infty e^{-\frac{(x-n)^2}{2n}}dx$$

である．ここで，$x \to \infty$ のとき $e^{-\frac{(x-n)^2}{2n}} \to 0$ であり，n が十分大きいときは $x = 0$ の近くで $e^{-\frac{(x-n)^2}{2n}} \approx 0$ と考えてよい[2]ことに注意する．つまり，$e^{-\frac{(x-n)^2}{2n}}$ は $x \geq 0$ のみで正の値をとると考えてよいので,
$$\int_0^\infty e^{-\frac{(x-n)^2}{2n}}dx \approx \int_{-\infty}^\infty e^{-\frac{(x-n)^2}{2n}}dx$$

である．
ここで，補題 4.2 において $\alpha = \frac{1}{2n}, \beta = n$ とすれば $\int_{-\infty}^\infty e^{-\frac{(x-n)^2}{2n}}dx = \sqrt{2\pi n}$ となるので，結局，n が十分に大きいとき,
$$n! \approx e^{-n+n\log n}\sqrt{2\pi n} = \sqrt{2\pi n}e^{-n}e^{\log n^n} = \sqrt{2\pi n}e^{-n}n^n$$

を得る． ∎

なお，スターリングの公式は自然数 n を実数 $s > 0$ に置き換えても成立します．つまり,
$$\lim_{s\to\infty}\frac{\Gamma(s+1)}{\sqrt{2\pi s}(s/e)^s} = 1 \tag{6.5}$$

が成り立ちます．

■■■ 演習問題 ■■■■■■■■■■■■■■■■■■■■■■■■■■■

※**演習問題 6.2** 実数 $\alpha > 0, s > 0$ に対して,
$$\lim_{s\to\infty}\frac{\Gamma(s+\alpha)}{s^\alpha \Gamma(s)} = 1$$

が成り立つことをスターリングの公式 (6.5) を用いて示せ．

(ヒント) $\lim_{x\to\infty}\left(1 + \frac{\alpha}{x}\right)^x = e^\alpha$ を使う．

●**演習問題 6.3** ベータ関数 $B(p,q)$ に対して,
$$B(p+1,q) = \frac{p}{p+q}B(p,q), \quad B(p,q+1) = \frac{q}{p+q}B(p,q)$$

が成り立つことを示せ．

---

[2] $e^{-(x-n)^2}$ は $x = n$ を中心とする対称な関数で，$x \to \pm\infty$ のとき $e^{-(x-n)^2} \to 0$ となりますが，e^{-x^2} は $|x|$ が少し大きくなっただけでも急速に 0 へ向かうので，n が大きいとき，つまり，中心が原点から大きく離れていれば $x = 0$ の近くで $e^{-(x-n)^2}$ と考えられます．

Section 6.4
χ^2 分布

$X_1, X_2, \ldots, X_n$ を平均 μ, 分散 σ^2 をもつ母分布からの無作為標本とすれば, 不偏分散 U^2 は $E(U^2) = \sigma^2$ を満たします. このことは, 不偏分散 U^2 の標本分布が分かれば, 母分散 σ^2 が推測できることを意味します.

不偏分散 U^2 は, 標本の散らばり具合を表していますが, それを測る量としては, 理論値 (期待値) $E(X_i) = \mu$ と標本 (測定値) との誤差

$$X = (X_1 - \mu)^2 + (X_2 - \mu)^2 + \cdots + (X_n - \mu)^2 \tag{6.6}$$

が考えられます. すると, 定理 2.3 より, $E(X_i - \mu) = 0$ かつ $V(X_i - \mu) = V(X_i) = \sigma^2$ なので, 定理 2.4 より $E((X_i - \mu)^2) = \sigma^2$ となります. ここで, $E(U^2) = \sigma^2$ であることを思い出せば, (6.6) が不偏分散 U^2 の標本分布を求めるための基礎的な量になると予想されます.

一般に, $X_1 - \mu, X_2 - \mu, \ldots, X_n - \mu$ は独立で, 正規母集団を仮定すれば, 定理 4.4 より $(X_1 - \mu)/\sigma, (X_2 - \mu)/\sigma, \ldots, (X_n - \mu)/\sigma$ は正規分布 $N(0, 1)$ に従います. そこで, 不偏分散 U^2 の標本分布を求めるために次のような χ^2 分布を定義します. **χ^2 分布は, 正規母集団からの標本 $X_1, X_2, \ldots, X_n$ に基づいた不偏分散を扱うときには必ず関係します.**

χ^2 分布

定義 6.10 標準正規分布 $N(0, 1)$ に従う n 個の独立な確率変数 $X_1, X_2, \ldots, X_n$ に対して,

$$X = X_1^2 + X_2^2 + \cdots + X_n^2 \tag{6.7}$$

をするとき, X が従う分布を自由度 n の **χ^2 分布** (カイ 2 乗分布) といい, χ_n^2 または $\chi^2(n)$ と表す. また, 自由度 n の χ^2 分布の上側確率が α となる値を $\chi_n^2(\alpha)$ または $\chi_\alpha^2(n)$ と書き, これを自由度 n の**上側 α 点**または**上側確率 $100\alpha\%$ 点**という (図 6.2).

χ^2 分布の確率密度関数のグラフを図 6.3 に, 確率密度関数は定理 6.6 で示します. また, χ^2 分布表 (p.265, 表 6) を使えば, $n = 6$ のとき, $\chi_6^2(0.05) =$

12.592 であり，$P(\chi^2 > 12.592) = 0.05$ であることが分かります．

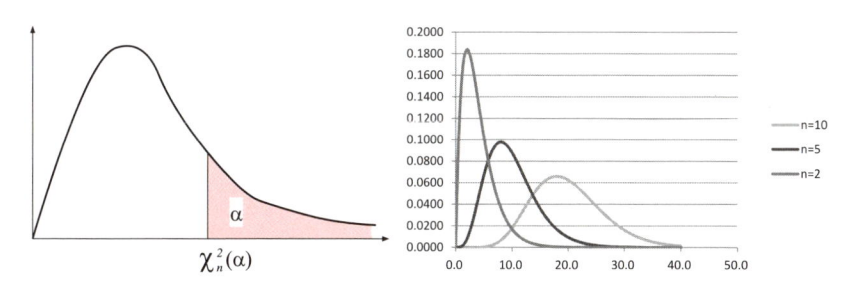

図 6.2　自由度 n の χ^2 分布の上側 α 点　　　図 6.3　χ^2 分布

χ^2 分布の確率密度関数

定理 6.6 自由度 n の χ^2 分布の確率密度関数は，次式で与えられる．

$$f(x) = \begin{cases} \dfrac{1}{2^{\frac{n}{2}} \Gamma\left(\frac{n}{2}\right)} x^{\frac{n}{2}-1} e^{-\frac{x}{2}} & (x \geq 0) \\ 0 & (x < 0) \end{cases} \tag{6.8}$$

(証明)
(6.8) のモーメント母関数は，

$$\begin{aligned} M_X(t) &= E(e^{tX}) = \int_{-\infty}^{\infty} e^{tx} f(x) dx = \int_0^{\infty} e^{tx} \frac{1}{2^{\frac{n}{2}} \Gamma\left(\frac{n}{2}\right)} x^{\frac{n}{2}-1} e^{-\frac{x}{2}} dx \\ &= \int_0^{\infty} \frac{1}{2^{\frac{n}{2}} \Gamma\left(\frac{n}{2}\right)} x^{\frac{n}{2}-1} e^{-\frac{(1-2t)}{2}x} dx \end{aligned}$$

であり，$y = (1-2t)x$ とすれば，$dy = (1-2t)dx$ なので，

$$\begin{aligned} M_X(t) &= \int_0^{\infty} \frac{1}{2^{\frac{n}{2}} \Gamma\left(\frac{n}{2}\right)} \left(\frac{y}{1-2t}\right)^{\frac{n}{2}-1} e^{-\frac{y}{2}} \frac{1}{1-2t} dy \\ &= \left(\frac{1}{1-2t}\right)^{\frac{n}{2}} \frac{1}{2^{\frac{n}{2}} \Gamma\left(\frac{n}{2}\right)} \int_0^{\infty} e^{-\frac{y}{2}} y^{\frac{n}{2}-1} dy \end{aligned}$$

となる．ここで，$2x = y$ とすれば $2dx = dy$ なので，

$$\int_0^{\infty} e^{-\frac{y}{2}} y^{\frac{n}{2}-1} dy = \int_0^{\infty} e^{-x} (2x)^{\frac{n}{2}-1} \cdot 2dx = 2^{\frac{n}{2}} \int_0^{\infty} e^{-x} x^{\frac{n}{2}-1} dx = 2^{\frac{n}{2}} \Gamma\left(\frac{n}{2}\right)$$

となることに注意すれば，

$$M_X(t) = \left(\frac{1}{1-2t}\right)^{\frac{n}{2}} \tag{6.9}$$

を得る．

一方，$X_1, X_2, \ldots, X_n$ を互いに独立な $N(0,1)$ に従う確率変数とするとき，各 i について X_i^2 のモーメント母関数を変数変換 $y = \sqrt{1-2t}\,x$ を用いて計算すると，$x = (1-2t)^{-\frac{1}{2}}y$，$dx = (1-2t)^{-\frac{1}{2}}dy$ なので，

$$M_{X_i^2}(t) = E\left(e^{tX_i^2}\right) = \int_{-\infty}^{\infty} e^{tx^2} \frac{1}{\sqrt{2\pi}} e^{-\frac{x^2}{2}} dx = \int_{-\infty}^{\infty} \frac{1}{\sqrt{2\pi}} e^{\left(t-\frac{1}{2}\right)\frac{y^2}{1-2t}} (1-2t)^{-\frac{1}{2}} dy$$

$$= (1-2t)^{-\frac{1}{2}} \int_{-\infty}^{\infty} \frac{1}{\sqrt{2\pi}} e^{-\frac{y^2}{2}} dy = (1-2t)^{-\frac{1}{2}}$$

である．$X_1, X_2, \ldots, X_n$ は独立なので $Y = X_1^2 + X_2^2 + \cdots + X_n^2$ のモーメント母関数は定理 5.3 より，

$$M_Y(t) = \left(M_{X_i^2}(t)\right)^n = (1-2t)^{-\frac{n}{2}} = \left(\frac{1}{1-2t}\right)^{\frac{n}{2}} \tag{6.10}$$

である．よって，自由度 n の χ^2 のモーメント母関数 (6.10) は (6.8) の確率密度関数のモーメント母関数 (6.9) に一致するので，自由度 n の χ^2 分布の確率密度関数は (6.8) である．■

不偏分散と χ^2 分布

定理 6.7 $X_1, X_2, \ldots, X_n$ を平均 μ，分散 σ^2 の正規母集団からの無作為標本とし，U^2 を不偏分散とする．このとき，

$$Y = \frac{(n-1)U^2}{\sigma^2} = \frac{1}{\sigma^2} \sum_{i=1}^{n} (X_i - \bar{X})^2$$

は自由度 $n-1$ の χ^2 分布に従う．

(証明)
まず，

$$\sum_{i=1}^{n}(X_i - \bar{X}) = (X_1 - \bar{X}) + \cdots + (X_n - \bar{X}) = (X_1 + \cdots + X_n) - n\bar{X} = 0 \tag{6.11}$$

に注意[3]すれば，

$$\sum_{i=1}^{n}(X_i - \mu)^2 = \sum_{i=1}^{n}(X_i - \bar{X} + \bar{X} - \mu)^2$$

$$= \sum_{i=1}^{n}(X_i - \bar{X})^2 + 2\sum_{i=1}^{n}(X_i - \bar{X})(\bar{X} - \mu) + \sum_{i=1}^{n}(\bar{X} - \mu)^2 \tag{6.12}$$

$$= \sum_{i=1}^{n}(X_i - \bar{X})^2 + n(\bar{X} - \mu)^2$$

であり，上式の両辺を σ^2 で割り，

$$Z_i = \frac{X_i - \mu}{\sigma} \ (i=1,2,\ldots,n), \quad Z = \frac{\sqrt{n}(\bar{X} - \mu)}{\sigma}, \quad X = \sum_{i=1}^{n} Z_i^2$$

---

[3] $X_n - \bar{X} = -(X_1 - \bar{X}) - \cdots - (X_{n-1} - \bar{X})$ となるので，$X_n - \bar{X}$ は $n-1$ 個の変数 $X_1 - \bar{X}, \ldots, X_{n-1} - \bar{X}$ で表されます．つまり，$n-1$ 個の変数 $X_1 - \bar{X}, \ldots, X_{n-1} - \bar{X}$ を自由に選べたとしても，これらにより $X_n - \bar{X}$ は自動的に決まってしまいます．このように，自由に選べられる変数の個数を**自由度**といいます．

とすれば，

$$X = \sum_{i=1}^{n} Z_i^2 = \frac{\sum_{i=1}^{n}(X_i - \bar{X})^2}{\sigma^2} + \left(\frac{\sqrt{n}(\bar{X}-\mu)}{\sigma}\right)^2 = Y + Z^2$$

が成り立つ．ここで，定理 6.3 より U^2 と $\bar{X}$ は独立なので，定理 3.2 よりこれらの関数 Y と Z^2 も独立となる．また，定理 4.4 および系 6.1 より Z_i と Z は標準正規分布 $N(0,1)$ に従うので，X は自由度 n の χ^2 分布に従い，Z^2 は自由度 1 の χ^2 分布に従う．よって，X のモーメント母関数は (6.9) より，

$$\left(\frac{1}{1-2t}\right)^{\frac{n}{2}} = E(e^{tX}) = E\left(e^{t(Y+Z^2)}\right) = E(e^{tY})E(e^{tZ^2}) = E(e^{tY})\left(\frac{1}{1-2t}\right)^{\frac{1}{2}}$$

となる．ゆえに，$E(e^{tY}) = \left(\dfrac{1}{1-2t}\right)^{\frac{n-1}{2}}$ であり，これは自由度 $n-1$ の χ^2 分布のモーメント母関数なので，Y は $n-1$ の χ^2 分布に従う．　∎

不偏分散の変動

例 6.3 $X_1, X_2, \ldots, X_{10}$ は平均 $\mu = 50$，分散 $\sigma^2 = 25$ の正規母集団からの無作為標本だとする．このとき，不偏分散 U^2 が 50 を超える確率を求めよ．

【解答】
定理 6.7 より，$Y = \dfrac{(10-1)U^2}{\sigma^2} = \dfrac{9U^2}{25}$ は自由度 9 の χ^2 分布に従うので，

$$P(U^2 > 50) = P\left(Y > \frac{9 \cdot 50}{25}\right) = P(\chi_9^2 > 18)$$

である．ここで，

$$\frac{1}{2}\left(\chi_9^2(0.05) + \chi_9^2(0.025)\right) \approx \frac{1}{2}(16.919 + 19.023) \approx 17.971 \approx 18$$

であることに注意すれば，求めるべき確率は，

$$P(\chi_9^2 > 18) \approx \frac{1}{2}(0.05 + 0.025) = 0.0375 \approx 0.038$$

である．　∎

この節の最後として，多項分布と χ^2 分布の関係について述べますが，第 8.7 節までは使いませんので，いったん，読み飛ばしても構いません．

多項分布と χ^2 分布の関係

定理 6.8 定理 5.5 と同じ仮定の下，n が十分大きいとき，統計量 $T = \sum_{i=1}^{k} \dfrac{(X_i - np_i)^2}{np_i}$ は自由度 $k-1$ の χ^2 分布に従う．

(証明)
仮定より，$\boldsymbol{X} = (X_1, X_2, \ldots, X_k)$ は多項分布 $p(n; p_1, p_2, \ldots, p_k)$ に従うので，X_i は二項分布 $Bin(n, p_i)$ に従い，n が十分大きければ，定理 4.6 より，X_i は近似的に

$N(np_i, np_i(1-p_i))$ に従う．よって，$Y_i = (X_i - np_i)/\sqrt{np_i}$ とおくと，n が十分大きいとき Y_i も正規分布に近似的に従い，$\boldsymbol{Y} = (Y_1, Y_2, \ldots, Y_k)$ は k 次元正規分布に従うと考えてよい．
ここで，定理 2.3, 5.6, 例 3.10, 演習問題 3.18 より，

$$
\begin{array}{rcl}
E(Y_i) & = & E\left(\dfrac{X_i - np_i}{\sqrt{np_i}}\right) = \dfrac{1}{\sqrt{np_i}}(E(X_i) - np_i) = \dfrac{1}{\sqrt{np_i}}(np_i - np_i) = 0 \\
V(Y_i) & = & V\left(\dfrac{X_i - np_i}{\sqrt{np_i}}\right) = \dfrac{1}{np_i}V(X_i) = \dfrac{np_i(1-p_i)}{np_i} = 1 - p_i \\
\mathrm{Cov}(Y_i, Y_j) & = & \mathrm{Cov}\left(\dfrac{X_i - np_i}{\sqrt{np_i}}, \dfrac{X_j - np_j}{\sqrt{np_j}}\right) = \dfrac{1}{n\sqrt{p_i p_j}}\mathrm{Cov}(X_i, X_j) \\
& = & \dfrac{-np_i p_j}{n\sqrt{p_i p_j}} = -\sqrt{p_i p_j}
\end{array}
$$

なので，$\boldsymbol{Y}$ はこの平均，分散，共分散をもつ k 次元正規分布に従うと考えてよい．
そして，Y_0 を標準正規分布 $N(0,1)$ に従う確率変数とし，$Y_i' = Y_i + \sqrt{p_i}Y_0$ $(i = 1, 2, \ldots, k)$ とすれば，

$$
\begin{array}{rcl}
E(Y_i') & = & E(Y_i) + \sqrt{p_i}E(Y_0) = 0 + 0 = 0 \\
V(Y_i') & = & V(Y_i) + p_i V(Y_0) = 1 - p_i + p_i = 1 \\
\mathrm{Cov}(Y_i', Y_j') & = & \mathrm{Cov}(Y_i, Y_j) + \sqrt{p_i}\sqrt{p_j}V(Y_0) = -\sqrt{p_i p_j} + \sqrt{p_i p_j} = 0 \\
& & \qquad\qquad\qquad\qquad\qquad (i, j = 1, 2, \ldots, k, i \neq j)
\end{array}
$$

なので，Y_i' は $N(0,1)$ に従うと考えてよい．
さらに，k 次の直交行列で第 1 行が $[\sqrt{p_1}, \sqrt{p_2}, \ldots, \sqrt{p_k}]$ となるもの U を 1 つ選び，$\boldsymbol{Y}' = {}^t[Y_1', Y_2', \ldots, Y_k']$, $\boldsymbol{Z} = {}^t[Z_1, Z_2, \ldots, Z_k]$ として $\boldsymbol{Z} = U\boldsymbol{Y}'$ とすれば，

$$
Z_1 = \sum_{i=1}^{k}\sqrt{p_i}Y_i'
$$

$$
\sum_{i=1}^{k} Z_i^2 = {}^t\boldsymbol{Z}\boldsymbol{Z} = {}^t(U\boldsymbol{Y}')(U\boldsymbol{Y}') = {}^t\boldsymbol{Y}'{}^tUU\boldsymbol{Y}' = {}^t\boldsymbol{Y}'\boldsymbol{Y}' = \sum_{i=1}^{k}(Y_i')^2
$$

であり，これと $\sum_{i=1}^{k} X_i = n$ より $\sum_{i=1}^{k} \sqrt{p_i}Y_i = 0$ が成り立つことに注意すれば，

$$
\begin{array}{rcl}
T & = & \displaystyle\sum_{i=1}^{k} Y_i^2 = \sum_{i=1}^{k}(Y_i + \sqrt{p_i}Y_0)^2 - Y_0^2 = \sum_{i=1}^{k}(Y_i')^2 - Y_0^2 \\
& = & \displaystyle\sum_{i=1}^{k} Z_i^2 - \left(\sum_{i=1}^{k}\sqrt{p_i}Y_i'\right)^2 = \sum_{i=1}^{k} Z_i^2 - Z_1^2 = \sum_{i=2}^{k} Z_i^2
\end{array}
$$

となり，χ^2 分布の定義より T は自由度 $k-1$ の χ^2 分布に従う． ∎

演習問題

●**演習問題 6.4** χ^2 分布表より，$\chi_7^2(0.01)$, $\chi_8^2(0.1)$, $\chi_{10}^2(0.1)$, $\chi_{12}^2(0.05)$ の値を求めよ．

●**演習問題 6.5** (χ^2 分布の再生性) 2 つの確率変数 X, Y が独立でそれぞれ自由度 m, n の χ^2 分布に従うとき，$X + Y$ は自由度 $m + n$ の χ^2 分布に従うことを示せ．

●**演習問題 6.6** 確率変数 X が自由度 n の χ^2 分布に従うとき，
$$E(X) = n, \quad V(X) = 2n$$
であることをモーメント母関数を用いて示せ．

●**演習問題 6.7** 独立な確率変数 $X_1, X_2, \ldots, X_n$ が正規分布 $N(\mu, \sigma^2)$ に従うとき，$Y = \dfrac{1}{\sigma^2} \sum_{i=1}^{n} (X_i - \mu)^2$ は自由度 n の χ^2 分布に従うことを示せ．

Section 6.5
t 分布

　正規母集団の分散 σ^2 が既知のときは系 6.1 より標本平均 $\bar{X}$ は正規分布に従い，定理 6.7 より不偏分散 U^2 に基づく統計量 $Y = (n-1)U^2/\sigma^2$ は χ^2 分布に従うことが分かります．しかし，σ^2 が既知という仮定は現実的ではないので，σ^2 が未知の場合を考える必要があります．その際，σ^2 の代わりとしては U^2 が考えられます．

　具体的に説明しましょう．標本平均 $\bar{X}$ の標準化 $Z = \dfrac{\bar{X} - \mu}{\sigma/\sqrt{n}}$ は標準正規分布 $N(0,1)$ に従いますが，σ が未知のときは Z を求めることはできないので，σ を U で代用した，
$$t = \frac{\bar{X} - \mu}{U/\sqrt{n}} \tag{6.13}$$
を考えます．これを**スチューデントの t 統計量**といいます．(6.13) は，
$$\begin{aligned} t &= \frac{\bar{X} - \mu}{U/\sqrt{n}} \cdot \frac{\sigma}{\sigma} = \frac{\bar{X} - \mu}{\sigma/\sqrt{n}} \cdot \frac{\sigma}{U} = \frac{\bar{X} - \mu}{\sigma/\sqrt{n}} \sqrt{\frac{(n-1)\sigma^2}{(n-1)U^2}} \\ &= \frac{\bar{X} - \mu}{\sigma/\sqrt{n}} \Big/ \sqrt{\frac{(n-1)U^2}{\sigma^2} \Big/ (n-1)} \end{aligned} \tag{6.14}$$

と変形できるので，t は標準正規分布 $N(0,1)$ に従う統計量 $\dfrac{\bar{X}-\mu}{\sigma/\sqrt{n}}$ と自由度 $n-1$ の χ^2 分布 χ^2_{n-1} に従う統計量 $(n-1)U^2/\sigma^2$ の比になっていることが分かります[4]．また，定理 6.3 より $\bar{X}$ と U^2 は独立なので，$N(0,1)$ と χ^2_{n-1} の確率密度関数から t の確率密度関数が求められます．以上に基づいて，次のような分布を定義します．

---
t 分布

定義 6.11 X と Y は独立な確率変数で，X は標準正規分布 $N(0,1)$ に従い，Y が自由度 n の χ^2 分布 χ^2_n に従うとき，

$$T = \frac{X}{\sqrt{Y/n}}$$

で定義される確率変数 T が従う分布を自由度 n の **t 分布**といい，t_n あるいは $t(n)$ と表す．また，自由度 n の t 分布に従う確率変数 T の上側確率 $P(T>t)=\alpha$ を与える t の値を**上側 α 点**または**上側確率 $100\alpha\%$ 点**といい，$t_n(\alpha)$ または $t_\alpha(n)$ と表す．

---
t 分布の確率密度関数

定理 6.9 自由度 n の t 分布の確率密度関数は，次式で与えられる．

$$f(x) = \frac{\Gamma\left(\frac{n+1}{2}\right)}{\sqrt{n\pi}\,\Gamma\left(\frac{n}{2}\right)}\left(1+\frac{x^2}{n}\right)^{-\frac{n+1}{2}} = \frac{1}{\sqrt{n}\,B\left(\frac{n}{2},\frac{1}{2}\right)}\left(1+\frac{x^2}{n}\right)^{-\frac{n+1}{2}}$$

(証明)
X と Y は独立なので，X, Y の同時確率密度関数 $f(x,y)$ は，

$$f(x,y) = \begin{cases} \dfrac{1}{\sqrt{2\pi}}e^{-\frac{x^2}{2}} \cdot \dfrac{1}{2^{\frac{n}{2}}\Gamma\left(\frac{n}{2}\right)}y^{\frac{n}{2}-1}e^{-\frac{y}{2}} & (y \geq 0) \\ 0 & (y < 0) \end{cases}$$

となる．ここで，$z = x/\sqrt{y/n}$, $w = y$ とすると，$x = z\sqrt{w/n}$, $y = w$ なので，

$$\frac{\partial(x,y)}{\partial(z,w)} = \begin{vmatrix} x_z & x_w \\ y_z & y_w \end{vmatrix} = \begin{vmatrix} \sqrt{\frac{w}{n}} & \frac{z}{2\sqrt{nw}} \\ 0 & 1 \end{vmatrix} = \sqrt{\frac{w}{n}}$$

である．また，$D = \left\{(x,y)\,|\,a \leq x/\sqrt{y/n} \leq b, y > 0\right\}$ $(a < b)$ は，上述した変換で $E = \{(z,w)\,|\,a \leq z \leq b, 0 \leq w < \infty\}$ へ 1 対 1 に移るので，

$$\begin{aligned}
P(a \leq X/\sqrt{Y/n} \leq b) &= \iint_D f(x,y)dxdy = \iint_E f\left(z\sqrt{\frac{w}{n}}, w\right)\sqrt{\frac{w}{n}}dzdw \\
&= \frac{1}{2^{\frac{n}{2}+\frac{1}{2}}\sqrt{\pi}\,\Gamma\left(\frac{n}{2}\right)\sqrt{n}}\int_a^b\left(\int_0^\infty w^{\frac{n}{2}-\frac{1}{2}}e^{-\frac{w}{2}\left(\frac{z^2}{n}+1\right)}dw\right)dz
\end{aligned}$$

---
[4] この比を考えて，未知の σ^2 を消去するという点が t 分布の基本的なアイデアです．

である．このとき，$t = \frac{w}{2}\left(\frac{z^2}{n}+1\right)$ とおけば，$w = \frac{2t}{1+z^2/n}$, $dw = \frac{2}{1+z^2/n}dt$ なので，

$$\int_0^\infty w^{\frac{n-1}{2}} e^{-\frac{w}{2}\left(\frac{z^2}{n}+1\right)} dw = \int_0^\infty \left(\frac{2t}{1+z^2/n}\right)^{\frac{n-1}{2}} e^{-t} \frac{2}{1+z^2/n} dt$$

$$= \frac{2^{\frac{n+1}{2}}}{(1+z^2/n)^{\frac{n+1}{2}}} \int_0^t t^{\frac{n}{2}+\frac{1}{2}-1} e^{-t} dt - \frac{2^{\frac{n+1}{2}}}{(1+z^2/n)^{\frac{n+1}{2}}} \Gamma\left(\frac{n}{2}+\frac{1}{2}\right)$$

である．よって，

$$P(a \le X/\sqrt{Y/n} \le b) = \int_a^b \frac{\Gamma\left(\frac{n+1}{2}\right)}{\sqrt{n\pi}\Gamma\left(\frac{n}{2}\right)} \left(1+\frac{z^2}{n}\right)^{-\frac{n+1}{2}} dz$$

である．したがって，確率変数 $T = X/\sqrt{Y/n}$ の確率密度関数は，

$$f(x) = \frac{\Gamma\left(\frac{n+1}{2}\right)}{\sqrt{n\pi}\Gamma\left(\frac{n}{2}\right)} \left(1+\frac{x^2}{n}\right)^{-\frac{n+1}{2}}$$

であり，定理 6.5 より，これは，

$$f(x) = \frac{1}{\sqrt{n}B\left(\frac{n}{2},\frac{1}{2}\right)} \left(1+\frac{x^2}{n}\right)^{-\frac{n+1}{2}}$$

とも表せる． ∎

定理 6.9 より，t 分布の確率密度関数が偶関数だとわかるので，図 6.4 に示すようにそのグラフは y 軸に関して対称となります．よって，両側

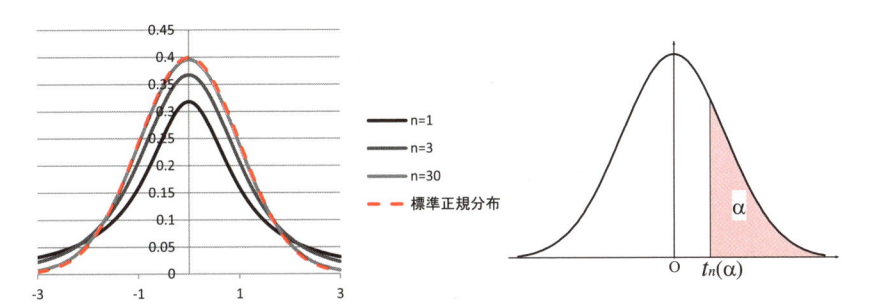

図 **6.4** t 分布

図 **6.5** t 分布の上側 α 点

の確率 $P(|T| > t) = \alpha$ を与える t の値，**両側 α 点**は $t_n(\alpha/2)$ となります．なお，$t_n(\alpha)$ の値（図 6.5）は t 分布表（p.266, 表 7）より得られます．例えば，$t_{10}(0.05) = 1.812, t_{20}(0.01) = 2.528$ です．

t 分布の性質

定理 6.10 標本平均 $\bar{X}$ と不偏分散 U^2 に対して次が成り立つ．
(1) $T = \dfrac{\bar{X} - \mu}{U/\sqrt{n}}$ は自由度 $n-1$ の t 分布に従う．
(2) 自由度 n の t 分布は $n \to \infty$ のとき，正規分布に近づく．

(証明)
(1) (6.14) より $T = \dfrac{\bar{X} - \mu}{\sigma/\sqrt{n}} \Big/ \sqrt{\dfrac{(n-1)U^2}{\sigma^2} \Big/ (n-1)}$ であり，$X = \dfrac{\bar{X} - \mu}{\sigma/\sqrt{n}}$ は標準正規分布 $N(0,1)$ に従い，$Y = (n-1)U^2/\sigma^2$ は自由度 $n-1$ の χ^2 分布に従う．また，$\bar{X}$ と U^2 の独立性より，X と Y も独立になるので，t 分布の定義より T は自由度 $n-1$ の t 分布に従う．

(2) マクローリン展開より，

$$\log\left(1 + \frac{x^2}{n}\right)^{-\frac{n+1}{2}} = -\frac{n+1}{2}\log\left(1 + \frac{x^2}{n}\right) = -\frac{n+1}{2}\left(\frac{x^2}{n} - \frac{1}{2}\left(\frac{x^2}{n}\right)^2 + \cdots\right)$$
$$= -\frac{x^2}{2}\left(\frac{n+1}{n}\right) + \frac{x^4}{4}\left(\frac{n+1}{n^2}\right) - \cdots \to -\frac{x^2}{2} \quad (n \to \infty)$$

となるので，

$$\left(1 + \frac{x^2}{n}\right)^{-\frac{n+1}{2}} \to e^{-\frac{x^2}{2}} \quad (n \to \infty)$$

である．ここで，演習問題 6.2 より n が十分に大きいとき，

$$\frac{\Gamma\left(\frac{n+1}{2}\right)}{\sqrt{n\pi}\,\Gamma\left(\frac{n}{2}\right)} = \frac{\Gamma\left(\frac{n}{2} + \frac{1}{2}\right)}{\sqrt{2\pi}\left(\frac{n}{2}\right)^{\frac{1}{2}}\Gamma\left(\frac{n}{2}\right)} \approx \frac{1}{\sqrt{2\pi}}$$

となるので，次を得る．

$$f(x) = \frac{\Gamma\left(\frac{n+1}{2}\right)}{\sqrt{n\pi}\,\Gamma\left(\frac{n}{2}\right)}\left(1 + \frac{x^2}{n}\right)^{-\frac{n+1}{2}} \to \frac{1}{\sqrt{2\pi}}e^{-\frac{x^2}{2}} \quad (n \to \infty)$$

■

定理 6.5(2) において，実際の計算では $n \to \infty$ とできません．しかし，図 6.4 より，自由度 30 の t 分布と標準正規分布のグラフはほぼ同じになるので，実用上は，n として 30 以上の数を選べるのであれば，t 分布と標準正規分布は同じだと見なすことが多いようです．

6.5 t 分布

2 標本問題

例 6.4 $X_1, X_2, \ldots, X_m$ は $N(\mu_1, \sigma_1^2)$ に, $Y_1, Y_2, \ldots, Y_n$ は $N(\mu_2, \sigma_2^2)$ に従う無作為標本だとし, それぞれは独立だとする. このように 2 種類の標本を扱う問題を **2 標本問題** という. それぞれの標本平均を $\bar{X}, \bar{Y}$ とし, 不偏分散を U_1^2, U_2^2 とするとき, 次の問に答えよ.

(1) $\bar{X} - \bar{Y}$ は $N\left(\mu_1 - \mu_2, \sigma_1^2/m + \sigma_2^2/n\right)$ に従うことを示せ.
(2) $\sigma_1^2 = \sigma_2^2 = \sigma^2$ とするとき, 次を示せ.
  (a) $(m+n-2)U^2/\sigma^2$ は自由度 $m+n-2$ の χ^2 分布に従う. ただし, $U^2 = \dfrac{(m-1)U_1^2 + (n-1)U_2^2}{m+n-2}$ である.
  (b) $\dfrac{(\bar{X} - \mu_1) - (\bar{Y} - \mu_2)}{U\sqrt{\frac{1}{m} + \frac{1}{n}}}$ は自由度 $m+n-2$ の t 分布に従う.

【解答】
(1) 系 6.1 より, $\bar{X}, \bar{Y}$ は独立にそれぞれ $N\left(\mu_1, \sigma_1^2/m\right)$, $N\left(\mu_2, \sigma_2^2/n\right)$ に従い, 定理 4.4 より $-\bar{Y}$ は $N\left(-\mu_2, \sigma_2^2/n\right)$ に従うから, 正規分布の再生性 (例 5.6) より $\bar{X} - \bar{Y}$ は $N\left(\mu_1 - \mu_2, \sigma_1^2/m + \sigma_2^2/n\right)$ に従う.

(2) (a) 定理 6.7 より, $(m-1)U_1^2/\sigma^2$, $(n-1)U_2^2/\sigma$ は独立にそれぞれ χ_{m-1}^2, χ_{n-1}^2 に従うから, χ^2 分布の再生性 (演習問題 6.5) より $(m+n-2)U^2/\sigma^2 = (m-1)U_1^2/\sigma^2 + (n-1)U_2^2/\sigma^2$ は χ_{m+n-2}^2 に従う.

(b) (1) および定理 4.4 より, $\dfrac{(\bar{X} - \bar{Y}) - (\mu_1 - \mu_2)}{\sqrt{\sigma^2/m + \sigma^2/n}} = \dfrac{(\bar{X} - \bar{Y}) - (\mu_1 - \mu_2)}{\sigma\sqrt{1/m + 1/n}}$
は $N(0,1)$ に従う. したがって, (a) および t 分布の定義より,

$$\frac{\frac{(\bar{X} - \mu_1) - (\bar{Y} - \mu_2)}{\sigma\sqrt{1/m + 1/n}}}{\sqrt{\frac{(m+n-2)}{\sigma^2}U^2 \Big/ (m+n-2)}} = \frac{(\bar{X} - \mu_1) - (\bar{Y} - \mu_2)}{U\sqrt{1/m + 1/n}}$$

は自由度 $m+n-2$ の t 分布に従う. ∎

例 6.4 より, 標本平均の差 $\bar{X} - \bar{Y}$ の分布については次のことが分かります.

(1) 母分散が既知のとき,

$$Z = \frac{(\bar{X} - \bar{Y}) - (\mu_1 - \mu_2)}{\sqrt{\sigma_1^2/m + \sigma_2^2/n}} \tag{6.15}$$

は標準正規分布 $N(0,1)$ に従う.

(2) 母分散が未知で $\sigma_1^2 = \sigma_2^2$ のとき,

$$T = \frac{(\bar{X} - \bar{Y}) - (\mu_1 - \mu_2)}{U\sqrt{1/m + 1/n}} \tag{6.16}$$

は自由度 $m+n-2$ の t 分布 t_{m+n-2} に従う.

母分散が未知で $\sigma_1^2 \neq \sigma_2^2$ のときは, (6.16) のように σ_1^2, σ_2^2 に依存しない統計量を作ることはできません. そこで, 近似的に分布を求める方法として**ウェルチの近似法**が知られています. これは, 統計量として (6.15) の σ_1^2, σ_2^2 にそれぞれの不偏分散 U_1^2, U_2^2 を代入した,

$$T_0 = \frac{(\bar{X} - \bar{Y}) - (\mu_1 - \mu_2)}{\sqrt{U_1^2/m + U_2^2/n}} \tag{6.17}$$

を使うという方法です. T_0 は近似的に自由度が,

$$c = \frac{\left(U_1^2/m + U_2^2/n\right)^2}{\frac{(U_1^2/m)^2}{m-1} + \frac{(U_2^2/n)^2}{n-1}}$$

に最も近い自然数 k の t 分布 t_k に従うことが知られています.

■■■ 演習問題 ■■■■■■■■■■■■■■■■■■■■■■■■■■■■

●**演習問題 6.8** $t_8(0.05), t_{11}(0.1), t_{15}(0.01)$ の値を求めよ.

※**演習問題 6.9** 自由度 n の t 分布に対して,

$$E(T) = 0 \quad (n \geq 2), \qquad V(T) = \frac{n}{n-2} \quad (n \geq 3)$$

を示せ.

Section 6.6
F 分布

例 6.4 で学んだように標本平均の差 $\bar{X} - \bar{Y}$ を求める際, 分散 σ_1^2, σ_2^2 が等しいか否か, 別のいい方をすれば, $\sigma_1^2/\sigma_2^2 = 1$ か否かによって標本分布

の求め方が違っていました．また，2種類の標本間のばらつき具合を比較するときにも σ_1^2/σ_2^2 を考えなければなりません．そこで，σ_1^2/σ_2^2 について調べることにしましょう．

といっても，σ_1^2/σ_2^2 がどのような分布に従うかすぐには分かりません．しかし，標本サイズが大きければ $U_1^2/U_2^2 \approx \sigma_1^2/\sigma_2^2$ が期待でき，定理 6.7 より $(m-1)U_1^2/\sigma_1^2$, $(n-1)U_2^2/\sigma_2^2$ は χ^2 分布に従いますから，これらの比に対応する次のような分布を考えます．

― F 分布 ―

定義 6.12 X と Y は独立な確率変数で，それぞれ自由度 m の χ^2 分布と自由度 n の χ^2 分布に従うとき，

$$F = \frac{X/m}{Y/n}$$

で定義される確率変数 F が従う分布を自由度 (m,n) の **F 分布**といい，F_n^m あるいは $F(m,n)$ と表す（図 6.6）．また，自由度 (m,n) の F 分布に従う確率変数 F の上側確率 $P(F > x) = \alpha$ を与える x の値を**上側 α 点**または**上側確率 $100\alpha\%$ 点**といい，$F_n^m(\alpha)$ または $F_\alpha(m,n)$ と表す（図 6.7）．

$F_n^m(\alpha)$ の値は F 分布表（pp.267〜270，表 8〜11）より求められます．例えば，$F_8^5(0.05) = 3.69$, $F_{15}^{10}(0.01) = 3.80$ です．

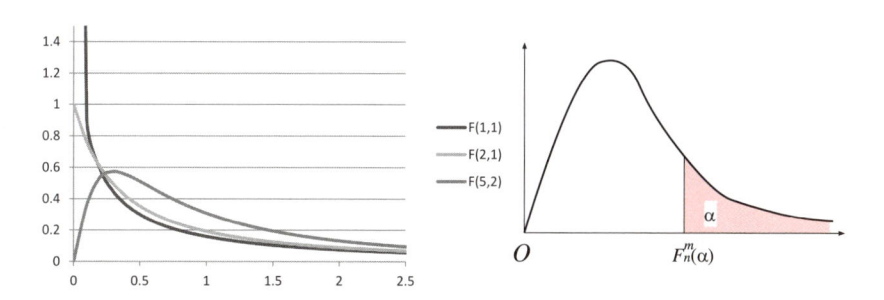

図 6.6 F 分布

図 6.7 F 分布の上側 α 点

― $F_n^m(1-\alpha)$ の計算 ―

例 6.5 $0 < \alpha < 1$ に対して $F_n^m(1-\alpha) = \dfrac{1}{F_m^n(\alpha)}$ を示せ．

【解答】
確率変数 F が自由度 (n,m) の F 分布 F_m^n に従うとすれば,

$$\alpha = P(F \geq F_m^n(\alpha)) = P\left(\frac{1}{F} \leq \frac{1}{F_m^n(\alpha)}\right) = 1 - P\left(\frac{1}{F} > \frac{1}{F_m^n(\alpha)}\right)$$

となるので,$1/F$ の上側確率は,

$$P\left(\frac{1}{F} \geq \frac{1}{F_m^n(\alpha)}\right) = 1 - \alpha \tag{6.18}$$

である.ここで,F 分布の定義より $1/F$ は自由度 (m,n) の F 分布 F_n^m に従うので,(6.18) より $F_n^m(1-\alpha) = 1/F_m^n(\alpha)$ が成り立つ.∎

F 分布表には上側 0.95 点や 0.99 点が載っていませんが,これらは例 6.5 より $F_n^m(0.95) = 1/F_m^n(0.05)$, $F_n^m(0.99) = 1/F_m^n(0.01)$ として求められます.

---

2 標本問題

例 6.6 例 6.4 と同じ仮定の下,$\dfrac{U_1^2/\sigma_1^2}{U_2^2/\sigma_2^2}$ はどのような分布に従うか?

【解答】
定理 6.7 より,$(m-1)U_1^2/\sigma_1^2$, $(n-1)U_2^2/\sigma_2^2$ はそれぞれ独立に χ_{m-1}^2, χ_{n-1}^2 に従うので,F 分布の定義より,

$$\frac{\dfrac{(m-1)U_1^2}{\sigma_1^2}\bigg/(m-1)}{\dfrac{(n-1)U_2^2}{\sigma_2^2}\bigg/(n-1)} = \frac{U_1^2/\sigma_1^2}{U_2^2/\sigma_2^2}$$

は自由度 $(m-1, n-1)$ の F 分布 F_{n-1}^{m-1} に従う.∎

F 分布の確率密度関数

定理 6.11 自由度 (m,n) の F 分布の確率密度関数は,次式で与えられる.

$$f(x) = \begin{cases} \dfrac{\Gamma\left(\frac{m+n}{2}\right)}{\Gamma\left(\frac{m}{2}\right)\Gamma\left(\frac{n}{2}\right)} m^{\frac{m}{2}} n^{\frac{n}{2}} \dfrac{x^{\frac{m}{2}-1}}{(mx+n)^{\frac{m+n}{2}}} & (x \geq 0) \\ 0 & (x < 0) \end{cases} \tag{6.19}$$

(証明)
X と Y は独立なので,X と Y の同時確率密度関数 $f(x,y)$ は (6.8) より,

$$f(x,y) = \begin{cases} \dfrac{1}{2^{\frac{m}{2}}\Gamma\left(\frac{m}{2}\right)} x^{\frac{m}{2}-1} e^{-\frac{x}{2}} \cdot \dfrac{1}{2^{\frac{n}{2}}\Gamma\left(\frac{n}{2}\right)} y^{\frac{n}{2}-1} e^{-\frac{y}{2}} & (x \geq 0, y \geq 0) \\ 0 & (その他) \end{cases}$$

となる.

ここで，$z = \dfrac{x/m}{y/n} = \dfrac{nx}{my}$，$w = y$ とすれば，$x = \dfrac{m}{n}zw$，$y = w$ なので，

$$\frac{\partial(x,y)}{\partial(z,w)} = \begin{vmatrix} x_z & x_w \\ y_z & y_w \end{vmatrix} = \begin{vmatrix} \frac{m}{n}w & \frac{m}{n}z \\ 0 & 1 \end{vmatrix} = \frac{m}{n}w$$

である．このとき，$D = \left\{(x,y) \mid a \leq \dfrac{nx}{my} \leq b, x \geq 0, y \geq 0\right\}$ $(a < b)$ は，
$E = \{(z,w) \mid a \leq z \leq b, 0 \leq w < \infty\}$ に 1 対 1 に対応するので，

$$P\left(a \leq \frac{X/m}{Y/n} \leq b\right) = \iint_D f(x,y)dxdy = \iint_E f\left(\frac{m}{n}zw, w\right)\frac{m}{n}wdzdw$$

$$= \int_a^b \frac{1}{2^{\frac{m+n}{2}}\Gamma\left(\frac{m}{2}\right)\Gamma\left(\frac{n}{2}\right)} \int_0^\infty \left(\frac{m}{n}zw\right)^{\frac{m}{2}-1} e^{-\frac{m}{2n}zw} w^{\frac{n}{2}-1} e^{-\frac{w}{2}} \frac{m}{n}wdwdz$$

$$= \int_a^b \frac{\left(\frac{m}{n}\right)^{\frac{m}{2}} z^{\frac{m}{2}-1}}{2^{\frac{m+n}{2}}\Gamma\left(\frac{m}{2}\right)\Gamma\left(\frac{n}{2}\right)} \int_0^\infty w^{\frac{m}{2}+\frac{n}{2}-1} e^{-\frac{w(mz+n)}{2n}} dwdz$$

$t = \dfrac{w(mz+n)}{2n}$ とすれば，$w = \dfrac{2nt}{mz+n}$，$dw = \dfrac{2n}{mz+n}dt$ なので，

$$\int_0^\infty w^{\frac{m}{2}+\frac{n}{2}-1} e^{-\frac{w(mz+n)}{2n}} dw = \int_0^\infty \left(\frac{2nt}{mz+n}\right)^{\frac{m}{2}+\frac{n}{2}-1} e^{-t} \frac{2n}{mz+n}dt$$

$$= \frac{2^{\frac{m}{2}+\frac{n}{2}} n^{\frac{m}{2}+\frac{n}{2}}}{(mz+n)^{\frac{m}{2}+\frac{n}{2}}} \int_0^\infty t^{\frac{m}{2}+\frac{n}{2}-1} e^{-t} dt = \frac{2^{\frac{m}{2}+\frac{n}{2}} n^{\frac{m}{2}+\frac{n}{2}}}{(mz+n)^{\frac{m}{2}+\frac{n}{2}}} \Gamma\left(\frac{m}{2}+\frac{n}{2}\right)$$

である．よって，

$$P\left(a \leq \frac{X/m}{Y/n} \leq b\right) = \int_a^b \frac{m^{\frac{m}{2}} z^{\frac{m}{2}-1}}{2^{\frac{m+n}{2}} n^{\frac{m}{2}} \Gamma\left(\frac{m}{2}\right)\Gamma\left(\frac{n}{2}\right)} \cdot \frac{2^{\frac{m}{2}+\frac{n}{2}} n^{\frac{m}{2}+\frac{n}{2}}}{(mz+n)^{\frac{m}{2}+\frac{n}{2}}} \Gamma\left(\frac{m}{2}+\frac{n}{2}\right) dz$$

$$= \int_a^b \frac{\Gamma\left(\frac{m}{2}+\frac{n}{2}\right) m^{\frac{m}{2}} n^{\frac{n}{2}}}{\Gamma\left(\frac{m}{2}\right)\Gamma\left(\frac{n}{2}\right)} \cdot \frac{z^{\frac{m}{2}-1}}{(mz+n)^{\frac{m+n}{2}}} dz$$

である．したがって，確率変数 $F = \dfrac{X/m}{Y/n}$ の確率密度関数は (6.19) で与えられる． ∎

> **注意 6.6.1** $x \geq 0$ のとき，(6.19) は次のようにも表せる．
> $$f(x) = \frac{1}{B\left(\frac{m}{2},\frac{n}{2}\right)} \left(\frac{m}{n}\right)^{\frac{m}{2}} \frac{x^{\frac{m}{2}-1}}{\left(1+\frac{m}{n}x\right)^{\frac{m+n}{2}}}$$

■■■ 演習問題 ■■■■■■■■■■■■■■■■■■■■■■■■■■■■

●**演習問題 6.10** $F_{30}^{40}(0.05)$, $F_{40}^{30}(0.05)$, $F_{30}^{120}(0.95)$ の値を求めよ．

※**演習問題 6.11** 自由度 (m,n) の F 分布の平均と分散が，

$$E(F) = \frac{n}{n-2} \ (n > 2), \qquad V(F) = \frac{2n^2(m+n-2)}{m(n-2)^2(n-4)} \ (n > 4)$$

となることを示せ．

※**演習問題 6.12** 例 6.4 と同じ仮定の下，$\mu_1 = \mu_2 = \mu$，$\sigma_1 = \sigma_2 = \sigma$ とするとき，次を示せ．

(1) U_1^2/U_2^2 は自由度 $(m-1, n-1)$ の F 分布に従う.
(2) $F = \dfrac{(\bar{X} - \bar{Y})^2}{U^2 \left(\frac{1}{m} + \frac{1}{n}\right)}$ は自由度 $(1, m+n-2)$ の F 分布に従う. ただし, $U^2 = \dfrac{(m-1)U_1^2 + (n-1)U_2^2}{m+n-2}$ である.

第7章

推定

　統計的推定とは，母集団から取り出した標本を使って，母集団の特定値，つまり，母数を定めることです．よく科目や教科書で「確率・統計」という文字を目にしますが，確率と統計の違いの一つは，母数を推定するか否かです．一般に，確率では確率分布やその性質などを扱いますが，母数の推定は行いません．これに対して，統計では母数を推定します．ここでは，母数，より具体的には母平均や母分散などの値を定める方法について説明します．

Section 7.1
推定の概要

　統計解析では，実際の問題を対象としますから，これから扱おうとする母集団の母数は未知で，これを標本から定める必要があります．これを母数の**推定**といいます．また，母数を推定するために用いられる統計量 $T(X_1, X_2, \ldots, X_n)$ を**推定量**といい，実際に観測された値 (これを**実現値**と呼びます) $x_1, x_2, \ldots, x_n$ によって求められた値 $T(x_1, x_2, \ldots, x_n)$ を**推定値**といいます．例えば，$X_1, X_2, \ldots, X_n$ をある分布からの無作為標本とし，その母平均 $\mu = E(X_i)$ が未知だとして μ を推定することを考えましょう．このとき，μ を標本平均 $\bar{X} = \dfrac{1}{n}\sum_{i=1}^{n} X_i$ によって推定するとき，統計量 $\bar{X}$ は μ の推定量です．そして，$n = 4$, $x_1 = 60$, $x_2 = 70$, $x_3 = 80$, $x_4 = 90$

となっているならば，μ の推定値は $\bar{x} = 75$ となります．

さて，推定方法には大きく分けて点推定と区間推定の 2 つがあります．

―――― 点推定 ――――

定義 7.1 母数 θ の値を推定するとき，それをある一つの値 $\hat{\theta}$ で指定する方法を**点推定**という．

$\hat{\theta}$ は標本から推定するので，実際の母数 θ にはまず一致しません．そこで，誤差 $|\theta - \hat{\theta}|$ の評価が必要となりますが，これには推定量の標本分布を考えた確率的な取扱が必要です．

―――― 区間推定 ――――

定義 7.2 母数 θ を $\hat{\theta}_1 \leq \theta \leq \hat{\theta}_2$ のように θ の存在範囲を定める方法を**区間推定**という．

区間推定は，母数 θ が入る確率がある値以上と保証される区間を求めるもので，最初からある程度の誤差を許容する方法です．

なお，事前に母集団がどのような分布に従うかが分かっており，母数が分かれば，その母分布が完全に分かる場合を**パラメトリック**な場合といい，そうでない場合を**ノン・パラメトリック**な場合といいますが，簡単のため，本書では点推定を除き，パラメトリックな場合のみを扱うことにします．また，コンピュータの利用を前提とした**ブートストラップ法**[1]もあり，広く使われていますが，これも同様の理由により本書の対象外とします．

Section 7.2
推定量とその性質

母数 θ の推定量 $\hat{\theta}_n = T(X_1, X_2, \ldots, X_n)$ に望ましい性質として次のようなものが挙げられます．

---

[1] コンピュータを使い，1 つの標本から復元抽出を何度も繰り返して大量の標本を作り，これらの標本から推定値を計算し，母集団の性質を調べる方法です．

(1) 不偏性 $\hat{\theta}_n$ は θ のまわりに均一的に分布し,平均的には母数と一致する,という性質です.普遍性,つまり,

$$E(\hat{\theta}_n) = \theta \tag{7.1}$$

が成り立つとき,$\hat{\theta}_n$ を θ の**不偏推定量**といいます.

(2) 一致性 標本の大きさ n が大きくなるにつれ,$\hat{\theta}_n$ が θ に近づく,という性質です.つまり,任意の実数 $\varepsilon > 0$ に対して,

$$\lim_{n \to \infty} P\left(|\hat{\theta}_n - \theta| < \varepsilon\right) = 1 \tag{7.2}$$

あるいは,同じことですが,

$$\lim_{n \to \infty} P\left(|\hat{\theta}_n - \theta| > \varepsilon\right) = 0 \tag{7.3}$$

が成り立つ,という性質です.(7.2) あるいは (7.3) を満たす推定量 $\hat{\theta}_n$ を θ の**一致推定量**といいます.また,(7.2) あるいは (7.3) を $\hat{\theta}_n$ は θ に**確率収束**するといい,$\hat{\theta}_n \xrightarrow{P} \theta$ と表します.

(3) 有効性 $\hat{\theta}_n$ の分散はなるべく小さい方がよい,という性質です.実際,$\hat{\theta}_n$ が θ の不偏推定量のとき,$E(\hat{\theta}_n) = \theta$ なので $\hat{\theta}_n$ の分散は $V(\hat{\theta}_n) = E\left((\hat{\theta}_n - \theta)^2\right)$ となります.したがって,$V(\hat{\theta}_n)$ が小さければ θ のまわりに $\hat{\theta}_n$ が集中しているので,$\hat{\theta}_n$ はより有効な推定量になると考えられます.なお,不偏推定量の中で分散を最小にするものが存在するとき,それを θ の**有効推定量**または**最小分散不偏推定量**といいます.

標本平均・不偏分散と不偏推定量・一致推定量

定理 7.1 $X_1, X_2, \ldots, X_n$ は平均 μ,分散 σ^2 をもつ母分布からの無作為標本だとする.このとき,次が成り立つ.

(1) 標本平均 $\bar{X} = \dfrac{1}{n} \sum_{i=1}^{n} X_i$ は平均 μ の不偏推定量かつ一致推定量である.

(2) 不偏分散 $U^2 = \dfrac{1}{n-1} \sum_{i=1}^{n} (X_i - \bar{X})^2$ は分散 σ^2 の不偏推定量かつ一致推定量である.

(証明)
(1) 定理 6.1 より $E(\bar{X}) = \mu$ が成り立つので，$\bar{X}$ は μ の不偏推定量である．また，大数の法則 (定理 3.8) より，任意の $\varepsilon > 0$ に対して，
$$\lim_{n \to \infty} P\left(|\bar{X} - \mu| < \varepsilon\right) = 1$$
が成り立つので，(7.2) より $\bar{X}$ は μ の一致推定量である．
(2) 定理 6.2 より，$E(U^2) = \sigma^2$ が成り立つので，U^2 は σ^2 の不偏推定量である．また，大数の法則より，$\bar{X} \xrightarrow{P} \mu$ となるので，$(\bar{X} - \mu)^2 \xrightarrow{P} 0$ である．一方，
$V^2 = \dfrac{1}{n}\sum_{i=1}^{n}(X_i - \mu)^2$ とし，$Y_i = (X_i - \mu)^2$ とすれば $E(Y_i) = E\left((X_i - \mu)^2\right) = \sigma^2$ なので，大数の法則より，
$$V^2 = \frac{1}{n}\sum_{i=1}^{n} Y_i = \frac{1}{n}\sum_{i=1}^{n}(X_i - \mu)^2 \xrightarrow{P} E\left((X - \mu)^2\right) = V(X) = \sigma^2$$
となり，さらに $S^2 = \dfrac{1}{n}\sum_{i=1}^{n}(X_i - \bar{X})^2$ とすれば，(6.12) より $V^2 = S^2 + (\bar{X} - \mu)^2$ となるので，
$$S^2 \xrightarrow{P} \sigma^2$$
を得る．ここで，(6.2) より，
$$U^2 = \frac{n}{n-1} S^2 = \frac{1}{1 - \frac{1}{n}} S^2 \to S^2 \quad (n \to \infty)$$
となるので，結局，
$$U^2 \xrightarrow{P} \sigma^2$$
が成り立ち，U^2 が σ^2 の一致推定量だとわかる． ∎

標本平均の有効性

例 7.1 $X_1, X_2, \ldots, X_n$ を平均 μ，分散 σ^2 をもつ正規母集団からの無作為標本とし，$\hat{\theta} = \sum_{i=1}^{n} c_i X_i$ とするとき，次を示せ．なお，$\sum_{i=1}^{n} c_i X_i$ を**線形推定量**という．

(1) $\sum_{i=1}^{n} c_i = 1$ ならば $\hat{\theta}$ は平均 μ の不偏推定量である．

(2) 標本平均 $\bar{X} = \dfrac{1}{n}\sum_{i=1}^{n} X_i$ は有効推定量である．

【解答】
(1)
$$E(\hat{\theta}) = E\left(\sum_{i=1}^{n} c_i X_i\right) = \sum_{i=1}^{n} c_i E(X_i) = \mu \sum_{i=1}^{n} c_i = \mu$$
なので，$\hat{\theta}$ は μ の不偏推定量である．

(2) $f(x;\mu)$ を確率密度関数とすれば，

$$\begin{aligned}\frac{\partial}{\partial \mu}\log f(x;\mu) &= \frac{\partial}{\partial \mu}\left(\log\left(\frac{1}{\sqrt{2\pi}\sigma}e^{-\frac{(x-\mu)^2}{2\sigma^2}}\right)\right) \\ &= \frac{\partial}{\partial \mu}\left(\log\left(\frac{1}{\sqrt{2\pi}\sigma}\right) - \frac{(x-\mu)^2}{2\sigma^2}\right) = \frac{x-\mu}{\sigma^2}\end{aligned}$$

なので，$\sigma^2 = E\left((X-\mu)^2\right)$ に注意して，

$$I(\mu) = E\left(\left(\frac{\partial}{\partial \mu}\log f(X;\mu)\right)^2\right) = E\left(\left(\frac{X-\mu}{\sigma^2}\right)^2\right) = \frac{1}{\sigma^4}E\left((X-\mu)^2\right) = \frac{1}{\sigma^2}$$

を得る．よって，クラメール・ラオの不等式 (演習問題 7.5) より，

$$V(\bar{X}) \geq \frac{1}{nI(\mu)} = \frac{\sigma^2}{n} \tag{7.4}$$

が成り立つが，系 6.1 より $\bar{X}$ は正規分布 $N(\mu, \sigma^2/n)$ に従うので，$V(\bar{X}) = \sigma^2/n$ となる．これは (7.4) の右辺と一致するので，$\bar{X}$ は有効推定量である．■

例 7.1 より，$X_1, X_2, \ldots, X_n$ が正規分布 $N(\mu, \sigma^2)$ からの無作為標本のとき，標本平均 $\bar{X}$ は母平均 μ の有効推定量であることが分かります．

■■■ 演習問題 ■■■■■■■■■■■■■■■■■■■■■■■

●**演習問題 7.1** ある入学試験で数学を受験したのは 1000 名であった．そのうち，10 人の結果を無作為に抽出した結果は次の通りである．

$$32,\quad 86,\quad 78,\quad 49,\quad 48,\quad 77,\quad 97,\quad 49,\quad 51,\quad 74$$

このとき，1000 名の結果を母集団として，母平均 μ と母分散 σ^2 の不偏推定量を求めよ．

●**演習問題 7.2** $X_1, X_2, \ldots, X_n$ は平均 μ，分散 σ^2 をもつ母分布（正規分布とは限らない）からの無作為標本とする．このとき，次の問に答えよ．

(1) μ が既知のとき，$V^2 = \dfrac{1}{n}\sum_{i=1}^{n}(X_i-\mu)^2$ は母分散 σ^2 の不偏推定量かつ一致推定量であることを示せ．

(2) μ が未知のとき，標本分散 $S^2 = \dfrac{1}{n}\sum_{i=1}^{n}(X_i-\bar{X})^2$ は母分散 σ^2 の一致推定量だが不偏推定量ではないことを示せ．

●**演習問題 7.3** $X_1, X_2, \ldots, X_n$ を平均 μ，分散 σ^2 をもつ母分布（正規分布とは限らない）からの無作為標本とするとき，線形推定量 $\hat{\theta} = \sum_{i=1}^{n} c_i X_i$ を考える．このとき，次を示せ．

(1) μ が $\hat{\theta}$ の不偏推定量ならば，$\sum_{i=1}^{n} c_i = 1$ が成り立つ．
(2) μ の不偏な線形推定量の中で最も有効な推定量は標本平均である．

※**演習問題 7.4** $X_1, X_2, \ldots, X_m$ を正規分布 $N(\mu_1, \sigma^2)$ に従う無作為標本とし，その不偏分散を U_1^2 とする．また，$Y_1, Y_2, \ldots, Y_n$ を正規分布 $N(\mu_2, \sigma^2)$ に従う無作為標本とし，その不偏分散を U_2^2 とするとき，次の問に答えよ．
(1) c_1, c_2 を定数とするとき，$c_1 U_1^2 + c_2 U_2^2$ が σ^2 の不偏推定量となるための条件は $c_1 + c_2 = 1$ であることを示せ．
(2) $c_1 U_1^2 + c_2 U_2^2$ の形をした不偏推定量のうち，最も有効な推定量を求めよ．

※**演習問題 7.5** 母数 θ がとりうる値の集合を**母数空間**と呼び，Θ で表す．そして，Θ を $\mathbb{R}$ の開区間とし，$f(\boldsymbol{x};\theta)$ を $\boldsymbol{X} = (X_1, X_2, \ldots, X_n)$ の同時確率密度関数とする．また，次の (1)～(3) を仮定する．
(1) 集合 $A = \{\boldsymbol{x} \mid f(\boldsymbol{x};\theta) > 0\}$ は θ に依存しない．
(2) すべての $\boldsymbol{x} \in A, \theta \in \Theta$ に対し，$\dfrac{\partial}{\partial \theta} \log f(\boldsymbol{x};\theta)$ が存在し，有限である．
(3) すべての $\theta \in \Theta$ に対し，$T(\boldsymbol{X})$ が $E(|T(\boldsymbol{X})|) < \infty$ を満たす統計量ならば，

$$\frac{\partial}{\partial \theta} \int_{-\infty}^{\infty} \cdots \int_{-\infty}^{\infty} T(\boldsymbol{x}) f(\boldsymbol{x};\theta) d\boldsymbol{x} = \int_{-\infty}^{\infty} \cdots \int_{-\infty}^{\infty} T(\boldsymbol{x}) \frac{\partial}{\partial \theta} f(\boldsymbol{x};\theta) d\boldsymbol{x}$$

がすべての $\theta \in \Theta$ で成り立つ．ただし，E_θ は母数が θ のときの期待値である．

このとき，$T(\boldsymbol{X})$ が $g(\theta)$ の不偏推定量で，すべての $\theta \in \Theta$ で $V_\theta(T(\boldsymbol{X})) < \infty$ ならば，

$$V_\theta(T(\boldsymbol{X})) \geq \frac{\left(\frac{\partial}{\partial \theta} g(\theta)\right)^2}{I_n(\theta)} \tag{7.5}$$

が成り立つことを示せ．また，等式が成り立つのは $T(\boldsymbol{X}) - g(\theta) = K(\theta) \dfrac{\partial}{\partial \theta} \log f(\boldsymbol{X};\theta)$ となるような $K(\theta)(\neq 0)$ が存在することであることを示せ．ただし，V_θ は母数が θ のときの分散で，$I_n(\theta) = E_\theta\left[\left(\dfrac{\partial}{\partial \theta} \log f(\boldsymbol{X};\theta)\right)^2\right]$ であり，$0 < I_n(\theta) < \infty$ と仮定する．

なお，不等式 (7.5) を**クラメール・ラオの不等式**といい，$I_n(\theta)$ を**フィッシャー情報量**という．

Section 7.3
モーメント法と最尤法による点推定

ここでは，点推定の方法としてモーメント法と最尤法を取り上げます．

7.3.1 モーメント法

モーメント法はその名の通りモーメントを利用して母数を推定する方法です．

母集団の平均が μ で分散が σ^2 のとき，母集団の 1 次，2 次モーメント μ_1, μ_2 はそれぞれ $\mu_1 = E(X) = \mu$, $\mu_2 = E(X^2)$ であり，分散公式より $\sigma^2 = E(X^2) - E(X)^2 = \mu_2 - \mu_1^2 = \mu_2 - \mu^2$ が成り立つので，

$$\mu_1 = \mu, \quad \mu_2 = \sigma^2 + \mu^2 \tag{7.6}$$

となります．そして，この分布に従う無作為標本を $X_1, X_2, \ldots, X_n$ として

$$\hat{\mu}_1 = \frac{1}{n}\sum_{i=1}^{n} X_i, \quad \hat{\mu}_2 = \frac{1}{n}\sum_{i=1}^{n} X_i^2$$

によって μ_1 と μ_2 を推定するために，

$$\mu_1 = \hat{\mu}_1, \quad \mu_2 = \hat{\mu}_2 \tag{7.7}$$

とすれば，(6.1) より，

$$\begin{aligned}\hat{\mu} &= \hat{\mu}_1 = \frac{1}{n}\sum_{i=1}^{n} X_i = \bar{X}, \\ \hat{\sigma}^2 &= \hat{\mu}_2 - \hat{\mu}_1^2 = \frac{1}{n}\sum_{i=1}^{n} X_i^2 - \bar{X}^2 = S^2\end{aligned} \tag{7.8}$$

を得ます．このように，モーメント $\mu_1, \mu_2, \ldots$ の推定によって母数を推定する方法を**モーメント法**といいます．

(7.6) と (7.7) を少し抽象的に書くと，連立方程式

$$g_1(\theta_1, \theta_2) = \mu_1,$$
$$g_2(\theta_1, \theta_2) = \mu_2$$

を解いて $\theta_1(=\mu)$, $\theta_2(=\sigma^2)$ を求めるために，右辺の μ_1, μ_2 をそれぞれ標本モーメント $\hat{\mu}_1 = \dfrac{1}{n}\sum_{i=1}^{n} X_i$, $\hat{\mu}_2 = \dfrac{1}{n}\sum_{i=1}^{n} X_i^2$ で置き換えて解いたことになります．

一般にモーメント法は，未知母数 $\theta_1, \theta_2, \ldots, \theta_k$ に対して k 次までの母モーメント $\mu_1 = E(X), \mu_2 = E(X^2), \ldots, \mu_k = E(X^k)$ と標本モーメント $\hat{\mu}_1 = \dfrac{1}{n}\sum_{i=1}^{n} X_i$, $\hat{\mu}_2 = \dfrac{1}{n}\sum_{i=1}^{n} X_i^2, \ldots, \hat{\mu}_k = \dfrac{1}{n}\sum_{i=1}^{n} X_i^k$ が等しいとして導いた k 元連立方程式

$$g_1(\theta_1, \theta_2, \ldots, \theta_k) = \hat{\mu}_1$$
$$g_2(\theta_1, \theta_2, \ldots, \theta_k) = \hat{\mu}_2$$
$$\vdots$$
$$g_k(\theta_1, \theta_2, \ldots, \theta_k) = \hat{\mu}_k$$

を解いて得られた解を推定量とする方法です．

なお，モーメント法では，k 次までのモーメントしか用いていないので，不十分な場合があります．この点を考慮したものが次項で説明する最尤法です．ただし，最尤法はパラメトリックな場合のみに適用できますが，モーメント法はノンパラメトリックな場合にも適用できます．例えば，冒頭の例では母集団分布の形は分かりませんが，モーメント法による μ, σ^2 の推定量は，(7.8) より，

$$\bar{X} = \frac{1}{n}\sum_{i=1}^{n} X_i, \quad S^2 = \frac{1}{n}\sum_{i=1}^{n}(X_i - \bar{X})^2$$

となります．ただし，S^2 は不偏推定量ではないので，一般には不偏分散 $U^2 = \dfrac{1}{n-1}\sum_{i=1}^{n}(X_i - \bar{X})^2$ を推定量とします．

モーメント法による点推定

例 7.2 ポアソン分布

$$P_o(\lambda) = e^{-\lambda}\frac{\lambda^k}{k!} \quad (k=1,2,\ldots)$$

に対して，モーメント法による λ の推定量を求めよ．

【解答】
演習問題 5.3 より $\mu_1 = E(X) = \lambda$ となるので，μ_1 を $\hat{\mu}_1 = \frac{1}{n}\sum_{i=1}^{n} X_i = \bar{X}$ で置き換えると

$$\hat{\mu}_1 = \lambda \Longrightarrow \lambda = \bar{X}$$

である．よって，モーメント法による λ の推定量は $\hat{\lambda} = \bar{X}$ である．
しかし，ポアソン分布の場合，$V(X) = \lambda$ でもあるので，$V(X) = \mu_2 - \mu_1^2 = \lambda$ より，μ_1 と μ_2 を $\hat{\mu}_1 = \bar{X}$, $\hat{\mu}_2 = \frac{1}{n}\sum_{i=1}^{n} X_i^2$ で置き換えて，

$$\hat{\lambda} = \hat{\mu}_2 - \hat{\mu}_1^2 = \frac{1}{n}\sum_{i=1}^{n} X_i^2 - \bar{X}$$

をモーメント推定量とすることもできる．■

例 7.2 のようにモーメント推定量はただ 1 つに定まるとは限りません．

■■■ **演習問題** ■■■■■■■■■■■■■■■■■■■■■■■■■■■

●**演習問題 7.6** 指数分布 $f(x) = \lambda e^{\lambda x}, x > 0, \lambda > 0$ に対してモーメント法による λ の推定量を求めよ．

●**演習問題 7.7** あるメーカーの電球を無作為に抜き出して寿命を測定したところ，次のようになった．

   1815,   1775,   1648,   1840,   1754 (単位は時間)

電球の寿命は指数分布 $f(x) = \lambda e^{\lambda x}, x > 0, \lambda > 0$ に従うとして，この電球の平均寿命のモーメント法による推定値を求めよ．

7.3.2 最尤推定量

母分布がベルヌーイ分布 $Bin(1, p)$ の母数 p の推定を考えましょう．今，試行を 10 回行い，成功が 9 回，失敗が 1 回だったとすれば，この試行に

おける成功の確率，別のいい方をすれば，この標本における成功の確率は $9/10$ なので，$\hat{p} = 9/10$ と推定するのが尤もらしい気がします．実はこのような推定が間違いではないことが，以下のように説明できるのです．

この標本から得られる確率は，

$$L(p) = p^9(1-p)$$

です．ここで，$p = 0.5$ とすれば $L(0.5) = 0.00098$，$p = 0.9$ とすれば $L(0.9) = 0.03874$ となり，$L(0.9)$ のほうが大きいので，$p = 0.9$ のほうが今回のようなこと (成功 9 回，失敗 1 回) が起こりやすそう，つまり，尤もらしい，といえます．このように，$L(p)$ は値 p における尤もらしさを表していると考えられ，これを**尤度関数**といい，p を固定したときの $L(p)$ の値，$L(0.5)$ や $L(0.9)$ を**尤度**といいます．そして，現実の標本は最も起こりやすいことが実現した，と考えれば，確率 $L(p)$ を最大にする p を推定値として採用するのが最も妥当（最も尤もらしい）と考えられます．今の場合は，

$$\frac{dL}{dp} = p^8(9 - 10p)$$

なので，$\dfrac{dL}{dp} = 0$ の解 $\hat{p} = 9/10$ が推定値として最も適切[2]と考えられ，これは冒頭で尤もらしいとした値と一致します．このように，**最尤法**とは，尤度関数を最大にするものを推定値とするもので，尤度関数を最大にする値を**最尤推定値**といい，今の場合，最尤推定値は $\hat{p} = 9/10$ となります．また，最尤推定値は標本値によって変わりますから，標本の関数になります．この関数を**最尤推定量**といいます．

これをより一般的にすると次のようになります．

---

[2] 拙著 [10] の定理 2.21 より「$f'(a) = 0$ かつ $f'(a) < 0$ ならば，$f(x)$ は $x = a$ で極大となる」ことが分かります．ちなみに，今の場合，$f''(p) = 18(4 - 5p)p^7$ で $f''(9/10) \approx -4.3 < 0$ となります．

最尤法

定義 7.3 母集団の未知母数を θ, 母分布の確率分布を $f(x;\theta)$ とし, $X_1, X_2, \cdots, X_n$ を母集団からの無作為標本とする. このとき, $(X_1, X_2, \ldots, X_n)$ の同時確率分布

$$L(\theta) = \prod_{i=1}^{n} f(x_i; \theta) = f(x_1; \theta) f(x_2; \theta) \cdots f(x_n; \theta) \tag{7.9}$$

を θ の**尤度関数**といい, 個々の θ の値における $L(\theta)$ の値を θ の**尤度**という. そして, **最尤法**とは, θ の尤度が最大になる θ を $\hat{\theta}$ として推定値にする方法で, $\hat{\theta}$ を**最尤推定値**という. また, $\hat{\theta}$ は標本値 $x_1, x_2, \ldots, x_n$ の関数なので $\hat{\theta} = \hat{\theta}(x_1, x_2, \ldots, x_n)$ と表すとき, x_i を X_i で置き換えた $\hat{\theta}(X_1, X_2, \ldots, X_n)$ を θ の**最尤推定量**という.

最尤推定量を実際に求める際, (7.9) は積の形なので計算が少し煩雑になります. そこで, 対数をとって和の形にした**対数尤度関数** $\log L(\theta)$ を考えるのが一般的です. このとき, 最尤推定量は,

$$\frac{d}{d\theta} \log L(\theta) = \sum_{i=1}^{n} \frac{d}{d\theta} \log f(x_i; \theta) = 0 \tag{7.10}$$

の解として求められます. この方程式 (7.10) を**尤度方程式**といいます. 対数関数 $\log x$ は x の増加関数なので, 尤度関数を最大にする $\hat{\theta}$ は対数尤度関数も最大にします.

なお, 未知母数が複数ある場合は, 尤度関数は,

$$L(\theta_1, \theta_2, \ldots, \theta_k) = \prod_{i=1}^{n} f(x_i; \theta_1, \theta_2, \ldots, \theta_k)$$

となります. このときは, $L(\theta_1, \theta_2, \ldots, \theta_k)$ を各 θ_i について偏微分して 0 となる $(\theta_1, \theta_2, \ldots, \theta_k)$, つまり,

$$\frac{\partial}{\partial \theta_i} \log L(\theta_1, \theta_2, \ldots, \theta_k) = 0, \quad i = 1, 2, \ldots, k$$

の解を最尤推定量とします.

正規分布に対する最尤推定量

例 7.3 $X_1, X_2, \ldots, X_n$ を正規分布 $N(\mu, \sigma^2)$ からの無作為標本とし，その実現値を $x_1, x_2, \ldots, x_n$ とする．このとき，次の問に答えよ．
(1) 分散 σ^2 が既知のとき，平均 μ の最尤推定量 $\hat{\mu}$ を求めよ．
(2) 平均 μ が既知のとき，分散 σ^2 の最尤推定値 $\hat{\sigma}^2$ を求めよ．
(3) 平均 μ と分散 σ^2 が共に未知のとき，それぞれの最尤推定量 $\hat{\mu}, \hat{\sigma}^2$ を求めよ．

【解答】
(1) 確率密度関数は，
$$f(x_i; \mu) = \frac{1}{\sqrt{2\pi}\sigma} e^{-\frac{(x_i-\mu)^2}{2\sigma^2}}$$

なので，尤度方程式は，
$$\begin{aligned}\frac{d}{d\mu}\log L(\mu) &= \sum_{i=1}^{n}\frac{d}{d\mu}\log f(x_i,\mu) = \sum_{i=1}^{n}\frac{d}{d\mu}\left(\log\left(\frac{1}{\sqrt{2\pi}\sigma} - \frac{(x_i-\mu)^2}{2\sigma^2}\right)\right) \\ &= \sum_{i=1}^{n}\frac{x_i-\mu}{\sigma^2} = \frac{n}{\sigma^2}(\bar{x}-\mu) = 0\end{aligned}$$

となり，最尤推定値は $\bar{x}$ となる．よって，標本平均 $\bar{X}$ が母平均 μ の最尤推定量，つまり，$\hat{\mu} = \bar{X}$ である．

(2) $\theta = \sigma^2$ とすれば，確率密度関数は，
$$f(x_i; \theta) = \frac{1}{\sqrt{2\pi\theta}} e^{-\frac{(x_i-\mu)^2}{2\theta}}$$

なので，尤度方程式は，
$$\begin{aligned}\frac{d}{d\theta}\log L(\theta) &= \sum_{i=1}^{n}\frac{d}{d\theta}\log f(x_i,\theta) = \sum_{i=1}^{n}\frac{d}{d\theta}\left(-\frac{1}{2}\log(2\pi\theta) - \frac{(x_i-\mu)^2}{2\theta}\right) \\ &= \sum_{i=1}^{n}\left(-\frac{1}{2}\cdot\frac{2\pi}{2\pi\theta} + \frac{(x_i-\mu)^2}{2\theta^2}\right) = -\frac{n}{2\theta} + \frac{1}{2\theta^2}\sum_{i=1}^{n}(x_i-\mu)^2 = 0\end{aligned}$$

となり，これを θ について解けば，次のようになる．
$$n = \frac{1}{\theta}\sum_{i=1}^{n}(x_i-\mu)^2 \Longrightarrow \theta = \frac{1}{n}\sum_{i=1}^{n}(x_i-\mu)^2$$

よって，最尤推定値は，$\hat{\theta} = \dfrac{1}{n}\sum_{i=1}^{n}(x_i-\mu)^2$ である．

(3) 確率密度関数は，$\theta = \sigma^2$ として，
$$f(x_i; \mu, \theta) = \frac{1}{\sqrt{2\pi\theta}} e^{-\frac{(x_i-\mu)^2}{2\theta}}$$

なので，尤度方程式は，

$$\frac{\partial}{\partial \mu} \log L(\mu, \theta) = \sum_{i=1}^{n} \frac{\partial}{\partial \mu} \log f(x_i; \mu, \theta)$$

$$= \sum_{i=1}^{n} \frac{\partial}{\partial \mu} \left(-\frac{1}{2} \log(2\pi\theta) - \frac{(x_i - \mu)^2}{2\theta} \right) = \frac{n}{\theta}(\bar{x} - \mu) = 0,$$

$$\frac{\partial}{\partial \theta} \log L(\mu, \theta) = \sum_{i=1}^{n} \frac{\partial}{\partial \theta} \log f(x_i; \mu, \theta) = \sum_{i=1}^{n} \frac{\partial}{\partial \theta} \left(-\frac{1}{2} \log(2\pi\theta) - \frac{(x_i - \mu)^2}{2\theta} \right)$$

$$= -\frac{n}{2\theta} + \frac{1}{2\theta^2} \sum_{i=1}^{n} (x_i - \mu)^2 = 0$$

となる．したがって，最尤推定値は，これらの解

$$\hat{\mu} = \bar{x}, \quad \hat{\theta} = \frac{1}{n} \sum_{i=1}^{n} (x_i - \bar{x})^2$$

である．よって，平均 μ，分散 σ^2 の最尤推定量は，それぞれ標本平均 $\bar{X}$，標本分散 S^2 である．
以上で解答は終わりだが，厳密にいえば，これだけでは，$\log L(\mu, \theta)$ が $(\hat{\mu}, \hat{\theta})$ において極大値をとる保証はない．より厳密には拙著 [10] の定理 5.23 を使って，次のように極値の判定をしなければならない．
$g(\mu, \theta) = \log L(\mu, \theta)$ とすれば $(\hat{\mu}, \hat{\theta})$ において $g_\mu(\hat{\mu}, \hat{\theta}) = g_\theta(\hat{\mu}, \hat{\theta}) = 0$ であり，
$s^2 = \dfrac{1}{n} \sum_{i=1}^{n} (x_i - \bar{x})^2$ とすれば，

$$g_{\mu\mu}(\hat{\mu}, \hat{\theta}) = -\frac{n}{\hat{\theta}} = -\frac{n}{s^2} < 0, \quad g_{\mu\theta}(\hat{\mu}, \hat{\theta}) = 0,$$

$$g_{\theta\theta}(\hat{\mu}, \hat{\theta}) = \frac{n}{2\hat{\theta}^2} - \frac{1}{\hat{\theta}^3} \sum_{i=1}^{n} (x_i - \bar{x})^2 = \frac{n}{2s^4} - \frac{1}{s^6} \cdot ns^2 = -\frac{n}{2s^4} < 0,$$

なので，

$$g_{\mu\mu}(\hat{\mu}, \hat{\theta}) < 0 \text{ かつ } g_{\mu\mu}(\hat{\mu}, \hat{\theta}) g_{\theta\theta}(\hat{\mu}, \hat{\theta}) - g_{\mu\theta}(\hat{\mu}, \hat{\theta}) > 0$$

である．よって，$g(\mu, \theta)$ は点 $(\hat{\mu}, \hat{\theta})$ で極大値をとる．∎

■■■ 演習問題 ■■■■■■■■■■■■■■■■■■■■■■■■■■■■■

●**演習問題 7.8** 演習問題 7.7 と同じ条件下で，平均寿命の最尤推定値を求めよ．

●**演習問題 7.9** 次の母数に対する次の最尤推定量を求めよ．
 (1) 二項分布 $Bin(n, p)$ の母数 p
 (2) ポアソン分布 $Po(\lambda)$ の母数 λ

※**演習問題 7.10** 一様分布 $U(a, b)$ の確率密度関数は

$$f(x) = \begin{cases} \frac{1}{b-a} & (a \leq x \leq b) \\ 0 & (\text{その他}) \end{cases}$$

で与えられる．一様分布 $U(a,b)$ に従う母集団から無作為に抽出した大きさ n の標本を $X_1, X_2, \ldots, X_n$ とするとき，次の問に答えよ．

(1) $E(X) = \dfrac{1}{2}(a+b)$ および $V(X) = \dfrac{1}{12}(a-b)^2$ を示せ．

(2) モーメント法による a, b の推定量はそれぞれ $\bar{X} - \sqrt{3}S, \bar{X} + \sqrt{3}S$ であることを示せ．

(3) a と b の最尤推定量 $\hat{a}, \hat{b}$ は $\hat{a} = \min(X_1, X_2, \ldots, X_n), \hat{b} = \max(X_1, X_2, \ldots, X_n)$ であることを示せ．

Section 7.4
区間推定

区間推定は，推定量の確率分布が分かっているとき，確率の考えを使って母数 θ を含むであろう区間を求める方法です．

―― 信頼区間と区間推定 ――

定義 7.4 無作為標本 $X_1, X_2, \ldots, X_n$ の実現値 $x_1, x_2, \ldots, x_n$ に対して $\hat{\theta}_1 = T_1(x_1, x_2, \ldots, x_n)$, $\hat{\theta}_2 = T_2(x_1, x_2, \ldots, x_n)$ は $\hat{\theta}_1 < \hat{\theta}_2$ を満たすものとする．さらに，与えられた確率 $1-\alpha$ に対して，確率

$$P(\hat{\theta}_1 \leq \theta \leq \hat{\theta}_2) = 1 - \alpha$$

を満たすものとする．このとき，区間 $[\hat{\theta}_1, \hat{\theta}_2]$ を**信頼度**（または**信頼係数**）$1-\alpha$（または，$100(1-\alpha)\%$）の**信頼区間**，信頼区間の両端点 $\hat{\theta}_1, \hat{\theta}_2$ を**信頼限界**という．また，信頼区間を求めることを**区間推定**という．

多くの場合，α としては，$0.1, 0.05, 0.01$ などを用います．例えば，$\alpha = 0.05$ ならば，信頼度 95% の信頼区間を考えることになります．θ が確実に入る区間を求めるのは現実的ではない（例えば，100 点満点のテストの得点 θ が確実に区間を $0 \leq \theta \leq 100$ と求めても意味がない）ので，せめて 95% の確率で入る区間を求めようとするのです．また，通常は，

$$P(\theta < \hat{\theta}_1) = P(\theta > \hat{\theta}_2) = \frac{\alpha}{2}$$

となるように信頼区間をとります（図 7.1）．

図 7.2〜7.3 に本書で扱う平均と分散の区間推定の流れを示します．

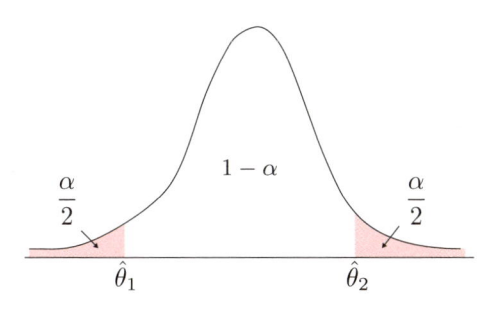

図 7.1 信頼区間

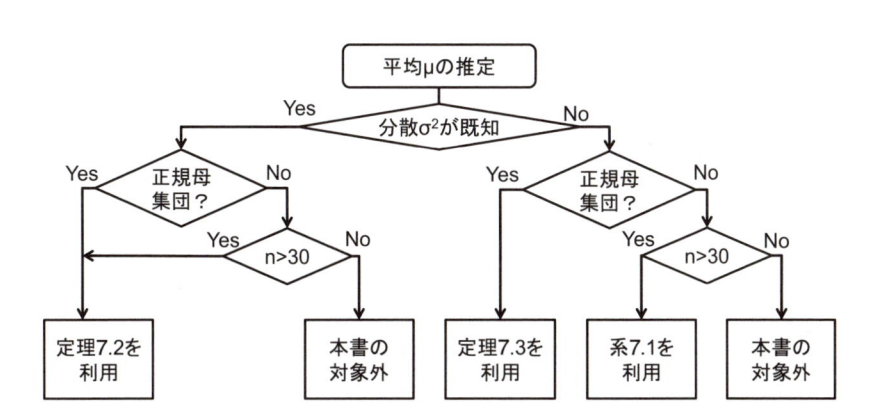

図 7.2 平均 μ の区間推定の流れ

```
                ┌─────────────────┐
                │ 分散 σ² の推定  │
                └────────┬────────┘
                         ↓
              Yes    ╱───────╲    No
            ┌──────╱ 正規母集団? ╲──────┐
            │      ╲───────────╱        │
            ↓                           ↓
    ┌──────────────┐            ┌──────────────┐
    │ χ²分布を利用 │            │ 本書の対象外 │
    │ (第7.4.3項)  │            │              │
    └──────────────┘            └──────────────┘
```

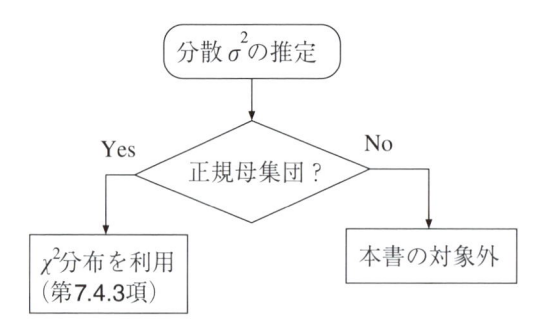

図 7.3 分散 σ^2 の区間推定の流れ

7.4.1 母平均 μ の区間推定 (σ^2 が既知) ★

ここでは，正規母集団で，分散 σ^2 が既知のとき，μ を区間推定してみましょう．

母平均 μ の区間推定 (σ^2 が既知)

定理 7.2 母平均 μ が未知，母分散 σ^2 が既知の正規母集団からの無作為標本を $X_1, X_2, \ldots, X_n$ とすると，母平均 μ の信頼度 $100(1-\alpha)\%$ の信頼区間は，

$$\bar{X} - z\left(\frac{\alpha}{2}\right)\frac{\sigma}{\sqrt{n}} \leq \mu \leq \bar{X} + z\left(\frac{\alpha}{2}\right)\frac{\sigma}{\sqrt{n}} \qquad (7.11)$$

となる．ただし，$\bar{X}$ は標本平均で，$z\left(\frac{\alpha}{2}\right)$ は上側 $\frac{\alpha}{2}$ 点である．
また，正規母集団でなくても標本サイズ n が十分に大きいとき，母平均 μ は (7.11) と同じ信頼区間をもつとしてよい[3]．なお，(7.11) の $\sigma/\sqrt{n}$ を**標準誤差**という．

(証明)
$X_1, X_2, \ldots, X_n$ は互いに独立な正規分布 $N(\mu, \sigma^2)$ に従う確率変数なので，系 6.1 より，標本平均 $\bar{X} = \frac{1}{n}\sum_{i=1}^{n} X_i$ は正規分布 $N\left(\mu, \frac{\sigma^2}{n}\right)$ に従い，さらに，系 6.2 より

$Z = \frac{\bar{X} - \mu}{\sigma}\sqrt{n}$ は標準正規分布 $N(0,1)$ に従う．

よって，標準正規分布の上側 $\frac{\alpha}{2}$ 点 $z\left(\frac{\alpha}{2}\right)$ に対して，

$$P\left(|Z| \leq z\left(\frac{\alpha}{2}\right)\right) = 1 - \alpha$$

が成り立つ．したがって，

---
[3] 求めたい母数の信頼区間の幅にも依存しますが，正規母集団でない場合，定理 7.2 が適用できる標本サイズ n の目安は 30 程度以上です．というのも，図 6.4 で見たように，自由度 30 の t 分布と標準正規分布のグラフがほぼ同じになるためです．

$$1-\alpha = P\left(\left|\frac{\bar{X}-\mu}{\sigma}\sqrt{n}\right| \leq z\left(\frac{\alpha}{2}\right)\right) = P\left(-z\left(\frac{\alpha}{2}\right) \leq \frac{\bar{X}-\mu}{\sigma}\sqrt{n} \leq z\left(\frac{\alpha}{2}\right)\right)$$
$$= P\left(\bar{X} - z\left(\frac{\alpha}{2}\right)\frac{\sigma}{\sqrt{n}} \leq \mu \leq \bar{X} + z\left(\frac{\alpha}{2}\right)\frac{\sigma}{\sqrt{n}}\right)$$

が成り立つ. これは, 未知である母平均 μ が区間

$$\bar{X} - z\left(\frac{\alpha}{2}\right)\frac{\sigma}{\sqrt{n}} \leq \mu \leq \bar{X} + z\left(\frac{\alpha}{2}\right)\frac{\sigma}{\sqrt{n}}$$

に含まれる確率が $1-\alpha$ であることを示している.
母分布が正規分布でない場合でも, 標本サイズ n が十分に大きいときは, 中心極限定理 (系 6.2) より, $Z = \frac{\sqrt{n}(\bar{X}-\mu)}{\sigma}$ は近似的に標準正規分布 $N(0,1)$ に従うので, 分散 σ^2 が分かっているときは平均 μ の信頼度 $1-\alpha$ の信頼区間は (7.11) で近似できる. ∎

> **注意 7.4.1** 信頼区間の幅は $z\left(\frac{\alpha}{2}\right)\frac{\sigma}{\sqrt{n}}$ に依存するので, $z(0.05) = 1.645$, $z(0.025) = 1.96$, $z(0.005) = 2.575$ より, 信頼度を高くしようとすると信頼区間は広くなります. また, 標本サイズ n を大きくすると信頼区間は狭くなり, 分散 σ^2 が大きくなると信頼区間も広くなります.

よく使う α に対して, あらかじめ $z\left(\frac{\alpha}{2}\right)$ を求めておくと,

$$\alpha = 0.05 \implies z(0.025) = 1.96, \quad \alpha = 0.01 \implies z(0.005) = 2.575,$$
$$\alpha = 0.1 \implies z(0.05) = 1.645$$

となります. これらは, 標準正規分布表から求められます. 例えば, $z(0.005)$ を求める場合は,

$$\alpha = 1 - \Phi(z(\alpha))$$

に注意して,

$$\Phi(z(\alpha)) = 1 - \alpha = 0.995$$

となる点を標準正規分布表で探します. すると,

$$z = 2.57 \implies \Phi(z) = 0.9949, \quad z = 2.58 \implies \Phi(z) = 0.9951$$

なので, $z(0.005)$ の値としてこれらの平均 $\frac{2.57 + 2.58}{2} = 2.575$ を採用します.

母平均 μ の推定 (σ^2 が既知)

例 7.4 次の問に答えよ.
(1) ある試験の結果は正規分布に従い, その標準偏差は 18.5 点だったとする. そして, 全答案の中から無作為に 10 人分を抜きだし, これらの平均点を求めたところ 65.8 点であった. このとき, 母平均 μ の 99% の信頼区間を求めよ.
(2) 同じモデルの車 50 台に対して 1 リットルあたりの走行距離を実測したところ, その平均値は 30.52km であった. 標準偏差を 2.8km とするとき, この車の 1 リットルあたりの平均走行距離を信頼度 95% で区間推定せよ.

【解答】
(1) 定理 7.2 において，

$$\alpha = 0.01, \quad z\left(\frac{\alpha}{2}\right) = z(0.005) = 2.575, \quad n = 10, \quad \sigma = 18.5, \quad \bar{x} = 65.8$$

なので，求めるべき信頼区間は，

$$\left[65.8 - 2.575 \times \frac{18.5}{\sqrt{10}}, 65.8 + 2.575 \times \frac{18.5}{\sqrt{10}}\right] = [65.8 - 15.0643..., 65.8 + 15.0643...]$$
$$\subset [65.8 - 15.07, 65.8 + 15.07]$$
$$= [50.73, 80.87]$$

となる．
(2) $n = 50 > 30$ なので，母集団が正規分布に従ってなくとも定理 7.2 が適用できる．よって，定理 7.2 において，

$$\alpha = 0.05, \quad z\left(\frac{\alpha}{2}\right) = z(0.025) = 1.96, \quad n = 50, \quad \sigma = 2.8, \quad \bar{x} = 30.52$$

とおけば，求めるべき信頼区間

$$\left[30.52 - 1.96 \times \frac{2.8}{\sqrt{50}}, 30.52 + 1.96 \times \frac{2.8}{\sqrt{50}},\right] \subset [30.52 - 0.7762, 30.52 + 0.7762]$$
$$= [29.7438, 31.2962]$$

を得る． ∎

7.4.2 母平均の μ の区間推定 (σ^2 が未知)

(7.11) は標準偏差 σ を含んでいるので，分散 σ^2 が未知のとき，定理 7.2 は使えませんが，定理 7.1 より不偏分散 U^2 は分散の不偏推定量かつ一致推定量であることが分かっているので，これを使います．

母平均 μ の区間推定 (σ^2 が未知)

定理 7.3 母平均 μ と母分散 σ^2 がともに未知の正規母集団からの無作為標本を $X_1, X_2, \ldots, X_n$ とし，不偏分散を U^2 とすれば，母平均 μ の信頼度 $100(1-\alpha)\%$ の信頼区間は

$$\bar{X} - t_{n-1}\left(\frac{\alpha}{2}\right)\frac{U}{\sqrt{n}} \leq \mu \leq \bar{X} + t_{n-1}\left(\frac{\alpha}{2}\right)\frac{U}{\sqrt{n}} \quad (7.12)$$

となる．ただし，$\bar{X}$ は標本平均で，$t_{n-1}\left(\frac{\alpha}{2}\right)$ は自由度 $n-1$ の t 分布の上側 $\frac{\alpha}{2}$ 点である．なお，(7.12) の $\frac{U}{\sqrt{n}}$ を**標準誤差**という．

(証明)
定理 6.10 より，$T = \dfrac{\bar{X} - \mu}{U/\sqrt{n}}$ は自由度 $n-1$ の t 分布に従うので，自由度が $n-1$ の t 分布の上側 $\alpha/2$ 点を $t_n(\alpha/2)$ とすれば，

$$P\left(|T| \leq t_{n-1}\left(\frac{\alpha}{2}\right)\right) = 1 - \alpha$$

が成り立つ．したがって，

$$\begin{aligned}
1 - \alpha &= P\left(\left|\frac{\bar{X} - \mu}{U/\sqrt{n}}\right| \leq t_{n-1}\left(\frac{\alpha}{2}\right)\right) \\
&= P\left(\bar{X} - t_{n-1}\left(\frac{\alpha}{2}\right)\frac{U}{\sqrt{n}} \leq \mu \leq \bar{X} + t_{n-1}\left(\frac{\alpha}{2}\right)\frac{U}{\sqrt{n}}\right)
\end{aligned}$$

を得る． ∎

不偏分散 U^2 は，分散 σ^2 の不偏推定量かつ一致推定量なので，標本サイズ n が大きいときは σ^2 を U^2 で近似できます．したがって，母集団が正規分布でないときは，定理 7.2 の後半部分において σ を U で代用すれば，次の系を得ます．

母平均 μ の区間推定 (σ^2 未知，非正規母集団)

系 7.1 母平均 μ と母分散 σ^2 がともに未知の母集団からの無作為標本を X_1, $X_2, \ldots, X_n$ とし，不偏分散を U^2 とすれば，母平均 μ の信頼度 $100(1-\alpha)\%$ の信頼区間は，

$$\bar{X} - z\left(\frac{\alpha}{2}\right)\frac{U}{\sqrt{n}} \leq \mu \leq \bar{X} + z\left(\frac{\alpha}{2}\right)\frac{U}{\sqrt{n}} \tag{7.13}$$

で近似できる．ただし，標本サイズ n は十分に大きいとする．また，$\bar{X}$ は標本平均で，$z\left(\dfrac{\alpha}{2}\right)$ は上側 $\dfrac{\alpha}{2}$ 点である．

注意 7.4.2 定理 7.3 および系 7.1 で得られる信頼区間は不偏分散，つまり，標本値に依存します．したがって，標本サイズ n が一定の場合，信頼区間の幅は，分散が既知のときには標本値に依存せず一定ですが，分散が未知のときには標本値に依存します．

母平均 μ の推定 (σ^2 が未知)

例 7.5 次の問に答えよ.

(1) ある自動車工場において, 同じモデルの車 10 台に対して 1 リットルあたりの走行距離を実測したところ, 次のようになった.

$$23.0, 24.9, 24.0, 24.5, 23.6, 23.3, 22.9, 22.5, 23.4, 21.8$$

この車の 1 リットルあたりの平均走行距離を信頼度 95% で区間推定せよ.

(2) 数学のテストを受験した者のうち 80 人を無作為抽出したところ, 平均点は 76.2 点で, 不偏標準偏差は 18.8 点であった. このとき, 数学の平均点を 99% の信頼区間を求めよ.

【解答】
(1)

$$\bar{X} = \frac{1}{10}(23 + 24.9 + 24 + 24.5 + 23.6 + 23.3 + 22.9 + 22.5 + 23.4 + 21.8) = 23.39$$

$$U^2 = \frac{1}{10-1}\left((23.39-23)^2 + (23.39-24.9)^2 + \cdots + (23.39-21.8)^2\right) = 0.849...$$

$$U \approx 0.922$$

であり, 数表から $t_9(0.025) = 2.262$ となるので, 定理 7.3 より, 平均 μ の信頼度 95% の信頼区間は次のようになる.

$$\left[23.39 - 2.262 \times \frac{0.922}{\sqrt{10}}, 23.39 + 2.262 \times \frac{0.922}{\sqrt{10}}\right] \subset [22.73, 24.05]$$

(2) $n = 80 > 30$ なので, 系 7.1 において, $\bar{X} = 76.2$, $z(0.005) = 2.575$, $U = 18.8$ とすれば, 次のような平均 μ の信頼度 99% の信頼区間を得る.

$$\left[76.2 - 2.575 \times \frac{18.8}{\sqrt{80}}, 76.2 + 2.575 \times \frac{18.8}{\sqrt{80}}\right] \subset [70.78, 81.62]$$

∎

■■■ 演習問題 ■■■■■■■■■■■■■■■■■■■■■■■■■

●**演習問題 7.11** 次の問に答えよ.

(1) 正規分布 $N(\mu, \sigma^2)$ から無作為抽出した大きさ n の標本を用いて, 母平均 μ を信頼度 $100(1-\alpha)$% の信頼区間で推定したい. 信頼区間の幅を $2w$ 以内にするには, n を $n \geq z^2\left(\frac{\alpha}{2}\right)\frac{\sigma^2}{w^2}$ と選べばよいことを示せ.

(2) 正規分布 $N(\mu, 25)$ から無作為抽出した大きさ n の標本を用いて母平均 μ を 95% の信頼区間で推定したい. 信頼区間の幅を 4 以内にするには, n の大きさをどのようにすればよいか?

●**演習問題 7.12** ある大学では, 入学生全員に対して数学のテストを実施している. 無作為に 100 人分の答案を抽出したところ, 平均点が 55.6 点で, 過去の資料から, 標準偏差は 12 点くらいと予想される. このとき, 数学の平均点を信頼度 95% と

99%で推定せよ．また，平均点の誤差を 1 点以内，つまり，信頼区間の幅を 2 以下で推定するには，何枚の答案を抽出しなければならないか？信頼度 95%，99%のそれぞれの場合について答えよ．

●演習問題 7.13 あるコンビニでおにぎりを 8 個買い，重さを測ったところ平均は 110g，不偏標準偏差は 5.4g であった．このとき，おにぎりの平均の重さを信頼度 99%で推定せよ．

●演習問題 7.14 無作為に 3 歳児 65 人の体重を測ったところ，平均は 14.1kg で，不偏標準偏差は 1.6kg であった．このとき，3 歳児の平均体重を信頼度 95%で区間推定せよ．

7.4.3 母分散 σ^2 の推定

無作為標本 $X_1, X_2, \ldots, X_n$ が正規分布 $N(\mu, \sigma^2)$ に従うとき，定理 6.7 より，$\dfrac{(n-1)U^2}{\sigma^2}$ は自由度 $n-1$ の χ^2 分布に従うことが分かります．ただし，U^2 は不偏分散です．無作為標本より n と U^2 は求められ，χ^2 分布の性質も分かっていますから，これらを使えば分散 σ^2 の推定が可能です．

母分散 σ^2 の区間推定

定理 7.4 母平均 μ と母分散 σ^2 がともに未知の正規母集団からの無作為標本を $X_1, X_2, \ldots, X_n$ とし，不偏分散を U^2 とすれば，母分散 σ^2 の信頼度 $100(1-\alpha)$% の信頼区間は

$$\frac{(n-1)U^2}{\chi^2_{n-1}(\alpha/2)} \leq \sigma^2 \leq \frac{(n-1)U^2}{\chi^2_{n-1}(1-\alpha/2)} \tag{7.14}$$

となる．ただし，$\chi^2_{n-1}\left(\dfrac{\alpha}{2}\right)$ は自由度 $n-1$ の χ^2 分布の上側 $\dfrac{\alpha}{2}$ 点である．

(証明)

定理 6.7 より，$(n-1)U^2/\sigma^2$ は自由度 $n-1$ の χ^2 分布に従うので，

$$1-\alpha = P\left(\chi^2_{n-1}\left(1-\frac{\alpha}{2}\right) \leq \frac{(n-1)U^2}{\sigma^2} \leq \chi^2_{n-1}\left(\frac{\alpha}{2}\right)\right)$$

が成り立つ．これより，次を得る．

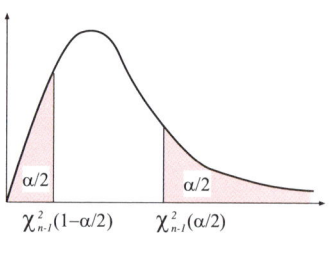

$$1-\alpha = P\left(\frac{(n-1)U^2}{\chi^2_{n-1}(\alpha/2)} \leq \sigma^2 \leq \frac{(n-1)U^2}{\chi^2_{n-1}(1-\alpha/2)}\right)$$

■

母分散 σ^2 の推定

例 7.6 ある懐中電灯 10 個の連続点灯時間（単位は分）を測定したところ次のような結果が得られた．

$$4840, 4370, 4890, 4510, 4570, 4630, 4750, 4470, 4490, 4680$$

このとき，母分散 σ^2 の 95%信頼区間を求めよ．ただし，懐中電灯の連続点灯時間は正規分布に従うものとする．

【解答】

$$\bar{X} = \frac{1}{10}(4840 + 4370 + \cdots + 4490 + 4680) = 4620$$
$$U^2 = \frac{1}{9}\left((4840-4620)^2 + (4370-4620)^2 + \cdots + (4680-4620)^2\right) = \frac{258400}{9}$$

であり，数表から $\chi^2_9(0.025) = 19.023$, $\chi^2_9(0.975) = 2.700$ なので，定理 7.4 より，母分散 σ^2 の信頼度 95%の信頼区間は次のようになる．

$$\left[\frac{9 \cdot 258400/9}{19.023}, \frac{9 \cdot 258400/9}{2.700}\right] = [13583.6, 95703.7]$$

■

■■■ 演習問題 ■■■■■■■■■■■■■■■■■■■■■■■■■

※**演習問題 7.15** 平均 μ が既知で，分散 σ^2 が未知の正規母集団からの無作為標本を $X_1, X_2, \ldots, X_n$ とするとき，母分散 σ^2 の信頼区間は

$$\frac{nV^2}{\chi^2_n(\alpha/2)} \leq \sigma^2 \leq \frac{nV^2}{\chi^2_n(1-\alpha/2)} \quad \text{ただし，} V^2 = \frac{1}{n}\sum_{i=1}^{n}(X_i-\mu)^2$$

となることを示せ．(ヒント) 演習問題 6.5 を使う．

●**演習問題 7.16** ペットボトル 11 本に入っている水の量を測ったところ次のようになった（単位は ml）．

2006, 2005, 2015, 1998, 1981, 2016, 2025, 2000, 1977, 1991, 2030

このとき，母分散 σ^2 の 90%信頼区間を求めよ．ただし，水の量は正規分布に従うものとする．

7.4.4　母比率の区間推定★

ここでは，テレビの視聴率や内閣支持率といったある比率の区間推定を考えます．

母比率・標本比率

定義 7.5 母分布が二項分布 $Bin(1,p)$ である母集団を**二項母集団**，p を**母比率**という．つまり，母比率とは，二項母集団のある事象 A が起こる確率 $p = P(A)$ のことである．また，この事象 A に対して，

$$X = \begin{cases} 1 & (\text{標本が } A \text{ に属する}) \\ 0 & (\text{標本が } A \text{ に属さない}) \end{cases}$$

とし，同じ操作による無作為標本を $X_1, X_2, \ldots, X_n$ とするとき，$Y = \sum_{i=1}^{n} X_i$ は A に属する総数を表し，その比率

$$\bar{p} = \frac{Y}{n} = \frac{\sum_{i=1}^{n} X_i}{n} = \bar{X}$$

を**標本比率**という．

標本比率の平均と分散

定理 7.5 二項分布 $Bin(1,p)$ に従う二項母集団からの無作為標本を $X_1, X_2, \ldots, X_n$ とするとき，標本比率 $\bar{p}$ の平均と分散は次のようになる．

$$E(\bar{p}) = p, \qquad V(\bar{p}) = \frac{p(1-p)}{n}$$

(証明)
$Y = \sum_{i=1}^{n} X_i$ は二項分布 $Bin(n,p)$ に従うので定理 4.1 より，

$$E(Y) = np, \quad V(Y) = np(1-p)$$

である．よって，定理 2.3 より次式を得る．

$$E(\bar{p}) = E\left(\frac{Y}{n}\right) = \frac{1}{n}E(Y) = p, \quad V(\bar{p}) = V\left(\frac{Y}{n}\right) = \frac{1}{n^2}V(Y) = \frac{p(1-p)}{n}$$

∎

母比率の区間推定

定理 7.6 サイズが n の標本のうち，性質 A をもつものが Y 個あったとする．このとき，標本比率を $\bar{p} = Y/n$ とすれば，性質 A の母比率 p の信頼度 $100(1-\alpha)\%$ の信頼区間は，

$$\bar{p} - z\left(\frac{\alpha}{2}\right)\sqrt{\frac{\bar{p}(1-\bar{p})}{n}} \leq p \leq \bar{p} + z\left(\frac{\alpha}{2}\right)\sqrt{\frac{\bar{p}(1-\bar{p})}{n}}$$

である．ただし，$z(\alpha/2)$ は上側 $\alpha/2$ 点で，n は十分に大きいとする．

(証明)
定理 7.5 より，$E(\bar{p}) = p, V(\bar{p}) = p(1-p)/n$ なので，n が十分に大きいときは，ド・モアブル-ラプラスの定理 (定理 4.6) より，$\bar{p}$ は近似的に正規分布 $N(p, p(1-p)/n)$ に従い，標準化変数 $Z = (\bar{p}-p)/\sqrt{p(1-p)/n}$ は近似的に標準正規分布 $N(0,1)$ に従う．ゆえに，

$$P\left(\left|\frac{\bar{p}-p}{\sqrt{p(1-p)/n}}\right| \leq z\left(\frac{\alpha}{2}\right)\right) \approx 1-\alpha$$

$$\Longrightarrow P\left(\bar{p} - z\left(\frac{\alpha}{2}\right)\sqrt{\frac{p(1-p)}{n}} \leq p \leq \bar{p} + z\left(\frac{\alpha}{2}\right)\sqrt{\frac{p(1-p)}{n}}\right) \approx 1-\alpha \quad (7.15)$$

を得る．ここで，大数の法則 (定理 3.8) より，n が十分に大きいときは $p \approx \bar{p}$ としてよいので，信頼区間の上下限に現れる $p(1-p)$ を $\bar{p}(1-\bar{p})$ と置き換えて，

$$P\left(\bar{p} - z\left(\frac{\alpha}{2}\right)\sqrt{\frac{\bar{p}(1-\bar{p})}{n}} \leq p \leq \bar{p} + z\left(\frac{\alpha}{2}\right)\sqrt{\frac{\bar{p}(1-\bar{p})}{n}}\right) \approx 1-\alpha$$

を得る． ∎

母比率 p の推定

例 7.7 2014年1月に放送が始まったアニメ番組「妖怪ウォッチ」はクロスメディア展開も相まって，小学生を中心として爆発的にヒットした．保護者も巻き込んで社会現象化しており，ある小学校では実態を把握するため，アンケートを実施した結果，140名中32名がこの番組を見ていることが分かった．このとき，次の問に答えよ．
(1) この小学校における視聴率 p の 95% の信頼区間を求めよ．
(2) 視聴率 p を標本比率で推定したときの誤差が 3% 以下である確率を 0.95 になるようにするには何人の小学生にアンケート調査をする必要があるか？また，標本比率が分からない場合，つまり，視聴率アンケートを全く実施していなかった場合はどうか？

【解答】
(1) $n = 140, Y = 32, \bar{p} = Y/n = 32/140 \approx 0.2286, \alpha = 0.05$ であり，

$$\bar{p} \pm z\left(\frac{\alpha}{2}\right)\sqrt{\frac{\bar{p}(1-\bar{p})}{n}} = 0.2286 \pm 1.96\sqrt{\frac{0.2286 \times 0.7714}{140}} = 0.2286 \pm 0.06956$$

である．n は十分に大きい $(n > 30)$ なので，定理 7.6 より，信頼区間は $[0.1590, 0.2982]$ となる．

(2) 標本サイズが n の場合でも、$\bar{p} \approx 0.2286$ と考えてよいので、n は、

$$|p - \bar{p}| = 1.96\sqrt{\frac{0.2286 \times 0.7714}{n}} \leq 0.03$$

を満たさなければならない。これより、

$$n \geq \frac{0.2286 \times 0.7714 \times (1.96)^2}{(0.03)^2} = 752.706$$

となり、753 人の小学生に調査する必要がある。
アンケートを全く実施していなかった場合は、すべての $p(0 < p < 1)$ に対して、
$p(1-p) = -(p-1/2)^2 + 1/4 \leq 1/4 = 0.25$ となるので、信頼区間の幅は (7.15) より、

$$1.96 \times \sqrt{\frac{0.25}{n}} \leq 0.03$$

を満たさなければならない。したがって、

$$n \geq \frac{(1.96)^2 \times 0.25}{(0.03)^2} = 1067.1$$

となり、1068 人に調査する必要がある。

■

■■■ **演習問題** ■■■■■■■■■■■■■■■■■■■■■■■

●**演習問題 7.17** ある海外旅行保険加入者の中から 800 人を調査した結果、31 人が過去 5 年間に少なくとも 1 回の保険金を請求していた。このとき、次の問に答えよ。

(1) この保険会社の加入者のうち、過去 5 年間に少なくとも 1 回保険金を請求した人の比率の 99% 信頼区間を求めよ。
(2) 信頼区間の幅が 0.02 以下になるようにするには、何人に対して調査しなければならないか？また、事前に全く調査をしていない場合はどうか？

※**演習問題 7.18** $f_{n_1,n_2}(x)$ を自由度 (n_1, n_2) の F 分布の確率密度関数とし、$n_1 = 2(k+1)$, $n_2 = 2(n-k)$, $m_1 = 2(n-k+1)$, $m_2 = 2k$, $c_1 = \dfrac{n_2 p}{n_1(1-p)}$, $c_2 = \dfrac{m_2(1-p)}{m_1 p}$ とするとき、次の問に答えよ。

(1) $\displaystyle\int_{c_1}^{\infty} f_{n_1,n_2}(x)dx = \sum_{j=0}^{k} \binom{n}{j} p^j(1-p)^{n-j}$ および $\displaystyle\int_{c_2}^{\infty} f_{m_1,m_2}(x)dx = \sum_{j=k}^{n} \binom{n}{j} p^j(1-p)^{n-j}$ を示せ。(ヒント) 後半の証明では、$I = \displaystyle\int_{0}^{p} t^{k-1}(1-t)^{n-k}dt$ に部分積分を繰り返し適用して、右辺を導く。そして、$t = \dfrac{m_2}{m_1 x + m_2}$ と置換して I を求め、左辺を導く。前半も同様に考えればよい。

(2) $X_1, \ldots, X_n$ をパラメータ $p(0 < p < 1)$ のベルヌーイ分布 $Bin(1, p)$ からの無作為標本し、k を事象 A が現れた総数とする。(1) の結果を用いて、母比率 p の $100(1-\alpha)\%$ 信頼区間は次式で与えられることを示せ。

$$\left[\frac{m_2}{m_1 F_{m_2}^{m_1}(\alpha/2) + m_2}, \frac{n_1 F_{n_2}^{n_1}(\alpha/2)}{n_1 F_{n_2}^{n_1}(\alpha/2) + n_2} \right]$$

なお，この信頼区間**クロッパー・ピアソンの信頼区間**といい，標本数 n が少ないときでも利用できる．

(ヒント) 信頼区間 $[\hat{\theta}_1, \hat{\theta}_2]$ は $P(\hat{\theta}_1 \leq \theta \leq \hat{\theta}_2) = 1 - \alpha$ を満たすもの，つまり，$P(\theta < \hat{\theta}_1) + P(\theta > \hat{\theta}_2) = \alpha$ を満たすものだが，これを $P(\theta < \hat{\theta}_1) = \alpha/2$, $P(\theta > \hat{\theta}_2) = \alpha/2$ と置き換える．すると，信頼区間の下限 P_L と上限 P_U はそれぞれ $P_L = \{p \,|\, P(X \geq k) = \alpha/2\}$, $P_U = \{p \,|\, P(X \leq k) = \alpha/2\}$ となる．

第 8 章

検定

　私達は,「この薬って本当に効くのかな？ ほとんどの人がこの薬を飲んで治っているから効くんじゃない？」とか,「あの人は私のことどう思っているのかな？ 最近ぜんぜん連絡がないから,きっと私のことなんかどうでもいんだ」というような推論を無意識のうちにやっています．このような考え方を統計学に持ち込んだものが**検定**です．検定は,**統計的仮説検定**や**仮説検定**とも呼ばれますが,本書では単に検定と呼ぶことにしましょう．

　統計学で検定を行う場合は,平均や分散などの統計量やこれらに基づく確率分布を利用しますから,「新薬の効果に関する特性値の平均値が既存薬よりも大きいとき,新薬は改良されたといえるか」,「内閣支持率において30代と60代で差があったとき,この2つ世代で本質的に差があるといえるか」,「S大学の入試における数学の得点分布は,正規分布に従っているといえるか」,といった統計量や確率分布に基づいた仮説を検証することになります．

　ここでは,検定の基本的な考え方や平均および分散を中心とする検定の方法について説明します．

Section 8.1
検定の考え方

　検定を具体的に行うには,まず,次の2つの仮定をおきます.

H_1　主張したい仮定．例えば,「ほとんどの人に薬が効く」

H_0　否定したい仮定．例えば,「ほとんどの人に薬が効かない」

そして，何らかの方法によって，

- H_0 が否定 $\Longrightarrow$ H_1 は正しい
- H_0 が否定されない $\Longrightarrow$ H_1 が正しいとはいえない（どちらともいえない）

と結論づけるのです．「主張したい H_1」を直接的に考えるのではなく,「否定したい仮定 H_0」の成否を考えるのは何だかおかしい気がしますが，実はそうでもないのです．例えば,「薬が効く」という事実をたくさん集めてきても，ほとんどの事例を調べたことにはなりませんから，なかなか「薬が効く」とは結論づけられません．しかし,「薬が効かない」と仮定しておいて，この仮定に矛盾する例が少しでも見つかれば，背理法の考え方から,「薬が効かない」と仮定したことが間違っていると断言できます．このように，検定とは，主張したい仮定をあえて否定する仮説を立てて，その仮定が矛盾するかどうかを調べることだといえます．それでは，もしも矛盾を見つけられなかったら，どのように結論づければよいのでしょうか？このときは，「薬が効かない」という仮定は間違っているとはいえない，ということなので，言い換えれば,「薬が効かない」という証拠が見つからなかった，つまり,「薬が効く」とは結論づけられない，ということです．したがって，結局,「薬が効く」とも「薬が効かない」ともいえない，ということです[1]．

統計学では，仮定のことを仮説とよび，主張したい仮定 H_1 を対立仮説，否定したい仮定 H_0 を帰無仮説といいます[2]．また,「否定する」ことを棄却するといい,「棄却しない」，つまり「否定しない」ことを採択するとい

---

[1]例えば，殺人事件において，ある容疑者に対して「犯人である」という証拠が見つからなかったからといって，直ちに,「犯人ではない」，とは結論づけませんね．普通は,「犯人である」という証拠が見つからないときは,「犯人ではない」という証拠が出てくるまで容疑者として扱われます．

[2]「帰無 (Null)」とは，無に帰する，別の言い方をすれば，結果的に効果や価値がない，くらいの意味である．実際，帰無仮説が採択された場合は，何も判断できず，帰無仮説には効果や価値がなかった，といえる．

います．これらの言葉を使うと，

- 帰無仮説 H_0 が棄却される $\implies H_1$ は正しい
- 帰無仮説 H_0 が棄却されない $\implies H_0$ が採択される（H_1 が正しいとはいえない）

となります．帰無仮説 H_0 が棄却されないときは，H_0 であることは否定できない，つまり，H_1 が正しいとも，H_0 が間違っているともいえない[3]ので，「判断できない」（判断保留）ということに注意してください．先に述べたように，この考え方は背理法に似ています．

背理法 結論の否定を仮定すると矛盾が生じた $\implies$ 仮定が間違い（結論が正しい）

検定 帰無仮説を仮定すると滅多に起こらないこと（珍事）が起こった $\implies$ 帰無仮説を棄却（対立仮説が正しい）

ここで，「帰無仮説は起こらない」としているのではなく，「滅多に起こらない」としていることに注意してください．最初の例でいえば，「ほとんどの人に」という部分に対応します．「ほとんどの人に効く」ということは「効かない人もいる」ということです．一般に統計学では「絶対」とか「100%確実」といった結論は出せないので，このようにしています．この「滅多に起こらない」という部分がポイントで，「全く起こらない」ということではないことに注意してください．したがって，珍事が起こる可能性も秘めているのです．この滅多に起こらないことが起こる可能性(確率)のことを**危険率**といいます．これが，検定とは危険率を伴う背理法である，といわれる理由です．

したがって，次のような誤りを起こす可能性があります．

第1種の誤り 実は帰無仮説 H_0 が正しいのに棄却してしまう，誤り

第2種の誤り 実は帰無仮説 H_0 が正しくないのに採択してしまう，誤り

---
[3]検定に利用したデータは，H_0 を棄却する（H_1 を正しいとする）だけの証拠にはならなかったということです．このようなときは，データを増やしたり，データ収集やその方法を変えたりすれば，新たな証拠となるかもしれない，ということです．

例えば，帰無仮説 H_0 を「学生はいつも勉強している (試験のデキが良い)」，対立仮説 H_1 を「学生はあまり勉強していない (試験のデキが悪い)」としましょう．このとき，普段は真面目に勉強している学生を定期試験1回の成績だけで不合格とする (H_0 を棄却して H_1 を正しいとする) のは，第1種の誤りです．逆に，普段はあまり勉強しない (H_1 が正しい) にもかかわらず定期試験でカンニングして高得点をとった学生を合格させる (H_0 を採択する) のは，第2種の誤りです．なお，第1種の誤りは "あわてんぼう" の誤り，第2種の誤りは "ぼんやり" の誤りと呼ばれることもあります．

もちろん検定では，これらの確率をできるだけ小さくするのが望ましいのはいうまでもありません．表 8.1 に検定による判断の関係を示します．

表 8.1 検定による判断 (α_1, α_2 については注意 8.1.1 を参照)

事実 / 判断	H_0 が正しい	H_0 が誤り (H_1 が正しい)
H_0 を採択	正しい判断	第2種の誤り $P(T \notin W \mid H_1) = \alpha_2$
H_0 を棄却	第1種の誤り $P(T \in W \mid H_0) = \alpha_1$	正しい判断 $1 - \alpha_2 =$ 検出力

以上が検定の基本的な考え方ですが，以下では，検定に必要な用語を整理しつつ，検定手順を示します．すぐには分からないかもしれませんが，検証手順の後に示すいくつかの例を通じて理解するようにしてください．

(1) 仮説の設定　母集団のパラメータまたは分布に関する帰無仮説 H_0 と対立仮説 H_1 を設定する．

(2) 統計量の決定　適当な統計量 $T = T(X_1, X_2, \ldots, X_n)$ を選び，帰無仮説 H_0 の下で，この統計量 T の分布を決定する．

(3) 第1種の誤りが起こる確率に基づき有意水準と棄却域の設定　$0 < \alpha < 1$ となる実数 α を定め，対立仮説 H_1 を考慮しながら，帰無仮説 H_0 が正しいのに H_0 を棄却する $W \subset \mathbb{R}$ を

$$P(T \in W \mid H_0) \leq \alpha$$

を満たすように決める．これは第 1 種の誤りが起こる確率 $P(T \in W \mid H_0)$ を α 以下に設定することを意味する．この α または $100\alpha\%$ の値を**有意水準**といい，W を**棄却域**という．棄却域とは，帰無仮説が棄却される範囲である．また，棄却域 W が区間 $[b, \infty)$ のときを**右側検定**，$(-\infty, a]$ のときを**左側検定**，$(-\infty, a] \cup [b, \infty)$ のときを**両側検定**といい，右側検定と左側検定をあわせて**片側検定**という（図 8.1）．特に，分布が未知の母数 θ に対し，帰無仮説 $H_0 : \theta = \theta_0$ の検定については，対立仮説 H_1 を考慮して，棄却域 W を次のように定める．

右側検定 $H_0 : \theta = \theta_0, \ H_1 : \theta > \theta_0 \implies W = [b, \infty)$

左側検定 $H_0 : \theta = \theta_0, \ H_1 : \theta < \theta_0 \implies W = (-\infty, a]$

両側検定 $H_0 : \theta = \theta_0, \ H_1 : \theta \neq \theta_0 \implies W = (-\infty, a] \cup [b, \infty)$

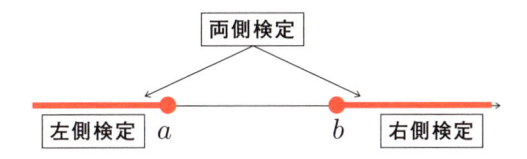

図 8.1 片側検定と両側検定の棄却域

(4) 帰無仮説の棄却・採択 集めたデータに対する T の実現値 t に対して，

$t \in W \implies$ 有意水準 α で H_0 を棄却（H_1 は正しいと判断）

$t \notin W \implies$ 有意水準 α で H_0 を採択（H_1 は正しいとはいえないと判断）

H_0 が棄却され，H_1 を選択した場合は，第 1 種の誤りが起こる確率 $P(T \in W \mid H_0)$ が α 以下であることが保証されているので，H_1 が成り立っていると積極的に主張できます．一方，H_0 が採択された場合は，第 2 種の誤りが起こる確率 $P(T \notin W \mid H_1)$ については，検証手順において何も触れられていないため，この確率が小さいことは全く保証されていません．したがって，H_0 が採択されたからといって，H_0 が正しいとは積極的に主張できないのです．そのため，H_0 を採択したときには，「判断できない」（判断保留），あるいは，「H_1 が正しいとはいえない」と結論づけます．

> **注意 8.1.1** 棄却域 W を作るとき，第 1 種の誤りの確率 $\alpha_1 = P(T \in W \mid H_0)$ と第 2 種の誤りの確率 $\alpha_2 = P(T \notin W \mid H_1)$ が共に小さくなるようにすべきですが，一般にはそのようなことはできません．なぜなら，α_1 を小さくすると W の幅が狭くなり α_2 が大きくなるし，逆に α_2 を小さくすると W の幅が広がり α_1 が大きくなるからです．

> **注意 8.1.1 (続き)** 検定では，帰無仮説 H_0 が棄却されるか否かの判断に着目しますから，普通は，**第 1 種の誤りの基準である有意水準 α を決めておき，第 2 種の誤りを犯す確率をできるだけ小さくするような**棄却域を作ります．なお，対立仮説 H_1 が正しいとき H_1 を採用する確率，つまり，1 から第 2 種の誤りを犯す確率を引いた値 $1 - P(T \notin W \mid H_1)$ を**検出力**といい，検定ルールの「よさ」を判断する基準として使われます．

確率の検定

> **例 8.1** あるショッピングセンターのくじ引きでは 3 本に 1 本当たりが入っているという．しかし，A さんは 10 回連続でくじを引いたが，1 回も当たらなかった．そこで，A さんは 3 本に 1 本も当たりは入っていないと思った．この予想は正しいといえるか？有意水準 5% で検定せよ．また，10 回中 7 回当たった場合は「3 本に 1 本より多くの当たりが入っている」と思ってよいか？

【解答】
(1) 仮説の設定
主張したいのは「確率は 1/3 より低い」なので，帰無仮説を「$H_0 : p = 1/3$」とし，対立仮説を「$H_1 : p < 1/3$」とする．このとき，左側検定を行うことになる．

(2) 統計量の決定
くじを 10 本引いたとき，当たりの数を X とすると，X は二項分布 $Bin(10, 1/3)$ に従う確率変数なので，統計量として確率

$$P(X = k) = \binom{10}{k} \left(\frac{1}{3}\right)^k \left(\frac{2}{3}\right)^{10-k}$$

を用いる．

(3) 有意水準と棄却域の設定
有意水準は $\alpha = 0.05$ であり，棄却域は $P(X = k) < 0.05$ となる X の値の全体である．

(4) 帰無仮説の棄却・採択
確率を計算すると，次のようになる．

X	0	1	2	3	4	5	6	7	8	9	10
P	0.0173	0.0867	0.1951	0.2601	0.2276	0.1366	0.0569	0.0163	0.003	0.0003	0

したがって，

$$P(X = 0) = 0.0173 < 0.05,$$
$$P(X \leq 1) = P(X = 0) + P(X = 1) = 0.0173 + 0.0867 > 0.05$$

なので，$X = 0$(当たりが 1 回も出ないとき) だけが棄却域にある．
したがって，帰無仮説 $p = 1/3$ は棄却され，対立仮説 $p < 1/3$ が成り立っているとし，「3 本に 1 本も当たりはない」と結論づけるので，A さんの予想は正しいといえる．

一方，10 回中 7 回当たった場合は，対立仮説が「$H_1 : p > 1/3$」となる（つまり，右側検定をする）だけであり，

$$P(X = 7) = 0.0163 < 0.05$$

であり，帰無仮説は棄却され，対立仮説 $P > 1/3$ を採用，つまり，「3 本に 1 本より多くの当たりが入っている」と結論づける．

以上で解答は終わりだが，ちなみに，

$$P(X \geq 7) = P(X=7) + P(X=8) + P(X=9) + P(X=10) = 0.0196 < 0.05$$

より，棄却域は $\{7,8,9,10\}$ である[4]．さらに，対立仮説を「$H_1: p \neq 1/3$」とした場合（つまり，両側検定の場合），$P(X=0) = 0.0173 < 0.025$，$P(X \leq 7) = 0.0196 < 0.025$ となるので，棄却域は $X = \{0,7,8,9,10\}$ となる．■

第1種の誤り・第2種の誤り

例 8.2 平均 μ が未知である正規分布 $N(\mu, 49)$ に従う 49 個の無作為標本を抽出し，帰無仮説 $H_0 : \mu = 4$，対立仮説 $H_1 : \mu > 4$ として検定することを考える．このとき，平均の真の値を m として，次の問に答えよ．

(1) 有意水準を 0.05 とする．$m=6$，$m=7$ とするとき，それぞれについて第2種の誤りを犯す確率を求めよ．

(2) (1) において，有意水準が 0.01 のとき，第2種の誤りを犯す確率を求めよ．

(3) 対立仮説 $H_1 : \mu = 5$ に対して，有意水準を 0.05 とするとき，第2種の誤りを犯す確率を 0.2 以下にするには，標本サイズをどれくらいにしなければならないか？

【解答】
(1) 標本平均を $\bar{X}$ とすれば，$\dfrac{\bar{X}-4}{7/\sqrt{49}} = \bar{X} - 4$ は，帰無仮説 H_0 の下では $N(0,1)$ に従うので，棄却域を W は，$N(0,1)$ の上側 0.05 点 $z(0.05) = 1.645$ および $\bar{X}$ の値 $\bar{x}$ を使って，

$$W = \{\bar{x} \,|\, \bar{x} - 4 > 1.645\} = \{\bar{x} \,|\, \bar{x} > 5.645\}$$

と表せる．
また，μ の真の値が m のときは，$Z = \bar{X} - \mu = \bar{X} - m$ が $N(0,1)$ に従い，第2種の誤りを犯す確率 α_2 を求めるには，対立仮説 H_1 の下で H_0 が棄却されない確率を求めればよいので，$m > \mu$ のとき，

$$\begin{aligned}
\alpha_2 &= P(\bar{X} \notin W \,|\, H_1) = P(\bar{X} \leq 5.645 \,|\, H_1) = P(Z + \mu \leq 5.645 \,|\, \mu > 4, \mu = m) \\
&= P(Z + m \leq 5.645) = P(Z \leq 5.645 - m)
\end{aligned}$$

となる．これと標準正規分布表から求めるべき確率は次のようになる（図 8.2）．

$m=6$ のとき，$\alpha_2 = P(Z \leq -0.355) = 1 - (0.6368 + 0.6406)/2 \approx 0.361$
$m=7$ のとき，$\alpha_2 = P(Z \leq -1.355) = 1 - (0.9115 + 0.9131)/2 \approx 0.088$

(2) 有意水準が 0.01 のとき，棄却域 W は，

$$W = \{\bar{x} \,|\, \bar{x} - 4 > 2.33\} = \{\bar{x} \,|\, \bar{x} > 6.33\}$$

であり，第2種の誤りを犯す確率 α_2 は，(1) と同様に考えて，

$$\alpha_2 = P(\bar{X} \notin W | H_1) = P(Z \leq 6.33 - m)$$

となる．よって，標準正規分布表より次を得る．

$m=6$ のとき，$\alpha_2 = P(Z \leq 0.33) = 0.6293 \approx 0.629$
$m=7$ のとき，$\alpha_2 = P(Z \leq -0.67) = 1 - 0.7486 \approx 0.251$

---
[4] $X=7$ のとき棄却されるなら，当然 $X=8, 9, 10$ のときも棄却されるべきなので，これは自然な結果です．

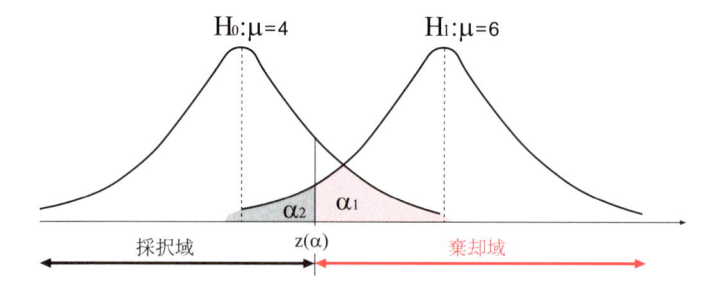

図 8.2 第1種の誤りを犯す確率 α_1 と第2種の誤りを犯す確率 α_2

(3) 標本サイズを n とすると，H_0 の下で $\dfrac{\bar{X}-4}{7/\sqrt{n}}$ は $N(0,1)$ に従うので，棄却域 W は，

$$W = \left\{\bar{x} \,\Big|\, \frac{\bar{X}-4}{7/\sqrt{n}} > 1.645\right\} = \left\{\bar{x} \,\Big|\, \bar{x} > 1.645 \times \frac{7}{\sqrt{n}} + 4\right\}$$

である．ゆえに，第2種の誤りを犯す確率 α_2 は $Z = \dfrac{\bar{X}-\mu}{7/\sqrt{n}}$ として，

$$\begin{aligned}
\alpha_2 &= P(\bar{X} \notin W \mid H_1) = P\left(\bar{X} \leq 1.645 \times \frac{7}{\sqrt{n}} + 4 \,\Big|\, \mu = 5\right) \\
&= P\left(\frac{7}{\sqrt{n}}Z + 5 \leq 1.645 \times \frac{7}{\sqrt{n}} + 4\right) = P\left(Z \leq 1.645 - \frac{\sqrt{n}}{7}\right) \leq 0.2
\end{aligned}$$

である．これより，$1.645 - \sqrt{n}/7 \leq -0.84$ となるので，$n \geq 302.586...$ を得る．したがって，標本サイズを303以上にする必要がある．■

■■■ 演習問題 ■■■■■■■■■■■■■■■■■■■■■■■■■■

●**演習問題 8.1** あるサイコロを720回投げたところ，3の目が138回出た．このとき，次の問に答えよ．

(1) 3の目が出る回数を X，3の目が出る確率を p とし，帰無仮説 $H_0 : p = 1/6$ が成り立つとするとき，期待値 $E(X)$ と分散 $V(X)$ を求めよ．
(2) 対立仮説 $H_1 : p \neq 1/6$ に対して，有意水準5%で検定せよ．
(3) 対立仮説 $H_1 : p > 1/6$ に対して，有意水準5%で検定せよ．

●**演習問題 8.2** A 君と B 君があるゲームを10回行うものとする．A 君の勝負について，帰無仮説 $H_0 : X = 5$ を有意水準0.1で検定することを考える．このとき，次の問に答えよ．

(1) 対立仮説 $H_1 : X \neq 5$ のとき，棄却域 W とこの両側検定によって第1種の誤りを犯す確率 α を求めよ．
(2) 対立仮説 $H_1' : X > 5$ のとき，棄却域 W' とこの右側検定によって第1種の誤りを犯す確率 α' を求めよ．
(3) 対立仮説 $H_1'' : X = 8$ のとき，この右側検定によって第2種の誤りを犯す確率 β を求めよ．

Section 8.2
平均の検定

ここでは，平均 μ の値が未知である正規分布 $N(\mu, \sigma^2)$ に従う無作為標本をとり，これらをもとにこの正規分布の平均 μ の値を μ_0 と見なしてよいか（帰無仮説），それともそうでない（対立仮説）とすべきか，つまり，次の仮説検定について考えます．

$$\text{帰無仮説 } H_0 \; : \; \mu = \mu_0$$
$$\text{対立仮説 } H_1 \; : \; \mu \neq \mu_0 \;(\text{または}, \mu > \mu_0, \mu < \mu_0)$$

ただし，母分散 σ^2 が既知の場合と未知の場合とでは少し扱いが異なりますので，以下ではそれぞれについて分けて考えます．

なお，平均 μ，分散 σ^2 である大きさ n の無作為標本の標本平均 $\bar{X}$ は，n を大きくすれば，中心極限定理より，母分布の形に関わらず正規分布 $N(\mu, \sigma^2/n)$ に近づくので，おおむね $n > 30$ であれば，母分布の形に関わらず母集団が正規母集団 $N(\mu, \sigma^2)$ であるとして平均の検定を考えられます．

8.2.1　平均の検定 (分散が既知の場合)

正規分布 $N(\mu_0, \sigma^2)$ に従う大きさ n の無作為標本 $X_1, X_2, \ldots, X_n$ の標本平均 $\bar{X}$ は正規分布 $N(\mu_0, \sigma^2/n)$ に従い，標準化した統計量

$$Z = \frac{\bar{X} - \mu_0}{\sqrt{\sigma^2/n}} = \frac{\sqrt{n}(\bar{X} - \mu_0)}{\sigma} \tag{8.1}$$

は標準正規分布 $N(0,1)$ に従います．分散 σ^2 が既知のとき，もしも，対立仮説が成り立っているのなら，Z は $N(0,1)$ からずれるはずなので，Z の実現値 z の絶対値 $|z|$ がある値 c よりも大きいときは帰無仮説 H_0 を棄却し，$|z|$ が c よりも小さいときは帰無仮説 H_0 を採択することになります．

この c の値は，有意水準が α に対して，H_0 が正しいのにそれ誤りとする確率が α となる．つまり，

$$P(|Z|>c) = P\left\{\left|\frac{\sqrt{n}(\bar{X}-\mu_0)}{\sigma}\right|>c\right\} = \alpha$$

となるように選べばよいので，棄却域 W は，

$$W = \{z \mid |z| > z(\alpha/2)\}$$

となり，Z の実現値 z に対して，

$z \in W$ ならば，H_0 を棄却，

$z \notin W$ ならば，H_0 を採択

することになります（図 8.3）．

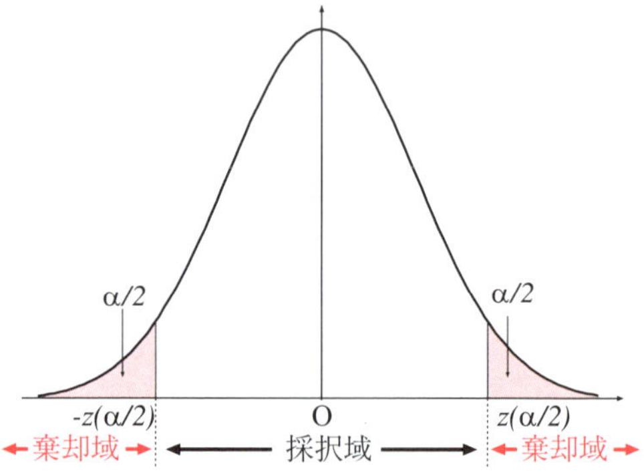

図 8.3 両側検定と棄却域

平均値の検定 (σ^2 は既知，両側検定)

例 8.3 あるメーカーが製造している蛍光灯は平均寿命 8000 時間だと主張している．このメーカーの蛍光灯をいろいろなお店から無作為に 25 本買い，測定したところ，その平均寿命は 7700 時間であった．この会社の主張は正しいといえるか？ 有意水準 5% で検定せよ．ただし，このメーカーが製造する蛍光灯の寿命は標準偏差が 640 時間の正規分布に従うとする．

【解答】
(1) 仮説の設定 測定した平均寿命は 7700 時間だったので，主張したいのは「蛍光灯の平均寿命は 8000 時間ではない」である．そこで，対立仮説を「$H_1 : \mu \neq 8000$」とし，帰無仮説を「$H_0 : \mu = 8000$」とする．
(2) 統計量の決定
(8.1) において，$n=25$，$\mu_0=8000$，$\sigma=640$ とすれば，統計量

$$Z = \frac{\sqrt{25}(\bar{X}-8000)}{640}$$

は標準正規分布 $N(0,1)$ に従う．
(3) 有意水準と棄却域の設定
帰無仮説 H_0 が正しいのに，それを誤りと判断する確率は $P(|Z|>c) = 0.05$ と表せ，これを満たす点 c は，$c = z(0.05/2) = 1.96$ となるので，棄却域は $W = \{z \mid |z| > 1.96\}$ である．
(4) 帰無仮説の棄却・採択
標本平均の実現値は $\bar{x} = 7700$ なので，$\bar{X}$ に $\bar{x}$ を代入すると，

$$z = \frac{\sqrt{25}(7700-8000)}{640} = -\frac{25}{8} = -2.34375 < -1.96$$

となる．これより，$z \in W$ となるので，有意水準 5% では帰無仮説 H_0 は棄却される．したがって，対立仮説 H_1 が成り立っているとし，「蛍光灯の寿命は 8000 時間ではない」． ■

平均 μ が μ_0 より大きいか，あるいは小さいか，という検定をする場合は，それぞれ対立仮説が $H_1 : \mu > \mu_0$，$H_1 : \mu < \mu_0$ となります．この場合，片側検定となり，棄却域 W は次のようになります（図 8.4）．

右側検定　$H_0 : \mu = \mu_0$，　$H_1 : \mu > \mu_0 \Longrightarrow W = \{z \,|\, z > z(\alpha)\}$

左側検定　$H_0 : \mu = \mu_0$，　$H_1 : \mu < \mu_0 \Longrightarrow W = \{z \,|\, z < -z(\alpha)\}$

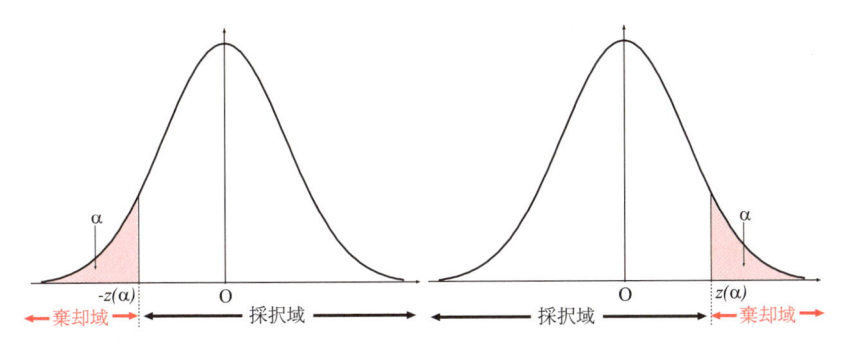

図 8.4 左側検定 (左図) と右側検定 (右図)

平均値の検定（σ^2 は既知，片側検定）

例 8.4 ある学校の生徒 100 名が全国数学テストを受験し，その平均点が 70 点であった．一方，全国平均点は 68 点で，標準偏差は 15 点であった．このとき，この学校の生徒の数学の平均点は全国平均点よりも良いといえるか？有意水準 5% で検定せよ．

【解答】
(1) 仮説の設定
主張したいのは「この学校の成績 μ は全国平均 60 点よりも良い」なので，対立仮説を「$H_1 : \mu > 60$」とし，帰無仮説を「$H_0 : \mu = 60$」とする．
(2) 統計量の決定
生徒 100 名というのは，標本としては大きいものと見なし，100 人の標本平均 $\bar{X}$ は中心極限定理より，$N\left(68, 15^2/100\right)$ に従うとしてよい．しがたって，統計量

$$Z = \frac{\sqrt{100}(\bar{X} - 68)}{15} = \frac{2}{3}(\bar{X} - 68)$$

は標準正規分布 $N(0,1)$ に従う．
(3) 有意水準と棄却域の設定

帰無仮説 H_0 が正しいのに，それを誤りと判断する確率は $P(Z > c) = 0.05$ と表せ，これを満たす点 c は，$c = z(0.05) = 1.645$ となるので，棄却域は $W = \{z \mid z > 1.645\}$ である．

(4) 帰無仮説の棄却・採択

標本平均の実現値は $\bar{x} = 70$ なので，$\bar{X}$ に $\bar{x}$ を代入すると，

$$z = \frac{2}{3}(70 - 68) = \frac{4}{3} = 1.33 < 1.645$$

となる．これより，$z \notin W$ となるので，有意水準 5%では帰無仮説 H_0 は棄却されない．したがって，この学校の生徒の数学の平均点は全国平均点よりも高いとはいえない． ■

■■■ 演習問題 ■■■■■■■■■■■■■■■■■■■■■■■■■■■

●**演習問題 8.3** 例 8.3 において，有意水準 1%として同様の検定をせよ．

●**演習問題 8.4** 直径の平均が 3.45cm，標準偏差が 0.01 のネジを製造する機械がある．ある日，この機械が製造したネジを 16 本を無作為抽出し，測定したところ直径の平均が 3.47cm であった．この機械は正しく動作していると考えられるか？有意水準 5%で検定せよ．

●**演習問題 8.5** 全国の図書館における一人あたりの図書貸し出し数は 5.4 冊，標準偏差は 2.5 冊だとする．ある図書館で、無作為に 400 人を選び，一人あたりの図書貸し出し数を調べたところ 5.1 冊であった．この図書館の一人あたりの図書貸し出し数は全国よりも少ないといえるか？有意水準 5%で検定せよ．

●**演習問題 8.6** 演習問題 8.5 において，有意水準 1%として同様の検定をせよ．

8.2.2 平均の検定 (分散が未知の場合)

定理 6.10 より，

$$T = \frac{\sqrt{n}(\bar{X} - \mu_0)}{U}$$

が自由度 $n - 1$ の t 分布に従います．そこで，平均の検定で分散が未知のときは，この T を検定する際の統計量と使い，第 8.2.2 項と同様に考える

と，有意水準が α のとき，棄却域は次のようになります（図 8.5）．

両側検定　$H_0 : \mu = \mu_0, \quad H_1 : \mu > \mu_0 \Longrightarrow W = \{t \mid |t| > t_{n-1}(\alpha/2)\}$

右側検定　$H_0 : \mu = \mu_0, \quad H_1 : \mu > \mu_0 \Longrightarrow W = \{t \mid t > t_{n-1}(\alpha)\}$

左側検定　$H_0 : \mu = \mu_0, \quad H_1 : \mu < \mu_0 \Longrightarrow W = \{t \mid t < -t_{n-1}(\alpha)\}$

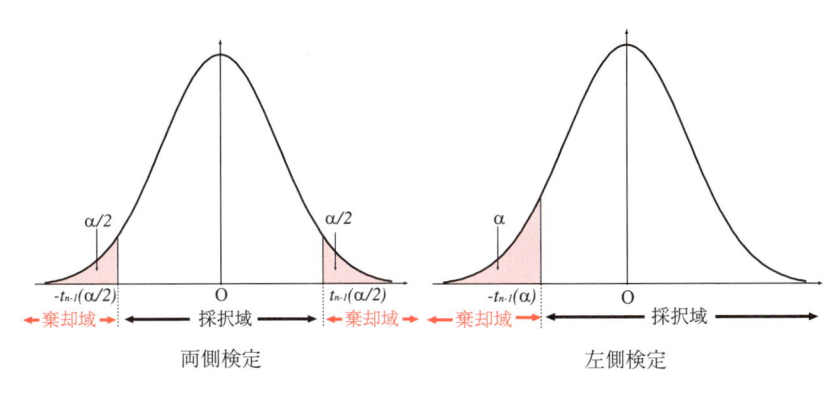

図 8.5　t 分布による検定

平均値の検定（σ^2 は未知，片側検定）

例 8.5 太郎君は，A 大学理工学部を目指して受験勉強をしている．過去のデータから，合格するためには B 社の模試で平均 365 点以上の得点が必要だと分かっている．太郎くんの今年 6 回の模試の成績が次のようになっているとき，太郎君は合格できると考えてよいか？模試の得点は正規分布に従うとし，有意水準 5%で検定せよ．

$$330, \quad 350, \quad 385, \quad 321, \quad 340, \quad 365$$

【解答】
(1) 仮説の設定
まず，$(330 + 350 + \cdots + 365)/6 = 348.5$ なので，不合格になる可能性が高いと考え，対立仮説を「$H_1 : \mu < 365$」とし，帰無仮説を「$H_0 : \mu = 365$」とする．
したがって，帰無仮説を H_0 が棄却されると，太郎君は不合格になる，と結論づける．
(2) 統計量の決定
統計量
$$T = \frac{\sqrt{6}(\bar{X} - 365)}{U}$$
は自由度 5 の t 分布に従う．
(3) 有意水準と棄却域の設定
棄却域は $W = \{t \mid t < -t_5(0.05)\} = \{t \mid t < -2.015\}$ である．
(4) 帰無仮説の棄却・採択

標本平均の実現値は $\bar{x} = 348.5$ であり，不偏分散の値 u^2 は，

$$u^2 = \frac{1}{6-1}\{(330-348.5)^2 + \cdots + (365-348.5)^2\} = 555.5$$

なので，T の実現値は，

$$t = \frac{\sqrt{6}(348.5-365)}{\sqrt{555.5}} = -1.71482 > -2.015$$

となる．これより，$t \notin W$ となるので，有意水準 5% では帰無仮説 H_0 は棄却されない．したがって，太郎君は，不合格になるとはいえない．
合格になるとも不合格になるとはいえないので，「今後の頑張り次第」ということになる．

■

■■■ 演習問題 ■■■■■■■■■■■■■■■■■■■■■■■■■■■

●**演習問題 8.7** 例 8.5 において，有意水準 10% として同様の検定をせよ．

●**演習問題 8.8** あるコンビニは，重さは 110g だと表示しているおにぎりを販売している．ある日，おにぎり 10 個を無作為抽出して重さを測ったところ，標本平均値は $\bar{x} = 108.0$g，不偏分散値は $u^2 = (2.5)^2$ であった．おにぎりの重さは表示通りだと見なしてよいか？おにぎりの重さは正規分布に従うとし，有意水準 5% と 1% で検定せよ．

●**演習問題 8.9** あるハンバーガー店の 1 日の売り上げは 15 万円で，売り上げを伸ばすため，新メニューを開発して販売した．販売後 2 ヶ月間のうちから無作為に 20 日を選んだら，平均売り上げは 16 万円で，不偏標準偏差値は $u = 1.8$ 万円であった．このとき，新メニューの効果はあったといえるか？売り上げは正規分布に従うとし，有意水準 5% と 1% で検定せよ．

Section 8.3
等平均の検定

正規分布 $N(\mu_1, \sigma_1^2)$ に従う大きさ m の無作為標本を $X_1, X_2, \ldots, X_m$ とし，正規分布 $N(\mu_2, \sigma_2^2)$ に従う大きさ n の無作為標本を $Y_1, Y_2, \ldots, Y_n$ と

します。このとき，それぞれの標本平均 $\bar{X}$ と $\bar{Y}$ によって，両者の母平均は等しい，つまり，$\mu_1 = \mu_2$ と判断してよいか，という問題を考えます．この問題は，

帰無仮説 H_0 ： $\mu_1 = \mu_2$

対立仮説 H_1 ： $\mu_1 \neq \mu_2$ (または，$\mu_1 > \mu_2, \mu_1 < \mu_2$)

の検定で，これを**等平均の検定**といいます．

8.3.1 分散が既知の場合

分散 σ_1^2, σ_2^2 が既知のとき，(6.15) で説明したように，$Z = \frac{(\bar{X}-\bar{Y})-(\mu_1-\mu_2)}{\sqrt{\sigma_1^2/m+\sigma_2^2/n}}$ は標準正規分布 $N(0,1)$ に従います．よって，帰無仮説 $H_0 : \mu_1 = \mu_2$ の下では，

$$Z = \frac{\bar{X} - \bar{Y}}{\sqrt{\frac{\sigma_1^2}{m} + \frac{\sigma_2^2}{n}}}$$

が $N(0,1)$ に従います．よって，有意水準が α のとき，棄却域は次のようになります．

両側検定　$H_0 : \mu_1 = \mu_2$, 　$H_1 : \mu_1 \neq \mu_0 \Longrightarrow W = \{z \mid |z| > z(\alpha/2)\}$

右側検定　$H_0 : \mu_1 = \mu_2$, 　$H_1 : \mu_1 > \mu_2 \Longrightarrow W = \{z \mid z > z(\alpha)\}$

左側検定　$H_0 : \mu_1 = \mu_2$, 　$H_1 : \mu_1 < \mu_2 \Longrightarrow W = \{z \mid z < -z(\alpha)\}$

等平均の検定 (σ^2 は既知，両側検定)

例 8.6 英語の授業を担当している A 先生は，グループワークを授業に取り入れており，複数のクラスで教えている．ある学期にグループワークの回数と時間を測ったところ，次のようになった．2つのクラスのグループワーク時間には差があるといえるか？有意水準 5% で検定せよ．

	回数	平均グループワーク時間
理系クラス	15	40
文系クラス	12	45

ただし，測定値は正規分布に従い，標準偏差は理系クラスが 5 分，文系クラスが 6 分とする．

【解答】
理系クラスと文系クラスの平均をそれぞれ μ_1, μ_2, 標準偏差をそれぞれ σ_1, σ_2, 標本平均をそれぞれ $\bar{X}, \bar{Y}$ とする.
(1) 仮説の設定
「差がある」と言いたいので、対立仮説を「$H_1 : \mu_1 \neq \mu_2$」とし，帰無仮説を「$H_0 : \mu_1 = \mu_2$」とする.
(2) 統計量の決定
統計量
$$Z = \frac{\bar{X} - \bar{Y}}{\sqrt{\frac{\sigma_1^2}{m} + \frac{\sigma_2^2}{n}}} = \frac{\bar{X} - \bar{Y}}{\sqrt{\frac{5^2}{15} + \frac{6^2}{12}}} = \frac{\sqrt{3}(\bar{X} - \bar{Y})}{\sqrt{14}}$$
は標準正規分布 $N(0,1)$ に従う.
(3) 有意水準と棄却域の設定
棄却域は $W = \{z \mid |z| > z(0.05/2)\} = \{z \mid |z| > 1.96\}$ である.
(4) 帰無仮説の棄却・採択
標本平均の実現値は $\bar{x} = 40, \bar{y} = 45$ なので，Z の実現値は，
$$z = \frac{\sqrt{3}(40 - 45)}{\sqrt{14}} = -2.31455 < -1.96$$
となる．これより，$z \in W$ となるので，有意水準 5% で帰無仮説 H_0 は棄却される．したがって，対立仮説 H_1 が成り立っているとし，「グループワーク時間には差がある」と結論づける． ∎

■■■ 演習問題 ■■■■■■■■■■■■■■■■■■■■■■■■■■

●**演習問題 8.10** 例 8.6 において，有意水準 1% として同様の検定をせよ．

●**演習問題 8.11** 無作為に選ばれた A 学校の生徒 64 人，B 学校の 72 人が同じ試験を受け，A 学校の平均点は 62 点，B 学校の平均点は 60 点であった．このとき，A 学校の平均点の方が高いといえるか？有意水準 5% で検定せよ．ただし，標準偏差は A 学校が 4 点，B 学校が 6 点で，得点は正規分布に従うものとする．また，有意水準 1% でも同様の検定をせよ．

8.3.2 分散は等しいが未知の場合

2 つの分散 σ_1^2 と σ_2^2 の値は分からないが，2 つの値が等しい場合，それらの値を σ^2 とすると $\sigma_1^2 = \sigma_2^2 = \sigma^2$ となります．

このとき，(6.16) で説明したように，
$$T = \frac{(\bar{X} - \mu_1) - (\bar{Y} - \mu_2)}{U\sqrt{1/m + 1/n}}$$

8.3 等平均の検定

は自由度 $m+n-2$ の t 分布に従います.ただし,

$$U^2 = \frac{(m-1)U_1^2 + (n-1)U_2^2}{m+n-2}, \ U_1^2 = \frac{1}{m-1}\sum_{i=1}^{m}(X_i-\bar{X})^2,$$

$$U_2^2 = \frac{1}{n-1}\sum_{i=1}^{n}(Y_i-\bar{Y})^2$$

です.したがって,帰無仮説 $H_0: \mu_1 = \mu_2$ の下では,

$$T = \frac{\bar{X} - \bar{Y}}{U\sqrt{1/m + 1/n}}$$

が自由度 $m+n-2$ の t 分布 t_{m+n-2} に従います.よって,有意水準が α のとき棄却域は次のようになります.

両側検定　$H_0: \mu_1 = \mu_2, \quad H_1: \mu_1 \neq \mu_0 \Longrightarrow W = \{t \,|\, |t| > t_{m+n-2}(\alpha/2)\}$

右側検定　$H_0: \mu_1 = \mu_2, \quad H_1: \mu_1 > \mu_2 \Longrightarrow W = \{t \,|\, t > t_{m+n-2}(\alpha)\}$

左側検定　$H_0: \mu_1 = \mu_2, \quad H_1: \mu_1 < \mu_2 \Longrightarrow W = \{t \,|\, t < -t_{m+n-2}(\alpha)\}$

なお,不偏分散 U_1, U_2 を標本分散 $S_1^2 = \sum_{i=1}^{m}(X_i-\bar{X})^2/m$, $S_2^2 = \sum_{i=1}^{n}(X_i-\bar{X})^2/n$ で表すと,$U_1^2 = mS_1^2/(m-1)$, $U_2^2 = nS_2^2/(n-1)$ なので,

$$U^2 = \frac{mS_1^2 + nS_2^2}{m+n-2} \tag{8.2}$$

と表せることに注意しましょう.

等平均の検定 (σ^2 は未知で等分散,両側検定)

例 8.7 2 リットルのペットボトルに飲料水を入れる機械が A, B の 2 種類ある.この機械で入れたペットボトルをそれぞれ 10 本,12 本ずつ無作為に抜き出して調べたところ,機械 A では平均 2.04 リットル,標本標準偏差は 0.03 リットルで,機械 B では平均 2.02 リットル,標本標準偏差は 0.02 リットルであった.2 種類の機械のペットボトルの飲料水充填量に差があるといえるか?危険率 5% で検定せよ.ただし,充填量は正規分布に従い,2 つの母集団の分散は等しいとする.

【解答】
機械 A と B の平均充填量をそれぞれ μ_1, μ_2,標本平均をそれぞれ $\bar{X}, \bar{Y}$,標本標準偏差の実現値をそれぞれ s_1, s_2 とする.
(1) 仮説の設定

「差がある」と言いたいので，対立仮説を「$H_1 : \mu_1 \neq \mu_2$」とし，帰無仮説を「$H_0 : \mu_1 = \mu_2$」とする．

(2) 統計量の決定
$m = 10$, $n = 12$, $s_1^2 = (0.03)^2$, $s_2^2 = (0.02)^2$ なので，(8.2) より，

$$U^2 = \frac{10 \cdot (0.03)^2 + 12 \cdot (0.02)^2}{10 + 12 - 2} = 0.00069$$

となり，統計量

$$T = \frac{\bar{X} - \bar{Y}}{\sqrt{0.00069}\sqrt{1/10 + 1/12}} = 88.9108(\bar{X} - \bar{Y})$$

は，自由度 20 の t 分布に従う．

(3) 有意水準と棄却域の設定
棄却域は $W = \{t \mid |t| > t_{20}(0.05/2)\} = \{t \mid |t| > 2.086\}$ である．

(4) 帰無仮説の棄却・採択
標本平均の実現値は $\bar{x} = 2.04$, $\bar{y} = 2.02$ なので，T の実現値は，

$$t = 88.9108 \times (2.04 - 2.02) = 1.77822 < 2.086$$

となる．これより，$t \notin W$ となるので，有意水準5%で帰無仮説 H_0 は棄却されない．したがって，2種類の機械の飲料水充填量に差があるとはいえない．∎

■■■ 演習問題 ■■■■■■■■■■■■■■■■■■■■■■

●**演習問題 8.12** 例 8.7 において，機械 A の充填量は機械 B の充填量よりも多いといえるか？有意水準5%で検定せよ．

●**演習問題 8.13** 無作為に選ばれた A 学校の生徒 12 人，B 学校の 13 人が同じ試験を受け，A 学校の平均点は 85 点，標本標準偏差は 5 点で，B 学校の平均点は 81 点，標本標準偏差は 6 点で，であった．このとき，2つの学校間で成績に差があるといえるか？有意水準5%で検定せよ．ただし，得点は正規分布に従うものとする．また，有意水準10%でも同様の検定をせよ．

8.3.3 分散が未知の場合*

2つの母集団の母分散が等しくないときは，ウェルチの近似法 (6.17) より，

$$c = \frac{\left(U_1^2/m + U_2^2/n\right)^2}{\frac{(U_1^2/m)^2}{m-1} + \frac{(U_2^2/n)^2}{n-1}}$$

に最も近い整数を k とすれば，帰無仮説 $H_0 : \mu_1 = \mu_2$ の下では，近似的に，

$$T_0 = \frac{(\bar{X} - \bar{Y})}{\sqrt{U_1^2/m + U_2^2/n}}$$

は自由度 k の t 分布に従います．よって，有意水準が α のとき棄却域は次のようになります．

両側検定　$H_0 : \mu_1 = \mu_2, \quad H_1 : \mu_1 \neq \mu_0 \Longrightarrow W = \{t_0 \,|\, |t_0| > t_k(\alpha/2)\}$
右側検定　$H_0 : \mu_1 = \mu_2, \quad H_1 : \mu_1 > \mu_2 \Longrightarrow W = \{t_0 \,|\, t_0 > t_k(\alpha)\}$
左側検定　$H_0 : \mu_1 = \mu_2, \quad H_1 : \mu_1 < \mu_2 \Longrightarrow W = \{t_0 \,|\, t_0 < -t_k(\alpha)\}$

8.3.4　2母集団の標本に対応がある場合

ある正規母集団 $N(\mu_1, \sigma_1^2)$ の個体に何らかの操作を施した結果，母集団が $N(\mu_2, \sigma_2^2)$ に変わったとします．例えば，ある人たちがダイエット食品を試したときの体重変化を考えるとき，$N(\mu_1, \sigma_1^2)$ がダイエット食品を試す前の体重の母集団，$N(\mu_2, \sigma_2^2)$ が試した後の体重の母集団となります．この場合，本当に体重が減ったか否かを検定したいはずですから，$N(\mu_1, \sigma_1^2)$ からの無作為標本 $X_1, X_2, \ldots, X_n$ と，$N(\mu_2, \sigma_2^2)$ からの無作為標本 $Y_1, Y_2, \ldots, Y_n$ との差 $D_i = X_i - Y_i (i = 1, 2, \ldots, n)$ に関心があります．また，X_i と Y_i は，共に番号 i の人の体重であり，対象は同じ人です．このように同じ対象の対をなす2つの標本を「対応がある標本」といいます．

このとき，$\mu = \mu_1 - \mu_2$，$\bar{D} = \bar{X} - \bar{Y}$ とし，第8.2.2項と同様に考えれば，帰無仮説 $H_0 : \mu = 0$ の下で，

$$T = \frac{\sqrt{n}\bar{D}}{U}, \quad \text{ただし，} U^2 = \frac{1}{n-1} \sum_{i=1}^{n} (D_i - \bar{D})^2$$

は自由度 $n-1$ の t 分布に従い，有意水準が α のとき，棄却域は次のようになります．

両側検定　$H_0 : \mu = 0, \quad H_1 : \mu \neq 0 \Longrightarrow W = \{t \,|\, |t| > t_{n-1}(\alpha/2)\}$
右側検定　$H_0 : \mu = 0, \quad H_1 : \mu > 0 \Longrightarrow W = \{t \,|\, t > t_{n-1}(\alpha)\}$
左側検定　$H_0 : \mu = 0, \quad H_1 : \mu < 0 \Longrightarrow W = \{t \,|\, t < -t_{n-1}(\alpha)\}$

2母集団の標本に対応がある場合の検定

例 8.8 あるダイエット法を 10 人に試したところ，実行前と実行後の体重は次のようになった (単位は kg).

被験者	1	2	3	4	5	6	7	8	9	10
実行前 (x_i)	68.4	72.4	95.2	75.1	89.2	84.1	77.8	94.6	69.3	62.8
実行後 (y_i)	69.9	69.7	87.9	69.4	84.2	79.7	75.4	91.5	72.4	61.2
$x_i - y_i$	-1.5	2.7	7.3	5.7	5.0	4.4	2.4	3.1	-3.1	1.6

このダイエット法は，体重減量に効果があったといえるか？有意水準 5% で検定せよ．

【解答】
(1) 仮説の設定
効果があった，つまり，体重が減った，と言いたいので，対立仮説を「$H_1 : \mu > 0$」とし，帰無仮説を「$H_0 : \mu = 0$」とする．

(2) 統計量の決定
統計量
$$T = \frac{\sqrt{10}\bar{D}}{U}$$
は自由度 9 の t 分布に従う．

(3) 有意水準と棄却域の設定
棄却域は $W = \{t \,|\, t > t_9(0.05)\} = \{t \,|\, t > 1.833\}$ である．

(4) 帰無仮説の棄却・採択
標本平均の実現値 $\bar{d}$ と不偏分散の値 u^2 は，

$$\bar{d} = \frac{1}{10}(-1.5 + 2.7 + \cdots + 1.6) = 2.76,$$
$$u^2 = \frac{1}{9}\left\{(-1.5 - 2.76)^2 + (2.7 - 2.76)^2 + \cdots + (1.6 - 2.76)^2\right\} = 10.116$$

なので，T の実現値 t は，

$$t = \frac{2.76\sqrt{10}}{\sqrt{10.116}} = 2.74413 > 1.833$$

となる．これより，$t \in W$ となるので，有意水準 5% で帰無仮説 H_0 は棄却され，このダイエット法は効果があったといえる． ∎

■■■ 演習問題 ■■■■■■■■■■■■■■■■■■■■■■■■■■■■

●**演習問題 8.14** 9 匹のマウスに，体重が増加するという薬を投与したところ，次のような結果を得た (単位はグラム). この薬が体重増加に効果があったといえるか？有意水準 5% で検定せよ．

マウス番号	1	2	3	4	5	6	7	8	9
投与前の体重 (x_i)	18.1	17.8	18.3	18.9	18.6	20.2	19.3	17.0	19.7
投与後の体重 (y_i)	18.4	18.1	18.3	19.1	19.0	20.5	19.0	17.2	20.0
$x_i - y_i$	-0.3	-0.3	0.0	-0.2	-0.4	-0.3	0.3	-0.2	-0.3

Section 8.4
分散の検定

平均 μ, 分散 σ^2 がともに未知である正規分布 $N(\mu, \sigma^2)$ の母分散 σ^2 の検定を考えます.

いま, $X_1, X_2, \ldots, X_n$ を $N(\mu, \sigma^2)$ からの無作為標本とし, U^2 を不偏分散とするとき, 定理 6.7 より,

$$Y = \frac{(n-1)U^2}{\sigma^2}$$
$$= \frac{1}{\sigma^2}\sum_{i=1}^{n}(X_i - \bar{X})^2$$

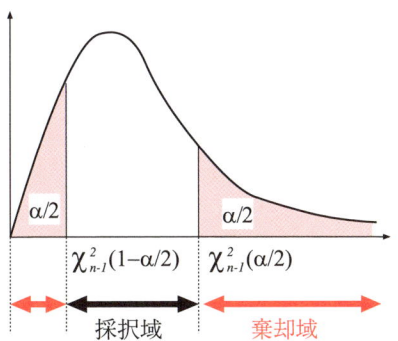

は自由度 $n-1$ の χ^2 分布に従うので, 帰無仮説 $\sigma^2 = \sigma_0^2$ の下で,

図 8.6 χ^2 分布による検定

$$Y = \frac{(n-1)U^2}{\sigma_0^2} = \frac{n}{\sigma_0^2}S^2$$

は自由度 $n-1$ の χ^2 分布 χ_{n-1} に従います. ただし, S^2 は標本分散 $S^2 = \sum_{i=1}^{n}(X_i - \bar{X})^2/n$ です. よって, 有意水準が α のとき, 棄却域は次のようになります (図 8.6).

両側検定 $H_0 : \sigma^2 = \sigma_0^2$, $H_1 : \sigma^2 \neq \sigma_0^2$
$$\Longrightarrow W = \{y \mid y < \chi_{n-1}^2(1-\alpha/2), y > \chi_{n-1}^2(\alpha/2)\}$$

右側検定 $H_0 : \sigma^2 = \sigma_0^2$, $H_1 : \sigma^2 > \sigma_0^2 \Longrightarrow W = \{y \mid y > \chi_{n-1}^2(\alpha)\}$

左側検定 $H_0 : \sigma^2 = \sigma_0^2$, $H_1 : \sigma^2 < \sigma_0^2 \Longrightarrow W = \{y \mid y < \chi_{n-1}^2(1-\alpha)\}$

母分散の検定（片側検定）

例 8.9 これまで重さの標準偏差が 0.40g の部品を製造していたメーカーが新しい方法を開発し，新方法でつくられた部品 16 個を無作為に取り出したところ，標準偏差は 0.25g であった．新方法によって重さの母分散は従来よりも小さくなったといえるか？有意水準 5%で検定せよ．ただし，部品の重さは正規分布に従うとする．

【解答】
(1) 仮説の設定
分散が小さくなった，と主張したいので，対立仮説を「$H_1 : \sigma^2 < 0.4^2$」とし，帰無仮説を「$H_0 : \sigma^2 = 0.4^2$」とする．
(2) 統計量の決定
統計量
$$Y = \frac{nS^2}{\sigma_0^2} = \frac{16S^2}{0.4^2} = 100S^2$$
は自由度 15 の χ^2 分布に従う．
(3) 有意水準と棄却域の設定
棄却域は $W = \{y \mid y < \chi_{15}(0.95)\} = \{y \mid y < 7.261\}$ である．
(4) 帰無仮説の棄却・採択
Y の実現値 y は，
$$y = 100 \times (0.25)^2 = 6.25 < 7.261$$
となる．これより，$t \in W$ となるので，有意水準 5%で帰無仮説 H_0 は棄却される．したがって，対立仮説 H_1 が成り立っているとし，「新方法によって重さの分散は従来よりも小さくなった」と結論づける．■

■■■ 演習問題 ■■■■■■■■■■■■■■■■■■■■■■■■■■

●**演習問題 8.15** 例 8.9 において，有意水準 1%で検定せよ．

●**演習問題 8.16** A 大学の英語クラスでは，毎年，クラス分けテストを行なっている．テストでは，毎年同じような問題を出題しているが，標準偏差が 20 点以上となったときは全面的に問題を改訂することにしていた．ある年，無作為に 30 人の得点を調べたところ，標準偏差が 23 点であった．問題を全面的に改訂する必要があるか？有意水準 5%および 10%で検定せよ．ただし，得点は正規分布に従うものとする．

Section 8.5
等分散の検定

 正規分布 $N(\mu_1, \sigma_1^2)$ に従う大きさ m の無作為標本を $X_1, X_2, ..., X_m$ とし,正規分布 $N(\mu_2, \sigma_2^2)$ に従う大きさ n の無作為標本を $Y_1, Y_2, ..., Y_n$ とします.このとき,これらの標本をもとに,両者の母分散は等しい,つまり,$\sigma_1^2 = \sigma_2^2$ と判断してよいか,という問題を考えます.この問題は,

帰無仮説 H_0 : $\sigma_1^2 = \sigma_2^2$

対立仮説 H_1 : $\sigma_1^2 \neq \sigma_2^2$ (または,$\sigma_1^2 > \sigma_2^2, \sigma_1^2 < \sigma_2^2$)

の検定で,これを**等分散の検定**といいます.

$X_1, X_2, ..., X_m$ の不偏分散を U_1^2,$Y_1, Y_2, ..., Y_n$ の不偏分散を U_2^2 とすると,例 6.6 より,

$$F = \frac{U_1^2/\sigma_1^2}{U_2^2/\sigma_2^2}$$

は自由度 $(m-1, n-1)$ の F 分布 F_{n-1}^{m-1} に従います.よって,帰無仮説 $H_0 : \sigma_1^2 = \sigma_2^2$ の下では,

$$F = \frac{U_1^2}{U_2^2}$$

は自由度 $(m-1, n-1)$ の F 分布 F_{n-1}^{m-1} に従います.

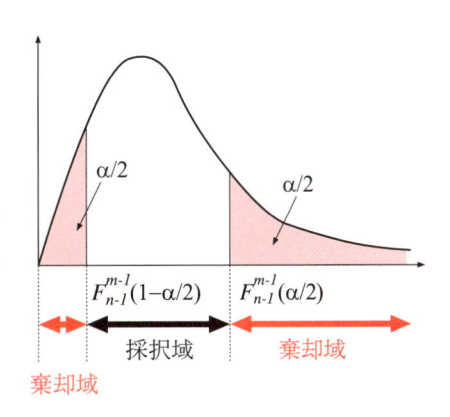

図 8.7 F 分布による検定

 よって,有意水準が α のとき,棄却域は次のようになります(図 8.7).

両側検定　$H_0 : \sigma_1^2 = \sigma_2^2, \quad H_1 : \sigma_1^2 \neq \sigma_2^2$
$$\Longrightarrow W = \left\{ f \,\middle|\, f < F_{n-1}^{m-1}(1-\alpha/2) = \frac{1}{F_{m-1}^{n-1}(\alpha/2)}, f > F_{n-1}^{m-1}(\alpha/2) \right\}$$
右側検定　$H_0 : \sigma_1^2 = \sigma_2^2, \quad H_1 : \sigma_1^2 > \sigma_2^2 \Longrightarrow W = \{f \,|\, f > F_{n-1}^{m-1}(\alpha)\}$

左側検定　$H_0 : \sigma_1^2 = \sigma_2^2, \quad H_1 : \sigma_1^2 < \sigma_2^2 \Longrightarrow W = \left\{ f \,\middle|\, f < F_{n-1}^{m-1}(1-\alpha) \right.$
$$\left. = \frac{1}{F_{m-1}^{n-1}(\alpha)} \right\}$$

第8.3節で述べたように，等平均の検定を行うには，まず母分散が等しいことを確認する必要があります．有意水準 α_1 で等分散の検定を行い，その結果を用いて有意水準 α_2 で等平均の検定を行うと，有意水準 $1-(1-\alpha_1)(1-\alpha_2)$ で結論が得られます．

等分散検定と等平均検定

例 8.10 M先生が担当する科目で，今年度と昨年度の答案から無作為抽出して得点を調べたところ，次のようになった．

年度	答案枚数	平均点	標準偏差
今年度	31	66.7	19.6
昨年度	41	69.5	20.3

このとき，次の問に答えよ．
(1) 今年度と昨年度では，得点の分散に差があるといえるか？有意水準5%で検定せよ．
(2) (1)の結果を踏まえ，今年度と昨年度では，平均点に差があるといえるか？有意水準10%で検定せよ．
(3) (2)で得られた結果の有意水準はいくらか？

【解答】
今年度と昨年度の平均点をそれぞれ μ_1, μ_2，分散をそれぞれ σ_1^2, σ_2^2，標本平均をそれぞれ $\bar{X}, \bar{Y}$，標本標準偏差の実現値をそれぞれ s_1, s_2 不偏分散をそれぞれ U_1^2, U_2^2 とする．
(1)
   (a) 仮説の設定
   分散が異なる，と主張したいので，対立仮説を「$H_1 : \sigma_1^2 \neq \sigma_2^2$」とし，帰無仮説を「$H_0 : \sigma_1^2 = \sigma_2^2$」とする．
   (b) 統計量の決定
   統計量 $F = U_1^2/U_2^2$ は自由度 $(31-1, 41-1) = (30, 40)$ の F 分布 F_{40}^{30} に従う．
   (c) 有意水準と棄却域の設定
   棄却域は次のようになる．

$$W = \{f \mid f < 1/F_{30}^{40}(0.05/2), f > F_{40}^{30}(0.05/2)\}$$
$$= \{f \mid f < 1/2.01, f > 1.94\} = \{f \mid f < 0.498, f > 1.94\}$$

(d) 帰無仮説の棄却・採択
U_1^2, U_2^2 の実現値 u_1^2, u_2^2 は,

$$u_1^2 = \frac{ms_1^2}{m-1} = \frac{31}{30}(19.6)^2 = 396.965, \quad u_2^2 = \frac{ns_2^2}{n-1} = \frac{41}{40}(20.3)^2 = 422.392,$$

なので,F の実現値 f は,

$$0.498 < f = u_1^2/u_2^2 = 396.965/422.392 = 0.9398 < 1.94$$

となる.これより,$t \notin W$ となるので,有意水準 5% で帰無仮説 $H_0 : \sigma_1^2 = \sigma_2^2$ は棄却されない.したがって,今年度と昨年度では,得点の分散に差があるとはいえない.

(2)
(1) の結果より,帰無仮説 $H_0 : \sigma_1^2 = \sigma_2^2$ を棄却できなかったので,本来は帰無仮説を肯定的に使ってはいけないが,$\sigma_1^2 = \sigma_2^2$ と考え,等平均の検定を行う.

(a) 仮説の設定

$$\text{帰無仮説 } H_0 : \mu_1 = \mu_2, \qquad \text{対立仮説 } H_1 : \mu_1 \neq \mu_2$$

(b) 統計量の決定
(8.2) の U^2 の実現値 u^2 は,

$$u^2 = \frac{ms_1^2 + ns_2^2}{m+n-2} = \frac{31(19.6)^2 + 41(20.3)^2}{31+41-2} = 411.495$$

であり,統計量

$$T = \frac{\bar{X} - \bar{Y}}{\sqrt{411.495}\sqrt{1/31 + 1/41}} = 0.207121(\bar{X} - \bar{Y})$$

は自由度 70 の t 分布に従う.
(c) 有意水準と棄却域の設定
棄却域は $W = \{t \mid |t| > t_{70}(0.1/2)\} = \{t \mid |t| > 1.667\}$ である.
(d) 帰無仮説の棄却・採択
T の実現値 t は,

$$t = 0.207121(66.7 - 69.5) = -0.579939 > -1.667$$

なので,$t \notin W$ である.ゆえに,帰無仮説 H_0 は棄却されない.したがって,今年度と昨年度では,平均点に差があるとはいえない.

(3)
(2) の結果は (1) の結果を踏まえているので,有意水準は $1 - (1-0.05)(1-0.1) = 0.145$ (14.5%) である.∎

■■■ 演習問題 ■■■■■■■■■■■■■■■■■■■■■■■■

●**演習問題 8.17** S 先生が担当する科目で,今年度と昨年度の答案から無作為抽出して得点を調べたところ,次のようになった.

年度	答案枚数	平均点	標準偏差
今年度	26	75	10.6
昨年度	31	71	15.3

このとき,今年度と昨年度では,昨年度の得点の分散のほうが大きいといえるか?有意水準 5% および 1% で検定せよ.

●**演習問題 8.18** ある科目の答案から無作為抽出して得点を調べたところ，次のようになった．

性別	答案枚数	平均点	標準偏差
男子	7	79	9
女子	8	90	7

このとき，次の問に答えよ．
(1) 男子と女子とでは，得点の分散に差があるといえるか？有意水準 5%で検定せよ．
(2) (1) の結果を踏まえ，男子と女子とでは，女子の得点のほうが高いといえるか？有意水準 5%で検定せよ．
(3) (2) で得られた結果の有意水準はいくらか？

Section 8.6
母比率に関する検定

第 7.4.4 項で述べたように，母比率とは，二項母集団のある事象 A が起こる確率 $p = P(A)$ のことです．ここでは，母比率そのものと母比率の差の検定について説明します．

8.6.1 母比率の検定

二項母集団から大きさ n の無作為標本を抽出したとき，事象 A に属するものの個数 Y は二項分布 $Bin(n, p)$ に従います．したがって，n が十分に大きいときは，定理 4.6 より Y は近似的に正規分布 $N(np, np(1-p))$ に従い，$Z = (Y - np)/\sqrt{np(1-p)}$ は近似的に標準正規分布 $N(0,1)$ に従うので，標本比率 Y/n を $\bar{p}$ で表せば，帰無仮説 $H_0 : p = p_0$ の下で，

$$Z = \frac{Y - np_0}{\sqrt{np_0(1-p_0)}} = \frac{n\bar{p} - np_0}{\sqrt{np_0(1-p_0)}} = \frac{\bar{p} - p_0}{\sqrt{p_0(1-p_0)/n}}$$

は近似的に $N(0,1)$ に従います．

よって，有意水準が α のとき，棄却域は次のようになります．

両側検定　$H_0: p = p_0$,　$H_1: p \neq p_0 \Longrightarrow W = \{z \mid |z| > z(\alpha/2)\}$

右側検定　$H_0: p = p_0$,　$H_1: p > p_0 \Longrightarrow W = \{z \mid z > z(\alpha)\}$

左側検定　$H_0: p = p_0$,　$H_1: p < p_0 \Longrightarrow W = \{z \mid z < -z(\alpha)\}$

---- **母比率の検定** ----

例 8.11 今年，A 大学 B 学部では，2 回生 500 人中 36 名が退学した．2 回生の退学率は 5％より大きいと考えてよいか？有意水準 5％で検定せよ．

【解答】
$n = 500$ は 30 より大きいので，十分に大きいと考えてよい．
(1) 仮説の設定
「5％より大きい」，と主張したいので，対立仮説を「$H_1: p > 0.05$」とし，帰無仮説を「$H_0: p = 0.05$」とする．
(2) 統計量の決定
統計量
$$Z = \frac{\bar{p} - p_0}{\sqrt{p_0(1-p_0)/n}} = \frac{\bar{p} - 0.05}{\sqrt{0.05(1-0.05)/500}}$$
は，近似的に $N(0,1)$ に従う．
(3) 有意水準と棄却域の設定
棄却域は $W = \{z \mid z > z(0.05)\} = \{z \mid z > 1.645\}$ である．
(4) 帰無仮説の棄却・採択
Z の実現値 z は，
$$z = \frac{36/500 - 0.05}{\sqrt{0.05(1-0.05)/500}} = 2.25715 > 1.645$$
となる．これより，$z \in W$ となるので，有意水準 5％で帰無仮説 H_0 は棄却される．したがって，対立仮説 H_1 が成り立っているとし，「退学率は 5％より大きい」と結論づける．■

■■■ 演習問題 ■■■■■■■■■■■■■■■■■■■■■■■

●**演習問題 8.19** 例 8.11 において，有意水準 1％として同様の検定をせよ．

●**演習問題 8.20** ある工場で生産されている商品の不良率は 2％であった．ある日，製品の中から無作為に 200 個を抽出して検査したところ，8 個の不良品があった．この工場に何らかの問題が発生していると考えてよいか？有意水準 5％で検定せよ．また，有意水準 1％でも同様の検定をせよ．

8.6.2 母比率の差の検定

2つの二項母集団 $Bin(1, p_1)$, $Bin(1, p_2)$ からの無作為標本のサイズをそれぞれ m, n とし,事象 A に属するものの個数をそれぞれ Y_1, Y_2 とします.このとき,m と n が十分に大きければ,定理 4.6 より,Y_1 と Y_2 はそれぞれ近似的に正規分布 $N(mp_1, mp_1(1-p_1))$, $N(np_2, np_2(1-p_2))$ に従うので,定理 4.4 より,標本比率 $\bar{p}_1 = Y_1/m$ と $\bar{p}_2 = Y_2/n$ は,それぞれ正規分布 $N(p_1, p_1(1-p_1)/m)$ と $N(p_2, p_2(1-p_2)/n)$ に従います.よって,例 5.6 より,$\bar{p}_1 - \bar{p}_2$ は $N(p_1 - p_2, p_1(1-p_1)/m + p_2(1-p_2)/n)$ に従うので,統計量,

$$Z = \frac{\bar{p}_1 - \bar{p}_2 - (p_1 - p_2)}{\sqrt{p_1(1-p_1)/m + p_2(1-p_2)/n}}$$

は標準正規分布 $N(0,1)$ に従います.ゆえに,実数 $\beta (0 < \beta < 1)$ に対して帰無仮説 $H_0 : p_1 - p_2 = \beta$ の下では,

$$Z = \frac{\bar{p}_1 - \bar{p}_2 - \beta}{\sqrt{p_1(1-p_1)/m + p_2(1-p_2)/n}} \tag{8.3}$$

は $N(0,1)$ に従います.ここで,演習問題 7.8 より,p_1, p_2 の最尤推定量はそれぞれ $\bar{p}_1, \bar{p}_2$ で,大数の法則 (定理 3.8) より,m と n が十分に大きければ,$\bar{p}_1 \approx p_1, \bar{p}_2 \approx p_2$ と考えてよいので,

$$Z = \frac{\bar{p}_1 - \bar{p}_2 - \beta}{\sqrt{\bar{p}_1(1-\bar{p}_1)/m + \bar{p}_2(1-\bar{p}_2)/n}} \tag{8.4}$$

は近似的に $N(0,1)$ に従うと考えられます[5]).

よって,有意水準が α のとき,棄却域は次のようになります.

---

[5]) $p_1 = p_2 = p$ とすれば,(8.3) は,帰無仮説 $H_0 : p_1 = p_2$ の下で,

$$Z = \frac{\bar{p}_1 - \bar{p}_2}{\sqrt{p(1-p)/m + p(1-p)/n}} = \frac{\bar{p}_1 - \bar{p}_2}{\sqrt{p(1-p)(1/m + 1/n)}}$$

となります.そこで,検定する際の統計量として (8.4) の代わりに p を $\bar{p} = (Y_1 + Y_2)/(m+n) = (mp_1 + np_2)/(m+n)$ で近似して $Z = \dfrac{\bar{p}_1 - \bar{p}_2}{\sqrt{\bar{p}(1-\bar{p})(1/m + 1/n)}}$ を使うこともあります.

両側検定 $H_0: p_1 - p_2 = \beta$, $H_1: p_1 - p_2 \neq \beta \Longrightarrow W = \{z \mid |z| > z(\alpha/2)\}$

右側検定 $H_0: p_1 - p_2 = \beta$, $H_1: p_1 - p_2 > \beta \Longrightarrow W = \{z \mid z > z(\alpha)\}$

左側検定 $H_0: p_1 - p_2 = \beta$, $H_1: p_1 - p_2 < \beta \Longrightarrow W = \{z \mid z < -z(\alpha)\}$

―― 母比率の差の検定 ――

例 8.12 ある選挙で A 候補についてアンケートを行なったところ，S 市では 500 人中 210 人が支持し，T 市では 400 人中 100 人が支持していた．S 市での支持率は T 市での支持率よりも 10%以上高いと見なしてよいか？有意水準 5%で検定せよ．

【解答】
$m = 500$, $n = 400$ はともに 30 よりも大きいので，十分に大きいと考えてよい．また，S 市と T 市の母比率をそれぞれ p_1, p_2 とし，標本比率をそれぞれ $\bar{p}_1, \bar{p}_2$ とする．
(1) 仮説の設定
「S 市での支持率 p_1 が T 市での支持率 p_2 より 10%以上高い」と主張したいので，「差が 10%よりも大きい」と考えて，対立仮説を「$H_1: p_1 - p_2 > 0.1$」とし，帰無仮説を「$H_0: p_1 - p_2 = 0.1$」とする．
(2) 統計量の決定
統計量
$$Z = \frac{\bar{p}_1 - \bar{p}_2 - 0.1}{\sqrt{\bar{p}_1(1-\bar{p}_2)/500 + \bar{p}_2(1-\bar{p}_2)/400}}$$
は，近似的に $N(0,1)$ に従う．
(3) 有意水準と棄却域の設定
棄却域は $W = \{z \mid z > z(0.05)\} = \{z \mid z > 1.645\}$ である．
(4) 帰無仮説の棄却・採択
Z の実現値 z は，$\bar{p}_1 = 210/500 = 0.42$, $\bar{p}_2 = 100/400 = 0.25$ より，
$$z = \frac{0.42 - 0.25 - 0.1}{\sqrt{0.42(1-0.42)/500 + 0.25(1-0.25)/400}} = 2.264 > 1.645$$
となる．これより，$z \in W$ となるので，有意水準 5%で帰無仮説 H_0 は棄却される．したがって，対立仮説 H_1 が成り立っているとし，「T 市における支持率は，S 市における支持率よりも 10%以上高い」と結論づける． ■

■■■ 演習問題 ■■■■■■■■■■■■■■■■■■■■■■■

●**演習問題 8.21** 例 8.12 において，有意水準 1%として同様の検定をせよ．

●**演習問題 8.22** A 地区と B 地区で「毎朝，新聞を読んでいますか？」というアンケート調査を行なったところ，A 地区では 200 人中 82 人が，B 地区では 150 人中 45 人が読んでいると回答した．このとき，A 地区のほうが B 地区よりも毎朝，新聞を読んでいる人の割合が高いといえるか？有意水準 5%と 1%で検定せよ．

Section 8.7
適合度の検定*

　これまでは，ある統計量が正規分布や t 分布など，特定の分布に従うことを仮定していましたが，実際にはデータがどのような分布に従っているかは分からないものです．そこで，ここでは観測されたデータがある確率分布に従っているか否かを判断する検定を考えます．これを**適合度検定**といいます．
　母集団が互いに排反な k 個の事象 $A_1, A_2, \ldots, A_k$ に分割されているとき，各事象における母比率 $P(A_1), P(A_2), \ldots, P(A_k)$ をそれぞれ $p_1, p_2, \ldots, p_k$ と見なしてよいか否かの検定，つまり，

$$\text{帰無仮説 } H_0 \; : \; P(A_i) = p_i \quad (i=1,2,\ldots,k)$$
$$\text{対立仮説 } H_1 \; : \; \text{ある } i \text{ について } P(A_i) \neq p_i$$

の検定を考えます．ただし，$p_1 + p_2 + \cdots + p_k = 1$ とします．
　この母集団から n 個の無作為標本を抽出するとき，帰無仮説 H_0 の下では，各事象 $A_1, A_2, \ldots, A_k$ からの標本数の期待値はそれぞれ $np_1, np_2, \ldots, np_k$ となり，これを**期待度数**といいます．これに対し，抽出された標本のうち，実際の各事象 $A_1, A_2, \ldots, A_k$ が出現した回数 $X_1, X_2, \ldots, X_k$ を**観測度数**といいます．もちろん，$n = X_1 + X_2 + \cdots + X_k$ が成り立ちます．

表 8.2　期待度数と観測度数

事象	A_1	A_2	$\cdots$	A_k	計
比率	p_1	p_2	$\cdots$	p_k	1
観測度数	X_1	X_2	$\cdots$	X_k	n
期待度数	np_1	np_2	$\cdots$	np_k	n

　ここで，

$$T = \sum_{i=1}^{k} \frac{(X_i - np_i)^2}{np_i} \tag{8.5}$$

を考えると，定理 6.8 より，n が十分に大きければ[6]，T は自由度 $k-1$ の χ^2 分布 χ^2_{k-1} で近似できます．もしも，観測度数 X_i と期待度数 np_i の差が大きければ，これらの相対的なズレ $(X_i - np_i)^2/np_i$ の総和 T は大きくなりますから，有意水準 α に対して，T が $\chi^2_{k-1}(\alpha)$ より大きいときは帰無仮説 H_0 を棄却することにします．
　したがって，有意水準が α に対する棄却域は次のようになります．

$$W = \{ t \, | \, t > \chi^2_{k-1}(\alpha) \}$$

---
[6] 目安はすべての i について $np_i \geq 5$ です．

このような検定を χ^2 **適合度検定**といいます．χ^2 適合度検定では常に右側検定です．

適合度検定

例 8.13 ある農業試験場で行われたエンドウ豆の交配実験結果とメンデルの法則に基づく理論比は次の通りである．

種類	円形・黄色	しわ形・黄色	円形・緑色	しわ形・緑色	計
観測度数	335	98	114	29	576
理論比	9	3	3	1	16

この交配実験はメンデルの法則に適合していると考えてよいか？有意水準5%で検定せよ．

【解答】
実験結果を表 8.2 のようにまとめると次のようになる．

事象	A_1	A_2	A_3	A_4	計
比率	9/16	3/16	3/16	1/16	1
観測度数	335	98	114	29	576
期待度数	324	108	108	36	576

すべての事象について期待度数が 5 以上なので，定理 6.8 が適用できる．

(1) 仮説の設定
「メンデルの法則に適合していない」，と主張したいので，対立仮説を「H_1：ある i について $P(A_i) \neq p_i$」とし，帰無仮説を「$H_0 : P(A_i) = p_i (i=1,2,3,4)$」とする．

(2) 統計量の決定
統計量 $T = \sum_{i=1}^{k} \frac{(X_i - np_i)^2}{np_i}$ は，近似的に自由度 3 の χ^2 分布 χ_3^2 に従う．

(3) 有意水準と棄却域の設定
棄却域は $W = \{t \,|\, t > \chi_3^2(0.05)\} = \{t \,|\, t > 7.815\}$ である．

(4) 帰無仮説の棄却・採択
T の実現値 t は，

$$t = \frac{(335-324)^2}{324} + \frac{(98-108)^2}{108} + \frac{(114-108)^2}{108} + \frac{(29-36)^2}{36}$$
$$= 2.99383 < 7.815$$

となる．これより，$z \notin W$ となるので，有意水準 5%で帰無仮説 H_0 は棄却されない．したがって，このデータからは何もいえないが，メンデルの法則に従わない，とは言えなかったので，とりあえずメンデルの法則に従っていると考える．∎

帰無仮説 H_0 に未知の母数を含む場合は，期待度数の計算には未知母数の推定が必要になります．未知母数の数が m 個のときは，データから m 個の母数の推定を行うので，制約式が m 個増加することになるので，その分だけ自由度が減り，(8.5) の T の自由度は $k-m-1$ となります．

適合度検定（正規分布）

例 8.14 ある科目の得点分布は次のようになった．このとき，得点は正規分布に従っていると考えてよいか？有意水準5%で検定せよ．

階級	20未満	30台	40台	50台	60台	70台	80台	90以上	計
人数	2	4	6	9	16	13	9	7	66

【解答】

正規分布に従っているか否かを調べるためには,母平均と母分散が分かっていなければならないが,ここでは与えられていないため,例 7.3 に基づいて,これらの最尤推定量である標本平均 $\bar{X}$ と標本分散 S^2 を使う.また,20 点未満の度数が 2 であり,これは 5 未満の数なので,30 点台と 1 つにまとめると,これらの実現値は,

$$\bar{x} = \frac{1}{66}(19.5 \times 6 + 44.5 \times 6 + \cdots + 95 \times 7) = 65.16$$

$$s^2 = \frac{1}{66}\{19.5^2 \times 6 + 44.5^2 \times 6 + \cdots + 95^2 \times 7\} - (65.16)^2 = 406.443 = (20.1604)^2$$

となるので,正規分布 $N(65.16, (20.16)^2)$ との適合度検定を行うことにする.

このとき,累積確率を $F_i = P(X \leq a_i)$,標本数を n,各比率の推定値を $\hat{p}_i$ とすれば,期待度数は $n\hat{p}_i$ となる.ただし,$F_0 = 0, F_7 = 1$ とし,比率の推定値は $\hat{p}_i = F_i - F_{i-1}$ で求め,最後の階級については,$\hat{p}_7 = 1 - F_6$ として求めることにする.そして,

$$F_i = P(X \leq a_i) = P\left(\frac{X - 65.16}{20.16} \leq \frac{a_i - 65.16}{20.16}\right) = P(Z \leq z_i), \quad z_i = \frac{a_i - 65.16}{20.16}$$

によって,F_i を求めて $\hat{p}_i$ や $n\hat{p}_i$ を求めると次のようになる.

階級 i	階級の範囲 $a_{i-1} \sim a_i$	階級値	度数 n_i	z_i	累積確率 F_i	比率の推定値 $\hat{p}_i$	期待度数 $n\hat{p}_i$
1	$0 \sim 39$	19.5	6	-1.30	0.0968	0.0968	6.39
2	$40 \sim 49$	44.5	6	-0.80	0.2119	0.1151	7.60
3	$50 \sim 59$	54.5	9	-0.31	0.3783	0.1664	10.98
4	$60 \sim 69$	64.5	16	0.19	0.5753	0.197	13.00
5	$70 \sim 79$	74.5	13	0.69	0.7549	0.1796	11.85
6	$80 \sim 89$	84.5	9	1.18	0.8810	0.1261	8.32
7	$90 \sim 100$	95	7		1	0.119	7.85
計			66			1	66.0

(1) 仮説の設定

「正規分布に従っていない」,と主張したいので,対立仮説を「H_1:正規分布に従っていない」とし,帰無仮説を「H_0:正規分布に従っている」とする.

(2) 統計量の決定

正規分布の平均と分散を推定したので,自由度は $k - m - 1 = 7 - 2 - 1 = 4$ である.したがって,統計量 $T = \sum_{i=1}^{k} \frac{(X_i - n\hat{p}_i)^2}{n\hat{p}_i}$ は,近似的に自由度 4 の χ^2 分布 χ_4^2 に従う.

(3) 有意水準と棄却域の設定

棄却域は $W = \{t \,|\, t > \chi_4^2(0.05)\} = \{t \,|\, t > 9.488\}$ である.

(4) 帰無仮説の棄却・採択

T の実現値 t は,

$$\begin{aligned}t &= \frac{(6-6.39)^2}{6.39} + \frac{(6-7.6)^2}{7.6} + \frac{(9-10.98)^2}{10.98} + \frac{(16-13)^2}{13} + \frac{(13-11.85)^2}{11.85} \\ &\quad + \frac{(9-8.32)^2}{8.32} + \frac{(7-7.85)^2}{7.85} = 1.66922 < 9.488\end{aligned}$$

となる.これより,$z \notin W$ となるので,有意水準 5%で帰無仮説 H_0 は棄却されない.したがって,このデータからは何もいえないが,正規分布に従わない,とは言えなかったので,とりあえず正規分布に従っていると考えてよい.■

Section 8.8
独立性の検定*

母集団における互いに独立な2つの性質 A および B がそれぞれ k 個, l 個の排反な階級 $A_1, A_2, \ldots, A_k$ および $B_1, B_2, \ldots, B_l$ に分割されていて, n 個の無作為標本で得られた度数を図 8.3 のように表したとき, この表を $k \times l$ **分割表**といいます. ただし, n_{ij} は A_i かつ B_j であるものの標本数です.

表 8.3 $k \times l$ 分割表

	B_1	B_2	$\cdots$	B_l	計
A_1	n_{11}	n_{12}	$\cdots$	n_{1l}	$n_{1\bullet}$
A_2	n_{21}	n_{22}	$\cdots$	n_{2l}	$n_{2\bullet}$
$\vdots$	$\vdots$			$\vdots$	$\vdots$
A_k	n_{k1}	n_{k2}	$\cdots$	n_{kl}	$n_{k\bullet}$
計	$n_{\bullet 1}$	$n_{\bullet 2}$	$\cdots$	$n_{\bullet l}$	n

$$n_{i\bullet} = \sum_{j=1}^{l} n_{ij},$$
$$n_{\bullet j} = \sum_{i=1}^{k} n_{ij},$$
$$n = \sum_{i=1}^{k} \sum_{j=1}^{l} n_{ij} = \sum_{i=1}^{k} n_{i\bullet} = \sum_{j=1}^{l} n_{\bullet j}$$

この分割表を使って,

　　帰無仮説 H_0 ： 性質 A と B は独立である
　　対立仮説 H_1 ： 性質 A と B は独立ではない

を検定します.

そのためには, 次の定理が必要になります.

分割表における母比率の最尤推定量

定理 8.1 分割表 (表 8.3) において, 母比率 $P(A_i) = p_i (1 \leq i \leq k), P(B_j) = q_j (1 \leq j \leq l)$ の最尤推定量はそれぞれ $\hat{p}_i = n_{i\bullet}/n, \hat{q}_j = n_{\bullet j}/n$ である. ただし, $p_i > 0, q_i > 0$ とする.

(証明)
A と B は独立なので $P(A_i \cap B_j) = P(A_i)P(B_j) = p_i q_j$ であり, $P(A_i \cap B_i)$ が n_{ij} 回起こる確率は $(p_i q_j)^{n_{ij}}$ である. よって, 尤度関数は,

$$L = L(p_1, \ldots, p_k, q_1, \ldots, q_l) = \prod_{i,j} (p_i q_j)^{n_{ij}}$$

となるので,

$$\log L = \sum_{i,j} n_{ij} (\log p_i + \log q_j)$$

である. ここで, λ, μ を未知定数として,

$$F = F(p_1, \ldots, p_k, q_1, \ldots, q_l) = \log L + \lambda(p_1 + \cdots + p_k - 1) + \mu(q_1 + \cdots + q_l - 1)$$

とすれば，$p_1 + \cdots + p_k - 1 = 0, q_1 + \cdots + q_l - 1 = 0$ に注意して，

$$\frac{\partial L}{\partial p_i} = \frac{\partial F}{\partial p_i} = \frac{n_{i\bullet}}{p_i} + \lambda = 0, \quad \frac{\partial L}{\partial q_j} = \frac{\partial F}{\partial q_j} = \frac{n_{\bullet j}}{q_j} + \mu = 0$$

を得る．ここで，$p_i = n_{i\bullet}/n, q_j = n_{\bullet j}/n$ なので，

$$\lambda = -\frac{n_{i\bullet}}{p_i} = -n, \quad \mu = -\frac{n_{\bullet j}}{q_j} = -n,$$

であり，これらを満足する p_i, q_j の値は，

$$\hat{p}_i = \frac{n_{i\bullet}}{n}, \quad \hat{q}_j = \frac{n_{\bullet j}}{n},$$

である．ゆえに，これらが最尤推定量である．
実際，ε_i および δ_j をその絶対値が十分に小さい実数として，$p_i = \hat{p}_i + \varepsilon_i, q_j = \hat{q}_j + \delta_j$ とおけば，対数関数の性質とそのマクローリン展開より，

$$\log p_i + \log q_j = \log \hat{p}_i \left(1 + \frac{\varepsilon_i}{\hat{p}_i}\right) + \log \hat{q}_j \left(1 + \frac{\delta_j}{\hat{q}_j}\right)$$

$$= \log \hat{p}_i + \log \hat{q}_j + \log \left(1 + \frac{\varepsilon_i}{\hat{p}_i}\right) + \log \left(1 + \frac{\delta_j}{\hat{q}_j}\right)$$

$$\approx \log \hat{p}_i + \log \hat{q}_j + \frac{\varepsilon_i}{\hat{p}_i} - \left(\frac{\varepsilon_i}{\hat{p}_i}\right)^2 + \frac{\delta_j}{\hat{q}_j} - \left(\frac{\delta_j}{\hat{q}_j}\right)^2$$

となる．ここで，$\sum_{i=1}^k \varepsilon_i = \sum_{i=1}^k p_i - \sum_{i=1}^k \hat{p}_i = 1 - 1 = 0$, 同様に $\sum_{j=1}^l \delta_j = 0$ に注意すれば，

$$\log L = \sum_{ij} n_{ij}(\log p_i + \log q_j)$$

$$\approx \sum_{i,j} n_{ij} \left\{\log \hat{p}_i + \log \hat{q}_j + \frac{\varepsilon_i}{\hat{p}_i} - \left(\frac{\varepsilon_i}{\hat{p}_i}\right)^2 + \frac{\delta_j}{\hat{q}_j} - \left(\frac{\delta_j}{\hat{q}_j}\right)^2\right\}$$

$$= \sum_{i,j} n_{ij} \left\{\log \hat{p}_i + \log \hat{q}_j - \left(\frac{\varepsilon_i}{\hat{p}_i}\right)^2 - \left(\frac{\delta_j}{\hat{q}_j}\right)^2\right\}$$

となり，$\log L$ は $\hat{p}_i, \hat{q}_j$ で最大となることが分かる．■

母集団は kl 個の事象 $A_i \cap B_j (1 \leq i \leq k, 1 \leq j \leq l)$ に分割されますが，性質 A に関する周辺確率 $p_{i\bullet} = p(A_i)(1 \leq i \leq k)$ の最尤推定値は定理 8.1 より $\hat{p}_i = n_{i\bullet}/n$ であり，性質 B についての周辺確率 $p_{\bullet j} = P(B_j)(1 \leq j \leq l)$ の最尤推定値も同様に $\hat{q}_j = n_{\bullet j}/n$ です．したがって，帰無仮説 H_0 の下では，$A_i \cap B_j$ であるものの期待度数 m_{ij} は，

$$m_{ij} = n \times \frac{n_{i\bullet}}{n} \times \frac{n_{\bullet j}}{n} = \frac{n_{i\bullet} n_{\bullet j}}{n}$$

なので，(8.5) と同様の統計量

$$T = \sum_{i=1}^k \sum_{j=1}^l \frac{(n_{ij} - m_{ij})^2}{m_{ij}}, \quad m_{ij} = \frac{n_{i\bullet} n_{\bullet j}}{n} \tag{8.6}$$

は n が十分に大きいとき[7]，χ^2 分布に従うと考えられます．後はその自由度が問題となりますが，自由度を求めるために定理 6.8 を振り返りましょう．もともと，定理 6.8

---

[7] 適合度検定のときと同様，目安はすべての i,j について $m_{ij} \geq 5$ となることです．

における統計量 $T = \sum_{i=1}^{k} \frac{(X_i - np_i)^2}{np_i}$ の自由度が $k-1$ だったのは，$Y_i = X_i - np_i$ とおいたとき，1 個の制約式 $\sum_{i=1}^{k} Y_i = 0$ があり，$k-1$ 個の Y_i を決めると最後の 1 つは自動的に決まるからです．(8.6) の場合は，$Y_{ij} = n_{ij} - m_{ij}$ とおくと，$k+l$ 個の制約式，

$$\sum_{j=1}^{l} Y_{ij} = \sum_{j=1}^{l} n_{ij} - \frac{n_{i\bullet}}{n} \sum_{j=1}^{l} n_{\bullet j} = n_{i\bullet} - n_{i\bullet} = 0 \quad (i = 1, 2, \ldots, k)$$

$$\sum_{i=1}^{k} Y_{ij} = \sum_{i=1}^{k} n_{ij} - \frac{n_{\bullet j}}{n} \sum_{i=1}^{k} n_{i\bullet} = n_{\bullet j} - n_{\bullet j} = 0 \quad (j = 1, 2, \ldots, l)$$

を満たしています．確かに，制約式の数は $k+l$ 個なのですが，前半の式からも後半の式からも $\sum_{i=1}^{k} \sum_{j=1}^{l} Y_{ij} = 0$ が導けることに注意すれば，実質的な制約式の個数は，この重複分を除いて実質 $k+l-1$ 個ということになります．したがって，kl 個の2乗和 $\sum_{i=1}^{k} \sum_{j=1}^{l} \frac{Y_{ij}^2}{m_{ij}}$ の自由度は，$kl - (k+l-1) = (k-1)(l-1)$ となります．

以上のことから，有意水準が α のとき，(8.6) の実現値 t に対して，棄却域は次のようになります．

$$W = \{t \,|\, t > \chi^2_{(k-1)(l-1)}(\alpha)\}$$

このような検定を**独立性の検定**といいます．

独立性の検定

例 8.15 以下の表は，ある大学教員の成績評価結果である．科目と成績評価は独立と考えてよいか？有意水準5%で検定せよ．

	優	良	可	不可	計
線形代数	39	17	7	5	68
微分積分	16	13	16	22	67
ベクトル解析	19	16	16	25	76
計	74	46	39	52	211

【解答】
(1) 仮説の設定
「独立でない」，と主張したいので，対立仮説を「H_1：独立でない」とし，帰無仮説を「H_0：独立である」とする．
(2) 統計量の決定
統計量 $T = \sum_{i=1}^{3} \sum_{j=1}^{4} \frac{(n_{ij} - m_{ij})^2}{m_{ij}}$ は，近似的に自由度 (4-1)(3-1)=6 の χ^2 分布 χ_6^2 に従う．
(3) 有意水準と棄却域の設定
棄却域は $W = \{t \,|\, t > \chi_6^2(0.05)\} = \{t \,|\, t > 12.592\}$ である．
(4) 帰無仮説の棄却・採択
与えられた結果をもとに期待度数 m_{ij} を求めると次のようになる．

	優	良	可	不可	計
線形代数	23.8	14.8	12.6	16.8	68
微分積分	23.5	14.6	12.4	16.5	67
ベクトル解析	26.7	16.6	14.0	18.7	76
計	74	46	39	52	211

T の実現値 t は,

$$
\begin{aligned}
t &= \frac{(39-23.8)^2}{23.8} + \frac{(17-14.8)^2}{14.8} + \cdots + \frac{(16-14.0)^2}{14.0} + \frac{(25-18.7)^2}{18.7} \\
&= 30.9 > 12.592
\end{aligned}
$$

となる.これより,$z \in W$ となるので,有意水準 5% で帰無仮説 H_0 は棄却され,授業科目と成績評価は独立でない,つまり,関係がある,と結論づける. ∎

なお,2×2 分割表の場合は,事前に (8.6) を計算しておくと便利です.統計量は単純に計算するだけで求められるので,証明は読者に任せてここでは,結果だけを示すことにします.

表 8.4 のとき,検定に使う統計量は

表 8.4 2×2 分割表

	B_1	B_2	計
A_1	a	b	$a+b$
A_2	c	d	$c+d$
計	$a+c$	$b+d$	$n=a+b+c+d$

$$
T = \frac{n(ad-bc)^2}{(a+b)(c+d)(a+c)(b+d)}
$$

で,有意水準 α に対する棄却域は次のようになります.

$$
W = \{t \mid t > \chi_1^2(\alpha)\}
$$

■■■ 演習問題 ■■■■■■■■■■■■■■■■■■■■■■■■■■■■

※**演習問題 8.23** 2×2 分割表において,(8.6) の T は,

$$
T = \frac{n(ad-bc)^2}{(a+b)(c+d)(a+c)(b+d)}
$$

となることを示せ.

関連図書

[1] 押川 元重, 阪口 紘治 共著,『基礎統計学』, 培風館, 1989 年.
[2] 釜江 哲朗 著,『確率・統計の基礎』, 放送大学教育振興会, 2005 年.
[3] 栗栖 忠, 濱田 年男, 稲垣 宣生 共著,『統計学の基礎』, 裳華房, 2001 年.
[4] 小寺 平治 著,『新統計入門』, 裳華房, 1996 年.
[5] 東京大学教養学部統計学教室編,『統計学入門』, 東京大学出版会, 1991 年.
[6] 野田 一雄, 宮岡 悦良 共著,『入門・演習 数理統計』, 共立出版, 1990 年.
[7] 皆本 晃弥 著,『よくわかる数値解析演習―誤答例・評価基準つき―』, 近代科学社, 2005 年.
[8] 皆本 晃弥 著,『スッキリわかる線形代数演習―誤答例・評価基準つき―』, 近代科学社, 2006 年.
[9] 皆本 晃弥 著,『スッキリわかる微分方程式とベクトル解析―誤答例・評価基準つき―』, 近代科学社, 2007 年.
[10] 皆本 晃弥 著,『スッキリわかる微分積分演習―誤答例・評価基準つき―』, 近代科学社, 2008 年.
[11] 和田 秀三 著,『基本演習 確率統計』, サイエンス社, 1990 年.

標準正規分布表

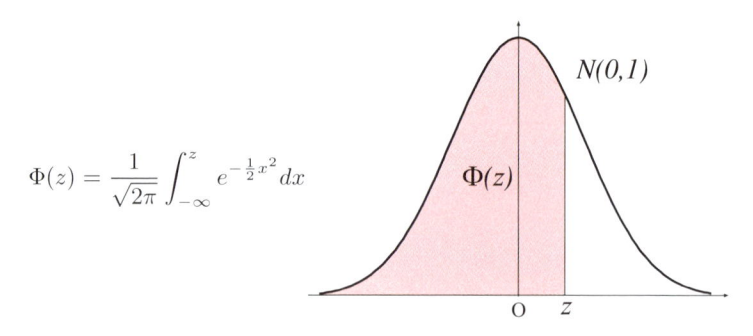

$$\Phi(z) = \frac{1}{\sqrt{2\pi}} \int_{-\infty}^{z} e^{-\frac{1}{2}x^2} dx$$

表 5 標準正規分布表

z	0.00	0.01	0.02	0.03	0.04	0.05	0.06	0.07	0.08	0.09
0.0	0.5000	0.5040	0.5080	0.5120	0.5160	0.5199	0.5239	0.5279	0.5319	0.5359
0.1	0.5398	0.5438	0.5478	0.5517	0.5557	0.5596	0.5636	0.5675	0.5714	0.5753
0.2	0.5793	0.5832	0.5871	0.5910	0.5948	0.5987	0.6026	0.6064	0.6103	0.6141
0.3	0.6179	0.6217	0.6255	0.6293	0.6331	0.6368	0.6406	0.6443	0.6480	0.6517
0.4	0.6554	0.6591	0.6628	0.6664	0.6700	0.6736	0.6772	0.6808	0.6844	0.6879
0.5	0.6915	0.6950	0.6985	0.7019	0.7054	0.7088	0.7123	0.7157	0.7190	0.7224
0.6	0.7257	0.7291	0.7324	0.7357	0.7389	0.7422	0.7454	0.7486	0.7517	0.7549
0.7	0.7580	0.7611	0.7642	0.7673	0.7704	0.7734	0.7764	0.7794	0.7823	0.7852
0.8	0.7881	0.7910	0.7939	0.7967	0.7995	0.8023	0.8051	0.8078	0.8106	0.8133
0.9	0.8159	0.8186	0.8212	0.8238	0.8264	0.8289	0.8315	0.8340	0.8365	0.8389
1.0	0.8413	0.8438	0.8461	0.8485	0.8508	0.8531	0.8554	0.8577	0.8599	0.8621
1.1	0.8643	0.8665	0.8686	0.8708	0.8729	0.8749	0.8770	0.8790	0.8810	0.8830
1.2	0.8849	0.8869	0.8888	0.8907	0.8925	0.8944	0.8962	0.8980	0.8997	0.9015
1.3	0.9032	0.9049	0.9066	0.9082	0.9099	0.9115	0.9131	0.9147	0.9162	0.9177
1.4	0.9192	0.9207	0.9222	0.9236	0.9251	0.9265	0.9279	0.9292	0.9306	0.9319
1.5	0.9332	0.9345	0.9357	0.9370	0.9382	0.9394	0.9406	0.9418	0.9429	0.9441
1.6	0.9452	0.9463	0.9474	0.9484	0.9495	0.9505	0.9515	0.9525	0.9535	0.9545
1.7	0.9554	0.9564	0.9573	0.9582	0.9591	0.9599	0.9608	0.9616	0.9625	0.9633
1.8	0.9641	0.9649	0.9656	0.9664	0.9671	0.9678	0.9686	0.9693	0.9699	0.9706
1.9	0.9713	0.9719	0.9726	0.9732	0.9738	0.9744	0.9750	0.9756	0.9761	0.9767
2.0	0.9772	0.9778	0.9783	0.9788	0.9793	0.9798	0.9803	0.9808	0.9812	0.9817
2.1	0.9821	0.9826	0.9830	0.9834	0.9838	0.9842	0.9846	0.9850	0.9854	0.9857
2.2	0.9861	0.9864	0.9868	0.9871	0.9875	0.9878	0.9881	0.9884	0.9887	0.9890
2.3	0.9893	0.9896	0.9898	0.9901	0.9904	0.9906	0.9909	0.9911	0.9913	0.9916
2.4	0.9918	0.9920	0.9922	0.9925	0.9927	0.9929	0.9931	0.9932	0.9934	0.9936
2.5	0.9938	0.9940	0.9941	0.9943	0.9945	0.9946	0.9948	0.9949	0.9951	0.9952
2.6	0.9953	0.9955	0.9956	0.9957	0.9959	0.9960	0.9961	0.9962	0.9963	0.9964
2.7	0.9965	0.9966	0.9967	0.9968	0.9969	0.9970	0.9971	0.9972	0.9973	0.9974
2.8	0.9974	0.9975	0.9976	0.9977	0.9977	0.9978	0.9979	0.9979	0.9980	0.9981
2.9	0.9981	0.9982	0.9982	0.9983	0.9984	0.9984	0.9985	0.9985	0.9986	0.9986
3.0	0.9987	0.9987	0.9987	0.9988	0.9988	0.9989	0.9989	0.9989	0.9990	0.9990

χ^2 分布表

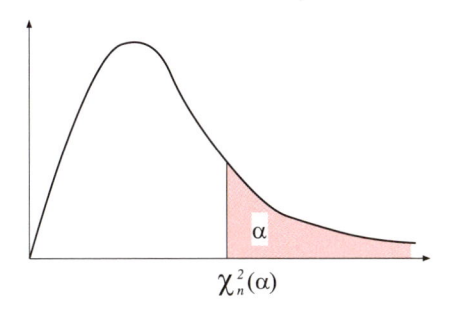

表 6 自由度 n の χ^2 分布の上側 α 点

n \ α	0.99	0.975	0.95	0.9	0.7	0.5	0.3	0.1	0.05	0.025	0.01
1	0.000	0.001	0.004	0.016	0.148	0.455	1.074	2.706	3.841	5.024	6.635
2	0.020	0.051	0.103	0.211	0.713	1.386	2.408	4.605	5.991	7.378	9.210
3	0.115	0.216	0.352	0.584	1.424	2.366	3.665	6.251	7.815	9.348	11.345
4	0.297	0.484	0.711	1.064	2.195	3.357	4.878	7.779	9.488	11.143	13.277
5	0.554	0.831	1.145	1.610	3.000	4.351	6.064	9.236	11.070	12.833	15.086
6	0.872	1.237	1.635	2.204	3.828	5.348	7.231	10.645	12.592	14.449	16.812
7	1.239	1.690	2.167	2.833	4.671	6.346	8.383	12.017	14.067	16.013	18.475
8	1.646	2.180	2.733	3.490	5.527	7.344	9.524	13.362	15.507	17.535	20.090
9	2.088	2.700	3.325	4.168	6.393	8.343	10.656	14.684	16.919	19.023	21.666
10	2.558	3.247	3.940	4.865	7.267	9.342	11.781	15.987	18.307	20.483	23.209
11	3.053	3.816	4.575	5.578	8.148	10.341	12.899	17.275	19.675	21.920	24.725
12	3.571	4.404	5.226	6.304	9.034	11.340	14.011	18.549	21.026	23.337	26.217
13	4.107	5.009	5.892	7.042	9.926	12.340	15.119	19.812	22.362	24.736	27.688
14	4.660	5.629	6.571	7.790	10.821	13.339	16.222	21.064	23.685	26.119	29.141
15	5.229	6.262	7.261	8.547	11.721	14.339	17.322	22.307	24.996	27.488	30.578
16	5.812	6.908	7.962	9.312	12.624	15.338	18.418	23.542	26.296	28.845	32.000
17	6.408	7.564	8.672	10.085	13.531	16.338	19.511	24.769	27.587	30.191	33.409
18	7.015	8.231	9.390	10.865	14.440	17.338	20.601	25.989	28.869	31.526	34.805
19	7.633	8.907	10.117	11.651	15.352	18.338	21.689	27.204	30.144	32.852	36.191
20	8.260	9.591	10.851	12.443	16.266	19.337	22.775	28.412	31.410	34.170	37.566
21	8.897	10.283	11.591	13.240	17.182	20.337	23.858	29.615	32.671	35.479	38.932
22	9.542	10.982	12.338	14.041	18.101	21.337	24.939	30.813	33.924	36.781	40.289
23	10.196	11.689	13.091	14.848	19.021	22.337	26.018	32.007	35.172	38.076	41.638
24	10.856	12.401	13.848	15.659	19.943	23.337	27.096	33.196	36.415	39.364	42.980
25	11.524	13.120	14.611	16.473	20.867	24.337	28.172	34.382	37.652	40.646	44.314
26	12.198	13.844	15.379	17.292	21.792	25.336	29.246	35.563	38.885	41.923	45.642
27	12.879	14.573	16.151	18.114	22.719	26.336	30.319	36.741	40.113	43.195	46.963
28	13.565	15.308	16.928	18.939	23.647	27.336	31.391	37.916	41.337	44.461	48.278
29	14.256	16.047	17.708	19.768	24.577	28.336	32.461	39.087	42.557	45.722	49.588
30	14.953	16.791	18.493	20.599	25.508	29.336	33.530	40.256	43.773	46.979	50.892

t 分布表

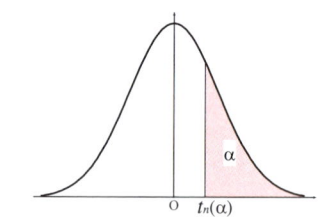

表 7 t 分布の上側 α 点

n \ α	0.25	0.2	0.15	0.1	0.05	0.025	0.01	0.005
1	1.000	1.376	1.963	3.078	6.314	12.706	31.821	63.657
2	0.816	1.061	1.386	1.886	2.920	4.303	6.965	9.925
3	0.765	0.978	1.250	1.638	2.353	3.182	4.541	5.841
4	0.741	0.941	1.190	1.533	2.132	2.776	3.747	4.604
5	0.727	0.920	1.156	1.476	2.015	2.571	3.365	4.032
6	0.718	0.906	1.134	1.440	1.943	2.447	3.143	3.707
7	0.711	0.896	1.119	1.415	1.895	2.365	2.998	3.499
8	0.706	0.889	1.108	1.397	1.860	2.306	2.896	3.355
9	0.703	0.883	1.100	1.383	1.833	2.262	2.821	3.250
10	0.700	0.879	1.093	1.372	1.812	2.228	2.764	3.169
11	0.697	0.876	1.088	1.363	1.796	2.201	2.718	3.106
12	0.695	0.873	1.083	1.356	1.782	2.179	2.681	3.055
13	0.694	0.870	1.079	1.350	1.771	2.160	2.650	3.012
14	0.692	0.868	1.076	1.345	1.761	2.145	2.624	2.977
15	0.691	0.866	1.074	1.341	1.753	2.131	2.602	2.947
16	0.690	0.865	1.071	1.337	1.746	2.120	2.583	2.921
17	0.689	0.863	1.069	1.333	1.740	2.110	2.567	2.898
18	0.688	0.862	1.067	1.330	1.734	2.101	2.552	2.878
19	0.688	0.861	1.066	1.328	1.729	2.093	2.539	2.861
20	0.687	0.860	1.064	1.325	1.725	2.086	2.528	2.845
21	0.686	0.859	1.063	1.323	1.721	2.080	2.518	2.831
22	0.686	0.858	1.061	1.321	1.717	2.074	2.508	2.819
23	0.685	0.858	1.060	1.319	1.714	2.069	2.500	2.807
24	0.685	0.857	1.059	1.318	1.711	2.064	2.492	2.797
25	0.684	0.856	1.058	1.316	1.708	2.060	2.485	2.787
26	0.684	0.856	1.058	1.315	1.706	2.056	2.479	2.779
27	0.684	0.855	1.057	1.314	1.703	2.052	2.473	2.771
28	0.683	0.855	1.056	1.313	1.701	2.048	2.467	2.763
29	0.683	0.854	1.055	1.311	1.699	2.045	2.462	2.756
30	0.683	0.854	1.055	1.310	1.697	2.042	2.457	2.750
40	0.681	0.851	1.050	1.303	1.684	2.021	2.423	2.704
60	0.679	0.848	1.045	1.296	1.671	2.000	2.390	2.660
70	0.678	0.847	1.044	1.294	1.667	1.994	2.381	2.648
80	0.678	0.846	1.043	1.292	1.664	1.990	2.374	2.639
120	0.677	0.845	1.041	1.289	1.658	1.980	2.358	2.617
240	0.676	0.843	1.039	1.285	1.651	1.970	2.342	2.596
∞	0.674	0.842	1.036	1.282	1.645	1.960	2.326	2.576

F 分布表 (5 パーセント点)

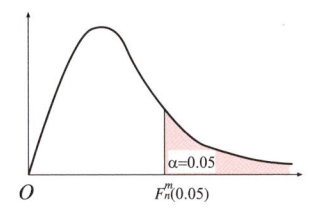

表 8　F 分布の上側 5 パーセント点 (その 1)

n＼m	1	2	3	4	5	6	7	8	9	10
1	161.5	199.5	215.7	224.6	230.2	234.0	236.8	238.9	240.5	241.9
2	18.51	19.00	19.16	19.25	19.3	19.33	19.35	19.37	19.38	19.40
3	10.13	9.55	9.28	9.12	9.01	8.94	8.89	8.85	8.81	8.79
4	7.71	6.94	6.59	6.39	6.26	6.16	6.09	6.04	6.00	5.96
5	6.61	5.79	5.41	5.19	5.05	4.95	4.88	4.82	4.77	4.74
6	5.99	5.14	4.76	4.53	4.39	4.28	4.21	4.15	4.10	4.06
7	5.59	4.74	4.35	4.12	3.97	3.87	3.79	3.73	3.68	3.64
8	5.32	4.46	4.07	3.84	3.69	3.58	3.5	3.44	3.39	3.35
9	5.12	4.26	3.86	3.63	3.48	3.37	3.29	3.23	3.18	3.14
10	4.96	4.10	3.71	3.48	3.33	3.22	3.14	3.07	3.02	2.98
11	4.84	3.98	3.59	3.36	3.20	3.09	3.01	2.95	2.90	2.85
12	4.75	3.89	3.49	3.26	3.11	3.00	2.91	2.85	2.80	2.75
13	4.67	3.81	3.41	3.18	3.03	2.92	2.83	2.77	2.71	2.67
14	4.60	3.74	3.34	3.11	2.96	2.85	2.76	2.70	2.65	2.60
15	4.54	3.68	3.29	3.06	2.90	2.79	2.71	2.64	2.59	2.54
16	4.49	3.63	3.24	3.01	2.85	2.74	2.66	2.59	2.54	2.49
17	4.45	3.59	3.20	2.96	2.81	2.70	2.61	2.55	2.49	2.45
18	4.41	3.55	3.16	2.93	2.77	2.66	2.58	2.51	2.46	2.41
19	4.38	3.52	3.13	2.90	2.74	2.63	2.54	2.48	2.42	2.38
20	4.35	3.49	3.10	2.87	2.71	2.60	2.51	2.45	2.39	2.35
21	4.32	3.47	3.07	2.84	2.68	2.57	2.49	2.42	2.37	2.32
22	4.30	3.44	3.05	2.82	2.66	2.55	2.46	2.40	2.34	2.30
23	4.28	3.42	3.03	2.80	2.64	2.53	2.44	2.37	2.32	2.27
24	4.26	3.40	3.01	2.78	2.62	2.51	2.42	2.36	2.30	2.25
25	4.24	3.39	2.99	2.76	2.60	2.49	2.40	2.34	2.28	2.24
26	4.23	3.37	2.98	2.74	2.59	2.47	2.39	2.32	2.27	2.22
27	4.21	3.35	2.96	2.73	2.57	2.46	2.37	2.31	2.25	2.20
28	4.20	3.34	2.95	2.71	2.56	2.45	2.36	2.29	2.24	2.19
29	4.18	3.33	2.93	2.70	2.55	2.43	2.35	2.28	2.22	2.18
30	4.17	3.32	2.92	2.69	2.53	2.42	2.33	2.27	2.21	2.16
40	4.08	3.23	2.84	2.61	2.45	2.34	2.25	2.18	2.12	2.08
60	4.00	3.15	2.76	2.53	2.37	2.25	2.17	2.10	2.04	1.99
80	3.96	3.11	2.72	2.49	2.33	2.21	2.13	2.06	2.00	1.95
120	3.92	3.07	2.68	2.45	2.29	2.18	2.09	2.02	1.96	1.91
240	3.88	3.03	2.64	2.41	2.25	2.14	2.05	1.98	1.92	1.87
∞	3.84	3.00	2.60	2.37	2.21	2.10	2.01	1.94	1.88	1.83

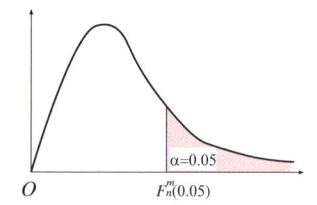

表 9 F 分布の上側 5 パーセント点 (その 2)

n \ m	12	15	20	24	30	40	60	120	∞
1	243.91	245.95	248.01	249.05	250.1	251.14	252.2	253.25	254.31
2	19.41	19.43	19.45	19.45	19.46	19.47	19.48	19.49	19.50
3	8.74	8.70	8.66	8.64	8.62	8.59	8.57	8.55	8.53
4	5.91	5.86	5.80	5.77	5.75	5.72	5.69	5.66	5.63
5	4.68	4.62	4.56	4.53	4.50	4.46	4.43	4.40	4.36
6	4.00	3.94	3.87	3.84	3.81	3.77	3.74	3.70	3.67
7	3.57	3.51	3.44	3.41	3.38	3.34	3.30	3.27	3.23
8	3.28	3.22	3.15	3.12	3.08	3.04	3.01	2.97	2.93
9	3.07	3.01	2.94	2.90	2.86	2.83	2.79	2.75	2.71
10	2.91	2.85	2.77	2.74	2.70	2.66	2.62	2.58	2.54
11	2.79	2.72	2.65	2.61	2.57	2.53	2.49	2.45	2.40
12	2.69	2.62	2.54	2.51	2.47	2.43	2.38	2.34	2.30
13	2.60	2.53	2.46	2.42	2.38	2.34	2.30	2.25	2.21
14	2.53	2.46	2.39	2.35	2.31	2.27	2.22	2.18	2.13
15	2.48	2.40	2.33	2.29	2.25	2.20	2.16	2.11	2.07
16	2.42	2.35	2.28	2.24	2.19	2.15	2.11	2.06	2.01
17	2.38	2.31	2.23	2.19	2.15	2.10	2.06	2.01	1.96
18	2.34	2.27	2.19	2.15	2.11	2.06	2.02	1.97	1.92
19	2.31	2.23	2.16	2.11	2.07	2.03	1.98	1.93	1.88
20	2.28	2.20	2.12	2.08	2.04	1.99	1.95	1.90	1.84
21	2.25	2.18	2.10	2.05	2.01	1.96	1.92	1.87	1.81
22	2.23	2.15	2.07	2.03	1.98	1.94	1.89	1.84	1.78
23	2.20	2.13	2.05	2.01	1.96	1.91	1.86	1.81	1.76
24	2.18	2.11	2.03	1.98	1.94	1.89	1.84	1.79	1.73
25	2.16	2.09	2.01	1.96	1.92	1.87	1.82	1.77	1.71
26	2.15	2.07	1.99	1.95	1.90	1.85	1.80	1.75	1.69
27	2.13	2.06	1.97	1.93	1.88	1.84	1.79	1.73	1.67
28	2.12	2.04	1.96	1.91	1.87	1.82	1.77	1.71	1.65
29	2.10	2.03	1.94	1.90	1.85	1.81	1.75	1.70	1.64
30	2.09	2.01	1.93	1.89	1.84	1.79	1.74	1.68	1.62
40	2.00	1.92	1.84	1.79	1.74	1.69	1.64	1.58	1.51
60	1.92	1.84	1.75	1.70	1.65	1.59	1.53	1.47	1.39
80	1.88	1.79	1.7	1.65	1.6	1.54	1.48	1.41	1.32
120	1.83	1.75	1.66	1.61	1.55	1.50	1.43	1.35	1.25
240	1.79	1.71	1.61	1.56	1.51	1.44	1.37	1.29	1.17
∞	1.75	1.67	1.57	1.52	1.46	1.39	1.32	1.22	1.00

F 分布表 (1 パーセント点)

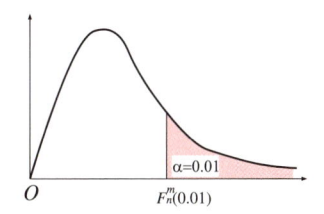

表 10 F 分布の上側 1 パーセント点 (その 1)

n \ m	1	2	3	4	5	6	7	8	9	10
1	4052	5000	5403	5625	5764	5859	5928	5981	6023	6056
2	98.5	99.00	99.17	99.25	99.30	99.33	99.36	99.37	99.39	99.40
3	34.12	30.82	29.46	28.71	28.24	27.91	27.67	27.49	27.35	27.23
4	21.20	18.00	16.69	15.98	15.52	15.21	14.98	14.80	14.66	14.55
5	16.26	13.27	12.06	11.39	10.97	10.67	10.46	10.29	10.16	10.05
6	13.75	10.92	9.78	9.15	8.75	8.47	8.26	8.10	7.98	7.87
7	12.25	9.55	8.45	7.85	7.46	7.19	6.99	6.84	6.72	6.62
8	11.26	8.65	7.59	7.01	6.63	6.37	6.18	6.03	5.91	5.81
9	10.56	8.02	6.99	6.42	6.06	5.80	5.61	5.47	5.35	5.26
10	10.04	7.56	6.55	5.99	5.64	5.39	5.20	5.06	4.94	4.85
11	9.65	7.21	6.22	5.67	5.32	5.07	4.89	4.74	4.63	4.54
12	9.33	6.93	5.95	5.41	5.06	4.82	4.64	4.50	4.39	4.30
13	9.07	6.70	5.74	5.21	4.86	4.62	4.44	4.30	4.19	4.10
14	8.86	6.51	5.56	5.04	4.69	4.46	4.28	4.14	4.03	3.94
15	8.68	6.36	5.42	4.89	4.56	4.32	4.14	4.00	3.89	3.80
16	8.53	6.23	5.29	4.77	4.44	4.20	4.03	3.89	3.78	3.69
17	8.40	6.11	5.18	4.67	4.34	4.10	3.93	3.79	3.68	3.59
18	8.29	6.01	5.09	4.58	4.25	4.01	3.84	3.71	3.60	3.51
19	8.18	5.93	5.01	4.50	4.17	3.94	3.77	3.63	3.52	3.43
20	8.10	5.85	4.94	4.43	4.10	3.87	3.70	3.56	3.46	3.37
21	8.02	5.78	4.87	4.37	4.04	3.81	3.64	3.51	3.40	3.31
22	7.95	5.72	4.82	4.31	3.99	3.76	3.59	3.45	3.35	3.26
23	7.88	5.66	4.76	4.26	3.94	3.71	3.54	3.41	3.30	3.21
24	7.82	5.61	4.72	4.22	3.90	3.67	3.50	3.36	3.26	3.17
25	7.77	5.57	4.68	4.18	3.85	3.63	3.46	3.32	3.22	3.13
26	7.72	5.53	4.64	4.14	3.82	3.59	3.42	3.29	3.18	3.09
27	7.68	5.49	4.60	4.11	3.78	3.56	3.39	3.26	3.15	3.06
28	7.64	5.45	4.57	4.07	3.75	3.53	3.36	3.23	3.12	3.03
29	7.60	5.42	4.54	4.04	3.73	3.50	3.33	3.20	3.09	3.00
30	7.56	5.39	4.51	4.02	3.70	3.47	3.30	3.17	3.07	2.98
40	7.31	5.18	4.31	3.83	3.51	3.29	3.12	2.99	2.89	2.80
60	7.08	4.98	4.13	3.65	3.34	3.12	2.95	2.82	2.72	2.63
80	6.96	4.88	4.04	3.56	3.26	3.04	2.87	2.74	2.64	2.55
120	6.85	4.79	3.95	3.48	3.17	2.96	2.79	2.66	2.56	2.47
240	6.74	4.69	3.86	3.40	3.09	2.88	2.71	2.59	2.48	2.40
∞	6.63	4.61	3.78	3.32	3.02	2.80	2.64	2.51	2.41	2.32

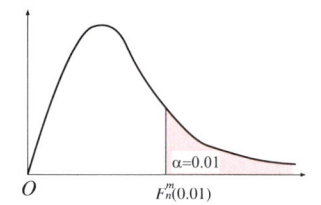

表 11　F 分布の上側 1 パーセント点 (その 2)

n \ m	12	15	20	24	30	40	60	120	∞
1	6106	6157	6209	6235	6261	6287	6313	6339	6366
2	99.42	99.43	99.45	99.46	99.47	99.47	99.48	99.49	99.50
3	27.05	26.87	26.69	26.6	26.5	26.41	26.32	26.22	26.13
4	14.37	14.20	14.02	13.93	13.84	13.75	13.65	13.56	13.46
5	9.89	9.72	9.55	9.47	9.38	9.29	9.20	9.11	9.02
6	7.72	7.56	7.40	7.31	7.23	7.14	7.06	6.97	6.88
7	6.47	6.31	6.16	6.07	5.99	5.91	5.82	5.74	5.65
8	5.67	5.52	5.36	5.28	5.2	5.12	5.03	4.95	4.86
9	5.11	4.96	4.81	4.73	4.65	4.57	4.48	4.40	4.31
10	4.71	4.56	4.41	4.33	4.25	4.17	4.08	4.00	3.91
11	4.40	4.25	4.10	4.02	3.94	3.86	3.78	3.69	3.60
12	4.16	4.01	3.86	3.78	3.70	3.62	3.54	3.45	3.36
13	3.96	3.82	3.66	3.59	3.51	3.43	3.34	3.25	3.17
14	3.80	3.66	3.51	3.43	3.35	3.27	3.18	3.09	3.00
15	3.67	3.52	3.37	3.29	3.21	3.13	3.05	2.96	2.87
16	3.55	3.41	3.26	3.18	3.10	3.02	2.93	2.84	2.75
17	3.46	3.31	3.16	3.08	3.00	2.92	2.83	2.75	2.65
18	3.37	3.23	3.08	3.00	2.92	2.84	2.75	2.66	2.57
19	3.30	3.15	3.00	2.92	2.84	2.76	2.67	2.58	2.49
20	3.23	3.09	2.94	2.86	2.78	2.69	2.61	2.52	2.42
21	3.17	3.03	2.88	2.80	2.72	2.64	2.55	2.46	2.36
22	3.12	2.98	2.83	2.75	2.67	2.58	2.50	2.40	2.31
23	3.07	2.93	2.78	2.70	2.62	2.54	2.45	2.35	2.26
24	3.03	2.89	2.74	2.66	2.58	2.49	2.40	2.31	2.21
25	2.99	2.85	2.70	2.62	2.54	2.45	2.36	2.27	2.17
26	2.96	2.81	2.66	2.58	2.50	2.42	2.33	2.23	2.13
27	2.93	2.78	2.63	2.55	2.47	2.38	2.29	2.20	2.10
28	2.90	2.75	2.60	2.52	2.44	2.35	2.26	2.17	2.06
29	2.87	2.73	2.57	2.49	2.41	2.33	2.23	2.14	2.03
30	2.84	2.70	2.55	2.47	2.39	2.30	2.21	2.11	2.01
40	2.66	2.52	2.37	2.29	2.20	2.11	2.02	1.92	1.80
60	2.50	2.35	2.20	2.12	2.03	1.94	1.84	1.73	1.60
80	2.42	2.27	2.12	2.03	1.94	1.85	1.75	1.63	1.49
120	2.34	2.19	2.03	1.95	1.86	1.76	1.66	1.53	1.38
240	2.26	2.11	1.96	1.87	1.78	1.68	1.57	1.43	1.25
∞	2.18	2.04	1.88	1.79	1.70	1.59	1.47	1.32	1.00

F 分布表 (2.5 パーセント点)

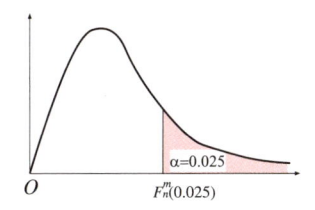

表 12 F 分布の上側 2.5 パーセント点 (その 1)

n \ m	1	2	3	4	5	6	7	8	9	10
1	647.8	799.5	864.2	899.6	921.9	937.1	948.2	956.7	963.3	968.6
2	38.51	39.00	39.17	39.25	39.30	39.33	39.36	39.37	39.39	39.40
3	17.44	16.04	15.44	15.10	14.88	14.73	14.62	14.54	14.47	14.42
4	12.22	10.65	9.98	9.60	9.36	9.20	9.07	8.98	8.90	8.84
5	10.01	8.43	7.76	7.39	7.15	6.98	6.85	6.76	6.68	6.62
6	8.81	7.26	6.60	6.23	5.99	5.82	5.70	5.60	5.52	5.46
7	8.07	6.54	5.89	5.52	5.29	5.12	4.99	4.90	4.82	4.76
8	7.57	6.06	5.42	5.05	4.82	4.65	4.53	4.43	4.36	4.30
9	7.21	5.71	5.08	4.72	4.48	4.32	4.20	4.10	4.03	3.96
10	6.94	5.46	4.83	4.47	4.24	4.07	3.95	3.85	3.78	3.72
11	6.72	5.26	4.63	4.28	4.04	3.88	3.76	3.66	3.59	3.53
12	6.55	5.10	4.47	4.12	3.89	3.73	3.61	3.51	3.44	3.37
13	6.41	4.97	4.35	4.00	3.77	3.60	3.48	3.39	3.31	3.25
14	6.30	4.86	4.24	3.89	3.66	3.50	3.38	3.29	3.21	3.15
15	6.20	4.77	4.15	3.80	3.58	3.41	3.29	3.20	3.12	3.06
16	6.12	4.69	4.08	3.73	3.50	3.34	3.22	3.12	3.05	2.99
17	6.04	4.62	4.01	3.66	3.44	3.28	3.16	3.06	2.98	2.92
18	5.98	4.56	3.95	3.61	3.38	3.22	3.10	3.01	2.93	2.87
19	5.92	4.51	3.90	3.56	3.33	3.17	3.05	2.96	2.88	2.82
20	5.87	4.46	3.86	3.51	3.29	3.13	3.01	2.91	2.84	2.77
21	5.83	4.42	3.82	3.48	3.25	3.09	2.97	2.87	2.80	2.73
22	5.79	4.38	3.78	3.44	3.22	3.05	2.93	2.84	2.76	2.70
23	5.75	4.35	3.75	3.41	3.18	3.02	2.90	2.81	2.73	2.67
24	5.72	4.32	3.72	3.38	3.15	2.99	2.87	2.78	2.70	2.64
25	5.69	4.29	3.69	3.35	3.13	2.97	2.85	2.75	2.68	2.61
26	5.66	4.27	3.67	3.33	3.10	2.94	2.82	2.73	2.65	2.59
27	5.63	4.24	3.65	3.31	3.08	2.92	2.80	2.71	2.63	2.57
28	5.61	4.22	3.63	3.29	3.06	2.90	2.78	2.69	2.61	2.55
29	5.59	4.20	3.61	3.27	3.04	2.88	2.76	2.67	2.59	2.53
30	5.57	4.18	3.59	3.25	3.03	2.87	2.75	2.65	2.57	2.51
40	5.42	4.05	3.46	3.13	2.90	2.74	2.62	2.53	2.45	2.39
60	5.29	3.93	3.34	3.01	2.79	2.63	2.51	2.41	2.33	2.27
80	5.22	3.86	3.28	2.95	2.73	2.57	2.45	2.35	2.28	2.21
120	5.15	3.80	3.23	2.89	2.67	2.52	2.39	2.30	2.22	2.16
240	5.09	3.75	3.17	2.84	2.62	2.46	2.34	2.25	2.17	2.10
∞	5.02	3.69	3.12	2.79	2.57	2.41	2.29	2.19	2.11	2.05

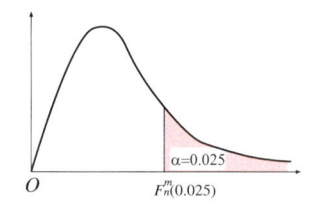

表 13 F 分布の上側 2.5 パーセント点 (その 2)

n \ m	12	15	20	24	30	40	60	120	∞
1	976.7	984.9	993.1	997.3	1001.4	1005.6	1009.8	1014.0	1018.3
2	39.41	39.43	39.45	39.46	39.46	39.47	39.48	39.49	39.50
3	14.34	14.25	14.17	14.12	14.08	14.04	13.99	13.95	13.90
4	8.75	8.66	8.56	8.51	8.46	8.41	8.36	8.31	8.26
5	6.52	6.43	6.33	6.28	6.23	6.18	6.12	6.07	6.02
6	5.37	5.27	5.17	5.12	5.07	5.01	4.96	4.90	4.85
7	4.67	4.57	4.47	4.41	4.36	4.31	4.25	4.20	4.14
8	4.20	4.10	4.00	3.95	3.89	3.84	3.78	3.73	3.67
9	3.87	3.77	3.67	3.61	3.56	3.51	3.45	3.39	3.33
10	3.62	3.52	3.42	3.37	3.31	3.26	3.20	3.14	3.08
11	3.43	3.33	3.23	3.17	3.12	3.06	3.00	2.94	2.88
12	3.28	3.18	3.07	3.02	2.96	2.91	2.85	2.79	2.72
13	3.15	3.05	2.95	2.89	2.84	2.78	2.72	2.66	2.60
14	3.05	2.95	2.84	2.79	2.73	2.67	2.61	2.55	2.49
15	2.96	2.86	2.76	2.70	2.64	2.59	2.52	2.46	2.40
16	2.89	2.79	2.68	2.63	2.57	2.51	2.45	2.38	2.32
17	2.82	2.72	2.62	2.56	2.50	2.44	2.38	2.32	2.25
18	2.77	2.67	2.56	2.50	2.44	2.38	2.32	2.26	2.19
19	2.72	2.62	2.51	2.45	2.39	2.33	2.27	2.20	2.13
20	2.68	2.57	2.46	2.41	2.35	2.29	2.22	2.16	2.09
21	2.64	2.53	2.42	2.37	2.31	2.25	2.18	2.11	2.04
22	2.60	2.50	2.39	2.33	2.27	2.21	2.14	2.08	2.00
23	2.57	2.47	2.36	2.30	2.24	2.18	2.11	2.04	1.97
24	2.54	2.44	2.33	2.27	2.21	2.15	2.08	2.01	1.94
25	2.51	2.41	2.30	2.24	2.18	2.12	2.05	1.98	1.91
26	2.49	2.39	2.28	2.22	2.16	2.09	2.03	1.95	1.88
27	2.47	2.36	2.25	2.19	2.13	2.07	2.00	1.93	1.85
28	2.45	2.34	2.23	2.17	2.11	2.05	1.98	1.91	1.83
29	2.43	2.32	2.21	2.15	2.09	2.03	1.96	1.89	1.81
30	2.41	2.31	2.20	2.14	2.07	2.01	1.94	1.87	1.79
40	2.29	2.18	2.07	2.01	1.94	1.88	1.80	1.72	1.64
60	2.17	2.06	1.94	1.88	1.82	1.74	1.67	1.58	1.48
80	2.11	2.00	1.88	1.82	1.75	1.68	1.60	1.51	1.40
120	2.05	1.94	1.82	1.76	1.69	1.61	1.53	1.43	1.31
240	2.00	1.89	1.77	1.70	1.63	1.55	1.46	1.35	1.21
∞	1.94	1.83	1.71	1.64	1.57	1.48	1.39	1.27	1.00

付録：演習問題の解答

第1章の解答

演習問題 1.1
最大値 5, 最小値 −5, レンジ 10

演習問題 1.2
(ア)6〜7 (イ)7〜8 (ウ)9〜11 (エ)10〜12 (オ)11〜13

演習問題 1.3

成績	度数	累積度数	相対度数	累積相対度数
秀	6	6	0.076	0.076
優	11	17	0.139	0.215
良	14	31	0.177	0.392
可	15	46	0.190	0.582
不可	33	79	0.418	1.000

演習問題 1.4
省略.

演習問題 1.5

階級	階級値	度数	累積度数	相対度数	累積相対度数
28〜40	34	2	2	0.056	0.056
40〜52	46	2	4	0.056	0.111
52〜64	58	4	8	0.111	0.222
64〜76	70	8	16	0.222	0.444
76〜88	82	13	29	0.361	0.806
88〜100	94	7	36	0.194	1.000

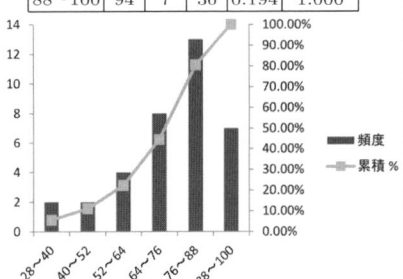

演習問題 1.6
43.3(歳)

演習問題 1.7
66

演習問題 1.8
$\bar{z} = \frac{1}{m+n}\sum_{k=1}^{m+n} z_k = \frac{1}{m+n}\left(\sum_{i=1}^{m} x_i + \sum_{j=1}^{n} y_j\right)$ を $\bar{x}$, $\bar{y}$ で表せばよい.

演習問題 1.9
(1) 5 (2) 3.5 (3) 1.75

演習問題 1.10
1 と 5

演習問題 1.11
例えば，ヒストグラムの左右対称性が分かる，ヒストグラムの山頂の位置が分かる，など.

演習問題 1.12
3

演習問題 1.13
1.6

演習問題 1.14
$\sigma^2 = 14.8$, $\sigma \approx 3.85$

演習問題 1.15
$\sigma^2 \approx 100.96$, $\sigma \approx 10.05$

演習問題 1.16
飼育員は 0.153, 象は 0.095. 飼育員の方がバラツキが大きい.

演習問題 1.17
省略.

演習問題 1.18
$\sigma_z^2 = \frac{1}{m+n}\sum_{i=1}^{m+n}(z_i - \bar{z})^2 = \frac{1}{m+n}\left\{\sum_{i=1}^{m}(x_i - \bar{z})^2 + \sum_{i=1}^{n}(y_i - \bar{z})^2\right\}$, $\sigma_x^2 = \frac{1}{m}\sum_{i=1}^{m}(x_i - \bar{x})^2$, $\sigma_y^2 = \frac{1}{n}\sum_{i=1}^{n}(y_i - \bar{y})^2$ より $\sum_{i=1}^{m}(x_i - \bar{z})^2 = \sum_{i=1}^{m}\{(x_i - \bar{x}) + (\bar{x} - \bar{z})\}^2 = m\sigma_x^2 + m(\bar{x} - \bar{z})^2$, $\sum_{i=1}^{n}(y_i - \bar{z})^2 = n\sigma_y^2 + n(\bar{y} - \bar{z})^2$ を導き，演習問題 1.8 の結果を使って，$(\bar{x} - \bar{z})^2$ と $(\bar{x} - \bar{z})^2$ を $\bar{x}$ と $\bar{y}$ で表す.

演習問題 1.19
$\sum_{i=1}^{n} f_i = N$, $\frac{1}{N}\sum_{i=1}^{n} x_i f_i = \bar{x}$ を使って, $\sigma^2(a) = \frac{1}{N}\sum_{i=1}^{n}(x_i - a)^2 f_i = \frac{1}{N}\sum_{i=1}^{n}\{(x_i - \bar{x}) + (\bar{x} - a)\}^2 f_i$ を計算すればよい.

演習問題 1.20
0.775525

演習問題 1.21 y の x への回帰直線は $y \approx 0.7443x + 13.61952$, x の y への回帰直線は $y \approx 1.237x - 22.678$.

第2章の解答

演習問題 2.1
$\frac{1}{2}$

演習問題 2.2
表を 1, 裏を 0 として表すと, $\Omega = \{(1,1,1,1), (1,1,1,0), (1,1,0,1), (1,0,1,1), (0,1,1,1), (1,1,0,0), (1,0,1,0), (0,1,1,0), (1,0,0,1), (0,1,1,1), (0,0,1,1), (1,0,0,0), (0,1,0,0), (0,0,1,0), (0,0,0,1), (0,0,0,0)\}$.

演習問題 2.3
$\Omega = \{0, 1, 2, \ldots, n\}$

演習問題 2.4
分配法則の前半のみを示す. $x \in A \cup (B \cap C) \iff x \in A$ または $(x \in B$ かつ $x \in C) \iff (x \in A$ または $x \in B)$ かつ $(x \in A$ または $x \in C) \iff x \in A \cup B$ かつ $x \in A \cup C \iff x \in (A \cup B) \cap (A \cup C)$

演習問題 2.5
$A \cap B^c \cap C^c$

演習問題 2.6
$A \cup B = \{1, 2, 3, 5\}$, $A \cap B = \{1, 3\}$, $A^c = \{2, 4, 6\}$, $B^c = \{4, 5, 6\}$, $P(A \cup B) = \frac{2}{3}$, $P(A) + P(B) - P(A \cap B) = \frac{2}{3}$

演習問題 2.7
1 か 0 しか出ない試行を 2 回続けて行なうと, 標本空間は $\Omega = \{(0,0), (0,1), (1,0), (1,1)\}$, $\sigma-$加法族は $\mathscr{A} = \{\emptyset, \{(0,0)\}, \{(0,1)\}, \{(1,0)\}, \{(1,1)\}, \{(0,0),(0,1)\}, \{(0,0),(1,0)\}, \{(0,0),(1,1)\}, \{(0,1),(1,0)\}, \{(0,1),(1,1)\}, \{(1,0),(1,1)\}, \{(0,0),(0,1),(1,0)\}, \{(0,0),(0,1),(1,1)\}, \{(0,0),(1,0),(1,1)\}, \{(0,1),(1,0),(1,1)\}, \{(0,0),(0,1),(1,0),(1,1)\}\}$ $P(A) = \sum_{(\omega_1,\omega_2) \in A} p^{\omega_1}(1-p)^{1-\omega_1} p^{\omega_2}(1-p)^{1-\omega_2}$ ただし, $i = 1, 2$ に対して $\omega_i = 0$ または 1 である. $A = \{(0,1),(1,1)\}$ のときは, $P(A) = p$.

演習問題 2.8
$\mathscr{A}_1$ と $\mathscr{A}_2$ はともに $\sigma-$加法族になる. これらが定義を満たすことを確認すればよい.

演習問題 2.9
ヒントを参照せよ.

演習問題 2.10
$B_1 = A_1$, $A_n \cap A_{n-1}^c = A_n - A_{n-1} = B_n$ $(n = 2, 3, \ldots)$ とおけば, $A = \bigcup_{i=1}^{\infty} B_i$, $A_n = \bigcup_{i=1}^{n} B_i$ となるので, これらと確率の定義 (P3) を使って, $P(A)$ を求める.

演習問題 2.11
$B_n = A_n - A_{n+1}$ $(n = 1, 2, \ldots)$ とおくと, $A_1 = \bigcup_{n=1}^{\infty} B_n \cup A$ となるので, 確率の定義 (P3) より $P(A_1) = P\left(\bigcup_{n=1}^{\infty} B_n \cup A\right) = \sum_{n=1}^{\infty} P(B_n) + P(A)$ となることに注意し, 例 2.4 より $\sum_{n=1}^{\infty} P(B_n) = P(A_1) - \lim_{n \to \infty} P(A_n)$ となることを利用する.

演習問題 2.12
$\Omega = \{0, 1, 2\}$, $P(X = 0) = \frac{1}{4}$, $P(X = 1) = \frac{1}{2}$, $P(X = 2) = \frac{1}{4}$.

演習問題 2.13
$\Omega = \{x \mid -180 \leq x < 180\}$. $P(-20 \leq X < 60) = \frac{80}{360} = \frac{2}{9}$.

演習問題 2.14
男児の数 (もしくは女児の数) は, 確率変数 X となる. このとき, 4 人の子どもはすべて区別が付くので, 番号を 1,2,3,4 と付け, 確率分布表にまとめると次のようになる.

X	0	1	2	3	4	計
P	1/16	4/16	6/16	4/16	1/16	1

演習問題 2.15
$P(a \leq X \leq b) = \int_a^b f(x)dx = 2\int_a^b e^{-2x}dx$ より, $\int_{-\infty}^{\infty} e^{-2x}dx = \frac{1}{2}$ を示せばよい. $P(1 \leq X \leq 5) = e^{-2} - e^{-10}$.

演習問題 2.16
$c > 0$ のとき, $\int_a^b g(y)dy = P(a \leq Y \leq b) = P\left(\frac{a-d}{c} \leq X \leq \frac{b-d}{c}\right)$
$= \int_{\frac{a-d}{c}}^{\frac{b-d}{c}} f(x)dx = \int_a^b \frac{1}{c} f\left(\frac{y-d}{c}\right) dy$. $c > 0$ のときも同様.

演習問題 2.17
確率分布表と分布関数は次の通り.

X	2	3	4	5	6	計
P	1/15	2/15	3/15	4/15	5/15	1
F	1/15	3/15	6/15	10/15	1	

, $F(x) = \begin{cases} 0 & (x < 2) \\ 1/15 & (2 \leq x < 3) \\ 3/15 & (3 \leq x < 4) \\ 6/15 & (4 \leq x < 5) \\ 10/15 & (5 \leq x < 6) \\ 1 & (6 \geq x) \end{cases}$

演習問題 2.18
$c = 200$, 分布関数は $F(x) = \begin{cases} 0 & (x < 10) \\ 1 - \frac{100}{x^2} & (x \geq 10) \end{cases}$, $a = 10\sqrt{2}$

演習問題 2.19
$P(-3 \leq X \leq 0.2) = 0.6$, $P(X = 0) = \frac{1}{2}$, $P(0 < X \leq 0.5) = \frac{1}{4}$, $P(0 \leq X \leq 0.5) = \frac{3}{4}$

演習問題 2.20
定理 2.3 を使って計算すればよい.

演習問題 2.21

$E(X) = \frac{3}{2}, V(X) = \frac{3}{4}$

演習問題 2.22
$E(X) = \infty$

演習問題 2.23
$A = \frac{2}{\pi}, E(X) = \infty$

演習問題 2.24
(1) $E(X) = \frac{1}{2}, V(X) = \frac{1}{20}$
(2) $E(X) = 2, V(X) = \infty$

演習問題 2.25
離散型確率変数の値 $x_1, x_2, \ldots, x_i, \ldots$ に対する確率を $p_1, p_2, \ldots, p_i, \ldots$ とし, $|x_i - \mu| \geq \lambda\sigma$ を満たす番号 i の集合を I_λ とすれば, $\sigma^2 = \sum_i (x_i - \mu)^2 p_i \geq \sum_{i \in I_\lambda} (x_i - \mu)^2 p_i \geq \lambda^2 \sigma^2 \sum_{i \in I_\lambda} p_i$ となることを利用する.

演習問題 2.26
例えば, X が連続型で $c > m$ のときは, $E(|X-c|) = \int_{-\infty}^{m}(c-x)f(x)dx + \int_{m}^{c}(c-x)f(x)dx + \int_{c}^{\infty}(x-c)f(x)dx = \int_{-\infty}^{m}(m-x)f(x)dx + (c-m)\int_{-\infty}^{m}f(x)dx + \int_{m}^{c}(c-x)f(x)dx - \int_{c}^{\infty}(c-x)f(x)dx$. $E(|X-m|) = \int_{-\infty}^{m}(m-x)f(x)dx + \int_{m}^{\infty}(x-m)f(x)dx$ および $\int_{c}^{\infty}(c-x)f(x)dx = \int_{m}^{\infty}(c-x)f(x)dx - \int_{m}^{c}(c-x)f(x)dx$ に注意すれば, $E(|X-c|) = E(|X-m|) + (m-c)P(X > m) + (c-m)P(X \leq m) + 2\int_{m}^{c}(c-x)f(x)dx$ となり, これとメジアンの定義を用いればよい.

第3章の解答

演習問題 3.1
同時確率分布および周辺確率分布は次のようになる.

X\Y	0	1	計
0	5/12	5/12	10/12
1	1/12	1/12	2/12
計	1/2	1/2	1

X	0	1	計
P	5/6	1/6	1

Y	0	1	計
P	1/2	1/2	1

演習問題 3.2
$K = 120$, X と Y の周辺確率密度関数は $f_1(x) = \begin{cases} 20x(1-x)^3 & (0 \leq x \leq 1) \\ 0 & (\text{その他}) \end{cases}$,
$f_2(y) = \begin{cases} 20y(1-y)^3 & (0 \leq y \leq 1) \\ 0 & (\text{その他}) \end{cases}$

演習問題 3.3
(1) $\begin{cases} z = xy \\ w = x \end{cases}$ を考えたとき, $\begin{cases} x = w \\ y = z/w \end{cases}$ となることに注意して, 例 3.3 と同様に示す.

(2) $\begin{cases} z = x/y \\ w = y \end{cases}$ を考えたとき, $\begin{cases} x = zw \\ y = w \end{cases}$ となることに注意して, 例 3.3 と同様に示す.

(3) $\begin{cases} z = x - y \\ w = x \end{cases}$ を考えたとき,

$\begin{cases} x = w \\ y = w - z \end{cases}$ となることに注意して, 例 3.3 と同様に示す.

演習問題 3.4
$\begin{cases} u = x + y \\ v = x - y \end{cases}$ を考えたとき, $\begin{cases} x = \frac{u+v}{2} \\ y = \frac{u-v}{2} \end{cases}$ となることに注意して, (U, V) の同時確率密度関数が $g(u,v) = \frac{u^2 - v^2}{2}$ となることを示すと, $f_1(u) = \int_{-\infty}^{\infty} g(u,v)dv = \begin{cases} \frac{2}{3}u^3 & (0 \leq u \leq 1) \\ -\frac{2}{3}(u^3 - 6u + 4) & (1 \leq u \leq 2) \\ 0 & (\text{その他}) \end{cases}$

演習問題 3.5

Z	0	1	2	3	4	5	計
P	0	9/20	0	2/20	9/20	0	1

演習問題 3.6
独立ではない.

演習問題 3.7
$f_1(x) = \begin{cases} 1 - |x| & (|x| < 1) \\ 0 & (\text{その他}) \end{cases}$, $f_2(y) = \begin{cases} |y| & (|y| < 1) \\ 0 & (\text{その他}) \end{cases}$ より, $f_1(x)f_2(y) = f(x,y)$ が常に成り立つとは限らないので, X と Y は独立ではない.

演習問題 3.8
例 3.3 と独立性の仮定を使って証明する.

演習問題 3.9
独立ではない.

演習問題 3.10
$P(X = 0|Y = 0) = 1$, $P(X = 1|Y = 0) = 0$, $P(X = 2|Y = 0) = 0$, $P(X = 0|Y = 1) = \frac{1}{2}$, $P(X = 1|Y = 1) = \frac{1}{2}$, $P(X = 2|Y = 1) = 0$, $P(X = 0|Y = 2) = \frac{2}{3}$, $P(X = 1|Y = 2) = 0$, $P(X = 2|Y = 2) = \frac{1}{3}$

演習問題 3.11
$f(y|x) = \begin{cases} 3e^{-3y} & (y \geq 0) \\ 0 & (y < 0) \end{cases}$, $f(x|y) =$

$$\begin{cases} 2e^{-2x} & (x \geq 0) \\ 0 & (x < 0) \end{cases}$$

演習問題 3.12

$$f(y|x) = \begin{cases} e^{-(y-x)} & (0 < x < y \text{ のとき}) \\ 0 & (それ以外) \end{cases},$$

$$f(x|y) = \begin{cases} \frac{1}{y} & (0 < x < y \text{ のとき}) \\ 0 & (それ以外) \end{cases}$$

演習問題 3.13

(1) $196/1195 \approx 0.164$
(2) $141929/143000 \approx 0.993$

演習問題 3.14

(1) 離散型の場合, X と Y は独立であることより, $p_{ij} = p_{i\bullet} p_{\bullet j}$ となることに注意して, $E(g(X)h(Y)) = \sum_i \sum_j g(x_i)h(y_j)p_{ij}$ を計算すればよい. (2) 分散公式と (1) の結果を用いて $V(XY) = E(X^2)E(Y^2) - E(X)^2 E(Y)^2$ を計算すればよい.

演習問題 3.15

$E(X) = 0$, $E(Y) = 0$, $E(XY) = 0$ より $\mathrm{Cov}(X,Y) = 0$

演習問題 3.16

$E(X) = \frac{4}{5}$, $E(X^2) = \frac{2}{3}$, $E(Y) = \frac{8}{15}$, $E(Y^2) = \frac{1}{3}$, $E(XY) = \frac{4}{9}$, $\mathrm{Cov}(X,Y) = \frac{4}{225}$, $V(X) = \frac{2}{75}$, $V(Y) = \frac{11}{225}$, $\rho(X,Y) = \frac{2\sqrt{66}}{33} \approx 0.492$

演習問題 3.17

(1) 任意の $t \in \mathbb{R}$ に対して $(X - tY)^2 \geq 0$ なので, $E\left((X - tY)^2\right) \geq 0$ となることと t の 2 次方程式の判別式を利用する.
(2) $\mathrm{Cov}(X,Y)^2 = E\left((X - E(X))(Y - E(Y))\right)^2$ および (1) を利用する.
(3) (2) を利用する.

演習問題 3.18

ヒントに従って計算すればよい.

演習問題 3.19

X_1, X_2, X_3 が独立であることに注意して, 定理 3.5 および定理 2.4 を利用する.

演習問題 3.20

演習問題 3.18 の結果を適用する.

演習問題 3.21

i 回目の試行で表が出れば 1, そうでなければ 0 の値をとる確率変数を X_i とすれば, $E(X_i) = \frac{1}{2}$ であることに注意して, 大数の法則を利用する.

第 4 章の解答

演習問題 4.1 364(通り)

演習問題 4.2

(1) $\binom{k}{r} + \binom{k}{r-1} = \frac{k(k-1)(k-2)\cdots(k-r+1)}{r!} + \frac{k(k-1)(k-2)\cdots(k-r+2)}{(r-1)!}$ を具体的に計算すればよい.
(2) 数学的帰納法と (1) の結果を用いればよい.

演習問題 4.3

(1) $Bin(100, 0.01)$ (2) $\frac{175}{256} \approx 0.6836$

演習問題 4.4

$E(X) = 20$, $V(X) = \frac{50}{3}$

演習問題 4.5

60.4 以上

演習問題 4.6

(1) $\Phi(3) = 0.9987$
(2) $\Phi(-3) = 0.0013$
(3) $z(0.01) \approx 2.327$ (4) $z_0 \approx -z(0.01) = -2.327$

演習問題 4.7

(1) 0.0062 (2) 0.8764

演習問題 4.8

(4.15) において $\rho = 0$ とおいて計算し, $f(x,y) = f_1(x)f_2(y)$ を示せばよい.

演習問題 4.9

$f_1(y_1)$ については, $f_1(y_1) = \int_{-\infty}^{\infty} \frac{1}{2\pi\sigma_1\sigma_2\sqrt{1-\rho^2}} \exp\left[-\frac{1}{2(1-\rho^2)}\left\{\left(\frac{y_1-\mu_1}{\sigma_1}\right)^2 - 2\rho\left(\frac{y_1-\mu_1}{\sigma_1}\right)\left(\frac{y_2-\mu_2}{\sigma_2}\right) + \left(\frac{y_2-\mu_2}{\sigma_2}\right)^2\right\}\right] dy_2$

を具体的に計算すればよい. $f_2(y_2)$ についても同様.

第 5 章の解答

演習問題 5.1

(5.5) を微分して, $t = 0$ とすればよい.

演習問題 5.2

$M_X(t) = \frac{pe^t}{1 - e^t(1-p)}$, $E(X) = \frac{1}{p}$, $V(X) = \frac{1-p}{p^2}$

演習問題 5.3

$M_x(t) = e^{\lambda(e^t - 1)}$, $E(X) = \lambda$, $V(X) = \lambda$

演習問題 5.4

例 5.1 と定理 5.2 より, Y は二項分布 $Bin(mn, p)$ に従う.

演習問題 5.5

(1) 0.147 (2) 3.33 回

演習問題 5.6

めったに起こらない現象を調べればよい.

演習問題 5.7

(1) $e^{-1.6} \approx 0.2019$ (2) 0.9212

第6章の解答

演習問題 5.8
演習問題 5.3, 定理 5.3, 定理 5.2 を使えばよい.

第6章の解答

演習問題 6.1
$X_1, X_2, \ldots, X_n$ を成功の確率が p のベルヌーイ試行としたとき, $X = \sum_{i=1}^n X_i$ が $Bin(n,p)$ に従い, 定理 4.1 の証明より $E(X_i) = p$, $V(X_i) = p(1-p)$ となることに注意して, 中心極限定理 (定理 6.4) と定理 4.4 を適用すればよい.

演習問題 6.2
スターリングの公式 (6.5) より, $\Gamma(s+\alpha) \approx \left(\frac{s+\alpha-1}{e}\right)^{s+\alpha-1}\sqrt{2\pi(s+\alpha-1)}$, $s^\alpha \Gamma(s) \approx s^\alpha \left(\frac{s-1}{e}\right)^{s-1}\sqrt{2\pi(s-1)}$ が成り立つこととヒントを利用すればよい.

演習問題 6.3
定理 6.5 を適用すればよい.

演習問題 6.4
$\chi_7^2(0.01) = 18.475$, $\chi_8^2(0.1) = 13.362$, $\chi_{10}^2(0.1) = 15.987$, $\chi_{12}^2(0.05) = 21.026$

演習問題 6.5
(6.9), 定理 5.3, 定理 5.2 を使えばよい.

演習問題 6.6
(6.9) と定理 5.1 を使えばよい.

演習問題 6.7
$Z_i = (X_i - \mu)/\sigma$ としたとき Z_i^2 は自由度 1 の χ^2 分布に従うことと χ^2 分布の再生性 (演習問題 6.5) を使えばよい.

演習問題 6.8
$t_8(0.05) = 1.860$, $t_{11}(0.1) = 1.363$, $t_{15}(0.01) = 2.602$

演習問題 6.9
$E(T) = \int_{-\infty}^{\infty} xf(x)dx = 0$, $E(T^2) = \int_{-\infty}^{\infty} x^2 f(x)dx = \frac{2}{\sqrt{n}B\left(\frac{n}{2},\frac{1}{2}\right)} \cdot \frac{\sqrt{n^3}}{2} B\left(\frac{n}{2}-1, \frac{3}{2}\right)$ および演習問題 6.3 より, $V(T) = E(T^2) = \frac{n}{n-2}$. なお, $\int_{-\infty}^{\infty} x^2 f(x)dx$ の計算をする際には, $y = (1+x^2/n)^{-1}$ として置換積分する.

演習問題 6.10
$F_{30}^{40}(0.05) = 1.79$, $F_{40}^{30}(0.05) = 1.74$, $F_{30}^{120}(0.95) = \frac{1}{F_{120}^{30}(0.05)} = \frac{1}{1.55} \approx 0.645$

演習問題 6.11
$y = (1+mx/n)^{-1}$ として置換積分すれば, $E(F) = \int_{-\infty}^{\infty} xf(x)dx = \frac{1}{B\left(\frac{m}{2},\frac{n}{2}\right)}$
$\int_0^\infty \left(\frac{m}{n}\right)^{\frac{m}{2}} x^{\frac{m}{2}} (1 + \frac{m}{n}x)^{-\frac{m+n}{2}} dx = \frac{n}{n-2}$,

$E(F^2) = \int_{-\infty}^{\infty} x^2 f(x)dx = \frac{1}{B\left(\frac{m}{2},\frac{n}{2}\right)}$
$\int_0^\infty \left(\frac{m}{n}\right)^{\frac{m}{2}} x^{\frac{m}{2}+1} \left(1+\frac{m}{n}x\right)^{-\frac{m+n}{2}} dx = \frac{n^2(m+2)}{m(n-2)(n-4)}$ を得るので, $V(F) = E(F^2) - (E(F))^2 = \frac{2n^2(m+n-2)}{m(n-2)^2(n-4)}$

演習問題 6.12
(1) 例 6.6 において $\sigma_1 = \sigma_2 = \sigma$ とすればよい.

(2) χ^2 分布の再生性より $\frac{U^2(m+n-2)}{\sigma^2}$ が χ_{m+n-2}^2 に従うことと, 正規分布の再生性より $\frac{\bar{X}-\bar{Y}}{\sqrt{\sigma^2/m + \sigma^2/n}}$ が $N(0,1)$ に従うことを利用する.

第7章の解答

演習問題 7.1
定理 7.1 より, 標本平均と不偏分散を求めればよい. 標本平均値は $\bar{x} = 64.1$, 不偏分散値 $u^2 = \frac{3936.9}{9} \approx 437.43$

演習問題 7.2
(1) $E(V^2) = \sigma^2$ より V^2 は σ^2 の不偏推定量. 定理 7.1(2) の証明で $V^2 \xrightarrow{P} \sigma^2$ を示しているので V^2 は σ^2 の一致推定量.

(2) 定理 7.1(2) の証明で $S^2 \xrightarrow{P} \sigma^2$ を示しているので S^2 は σ^2 の一致推定量. 定理 6.2 より $E(S^2) \neq \sigma^2$ なので S^2 は σ^2 の不偏推定量ではない.

演習問題 7.3
(1) $\hat{\theta}$ が μ の不偏推定量ならば $E(\hat{\theta}) = \mu$ が任意の μ に対して成り立つことを利用する.

(2) $V(\hat{\theta}) = \sigma^2 \sum_{i=1}^n c_i^2$ であり, (1) より $\sum_{i=1}^n c_i^2 = \sum_{i=1}^n \left(c_i - \frac{1}{n}\right)^2 + \frac{1}{n}$ となることを利用する.

演習問題 7.4
(1) 定理 6.2 と (7.1) を利用する.

(2) 定理 6.7, 演習問題 6.6, (1) の結果を使って $V(c_1 U_1^2 + c_2 U_2^2) \frac{2\sigma^4(m+n-2)}{(m-1)(n-1)}$ $\left(c_1^2 - 2\frac{m-1}{m+n-2}c_1 + \frac{m-1}{m+n-2}\right)$ が $c_1 = \frac{m-1}{m+n-2}$ のとき $V(c_1 U_1^2 + c_2 U_2^2)$ は最小になることを利用すれば, 有効推定量 $\hat{\theta} = \frac{m-1}{m+n-2}U_1^2 + \frac{n-1}{m+n-2}U_2^2$ を得る.

演習問題 7.5
まず, $\int_{-\infty}^{\infty} \cdots \int_{-\infty}^{\infty} f(\boldsymbol{x};\theta)d\boldsymbol{x} = 1$ で, $T(\boldsymbol{X})$ は $g(\theta)$ の不偏推定量なので, $E_\theta(T(\boldsymbol{X})) = g(\theta)$ より $\int_{-\infty}^{\infty} \cdots \int_{-\infty}^{\infty} T(\boldsymbol{x})f(\boldsymbol{x};\theta)d\boldsymbol{x} = g(\theta)$ となることに注意する. 次に,

$E_\theta \left(\frac{\partial}{\partial \theta} \log f(\boldsymbol{X}; \theta) \right) = 0$ および
$E_\theta \left(T(\boldsymbol{X}) \frac{\partial}{\partial \theta} \log f(\boldsymbol{X}; \theta) \right) = \frac{\partial}{\partial \theta} g(\theta)$
を示す．そして，これらと例 3.10 より
$\mathrm{Cov}_\theta \left(T(\boldsymbol{X}), \frac{\partial}{\partial \theta} \log f(\boldsymbol{X}; \theta) \right) = \frac{\partial}{\partial \theta} g(\theta)$
を示し，演習問題 3.17 より $\left(\frac{\partial}{\partial \theta} g(\theta) \right)^2 \leq V_\theta (T(\boldsymbol{X})) V_\theta \left(\frac{\partial}{\partial \theta} \log f(\boldsymbol{X}; \theta) \right)$ となることに注意し，$V_\theta \left(\frac{\partial}{\partial \theta} \log f(\boldsymbol{X}; \theta) \right) = I_n(\theta)$ を示す．

演習問題 7.6
例 2.15 を利用する．$\hat{\lambda} = \frac{1}{\bar{X}}$．

演習問題 7.7
演習問題 7.6 と例 2.15 より，モーメント法による平均値の推定値は $\hat{\mu} = \bar{X} = 1776.4$．

演習問題 7.8
尤度方程式が $\frac{d}{d\lambda} \log L(\lambda) = n\left(\frac{1}{\lambda} - \bar{x}\right) = 0$ となることを利用して $\bar{x} = 1766.4$ を得る．

演習問題 7.9
(1) 尤度方程式 $\frac{dL}{dp}(p) = \frac{n\bar{x}}{p(1-p)} - \frac{n^2}{1-p} = 0$ より最尤推定量は $\hat{p} = \frac{\bar{X}}{n}$．

(2) 尤度方程式 $\frac{dL}{d\lambda}(\lambda) = -n + \frac{n}{\lambda}\bar{x} = 0$ より最尤推定量は $\hat{\lambda} = \bar{X}$．

演習問題 7.10
(1) 定義に基づいて計算すればよい．分散については $E(X^2) = \frac{1}{3}(b^2 + ab + a^2)$，$V(X) = E(X^2) - (E(X))^2$ を利用する．

(2) (1) より $\mu = \frac{1}{2}(a+b)$，$\sigma^2 = \frac{1}{12}(a-b)^2$ であることを使って $b = \mu + \sqrt{3}\sigma$，$a = \mu - \sqrt{3}\sigma$ を導き，(7.8) を利用する．

(3) 尤度関数は $L(a, b) = \frac{1}{(b-a)^n}$ であり，x_i の最大値と最小値をそれぞれ $x_{\max}, x_{\min}$ として a を固定すると，b が $x_{\max} \leq b$ の範囲を動くとき $L(a, b)$ が $b = x_{\max}$ で最大となるので，b の最尤推定値は $x_{\max}$ である．a についても同様に考える．

演習問題 7.11
(1) 定理 7.2 より，信頼区間の幅は $2z\left(\frac{\alpha}{2}\right) \frac{\sigma}{\sqrt{n}}$ となることを利用する．

(2) (1) の結果を使う．n として 25 以上の数を選べばよい．

演習問題 7.12
95% の場合，信頼区間は $[53.248, 57.952]$，平均点の誤差を 1 点以内にするには，演習問題 7.11(1) に基づいて計算すると，554 枚以上抽出すればよいことがわかる．99% の場合，信頼区間は $= [52.51, 58.69]$．平均点の誤差を 1 点以内にするには 955 枚以上抽出すればよい．

演習問題 7.13
信頼区間 $[103.32, 116.68]$

演習問題 7.14
$[13.711, 14.489]$

演習問題 7.15
演習問題 6.5 より $\frac{1}{\sigma^2} \sum_{i=1}^n (X_i - \mu)^2$ は自由度 n の χ^2 分布に従うことを利用する．

演習問題 7.16
$[156.552, 727.411]$

演習問題 7.17
(1) $[0.0212, 0.0563]$
(2) 2470 人，16577 人

演習問題 7.18
(1) まず，部分積分を繰り返し適用すると，
$I = \int_0^p t^{k-1}(1-t)^{n-k} dt = \frac{1}{k} p^k (1-p)^{n-k} + \frac{n-k}{k(k+1)} p^{k+1} (1-p)^{n-k-1} + \cdots + \frac{(n-k)(n-k-1)\cdots 1}{k(k+1)\cdots n} p^n$ を得る．次に $t = \frac{m_2}{m_1 x + m_2}$ として置換積分すれば，
$I = m_1^{\frac{m_1}{2}} m_2^{\frac{m_2}{2}} \int_{c_2}^\infty \frac{x^{\frac{m_1}{2}-1}}{(m_1 x + m_2)^{\frac{m_1+m_2}{2}}} dx$
を得て，これらを利用すると $\frac{n!}{(n-k)!(k-1)!}$
$\left\{ \frac{1}{k} p^k (1-p)^{n-k} + \frac{n-k}{k(k+1)} p^{k+1} (1-p)^{n-k-1} + \cdots + \frac{(n-k)(n-k-1)\cdots 1}{k(k+1)\cdots n} p^n \right\}$
$= \frac{\Gamma\left(\frac{m_1+m_2}{2}\right)}{\Gamma\left(\frac{m_1}{2}\right)\Gamma\left(\frac{m_2}{2}\right)} m_1^{\frac{m_1}{2}} m_2^{\frac{m_2}{2}}$
$\int_{c_2}^\infty \frac{x^{\frac{m_1}{2}-1}}{(m_1 x + m_2)^{\frac{m_1+m_2}{2}}} dx$ を得るので，
$\int_{c_2}^\infty f_{m_1,m_2}(x) dx = \sum_{j=k}^n \binom{n}{j} p^j (1-p)^{n-j}$ となるが，これは X を $Bin(n, p)$ に従う確率変数とするとき，$P(X \geq k) = P(F \geq c_2)$ となることを意味する．そして，$P(X \leq k) = 1 - P(X \geq k+1)$ に注意して，$k \to k+1$ とすれば．$m_1 = 2(n-k)$．$m_2 = 2(k+1)$，$c_2 = \frac{m_2(1-p)}{m_1 p}$ に対して $P(X \leq k) = 1 - P(X \geq k+1) = P\left(\frac{1}{F} \geq \frac{1}{c_2}\right)$ が成り立つ．最後に，$\frac{1}{F}$ は $F(m_2, m_1)$ に従い，$m_1 = n_2, m_2 = n_1$ となることに注意すれば，$\sum_{j=0}^k \binom{n}{j} p^j (1-p)^{n-j} = \int_{c_1}^\infty f_{n_1, n_2}(x) dx$ を得る．

(2) ヒントおよび $P(X \geq k) = \sum_{j=k}^n \binom{n}{j} p^j (1-p)^{n-j}$，$P(X \leq k) = \sum_{j=0}^k \binom{n}{j} p^j (1-p)^{n-j}$ より，ベルヌーイ試行による確率の推定値の信頼区間の上限 P_U と下限 P_L は $\sum_{j=0}^k \binom{n}{j} P_U^j (1-P_U)^{n-j} = \frac{\alpha}{2}$，$\sum_{j=k}^n \binom{n}{j} P_L^j (1-P_L)^{n-j} = \frac{\alpha}{2}$ を満

付録：演習問題の解答

たさなければならない．これらと (1) の結果より，$P_U = \frac{n_1 F_{n_2}^{n_1}(\alpha/2)}{n_1 F_{n_2}^{n_1}(\alpha/2)+n_2}$, $P_L = \frac{m_2}{m_1 F_{m_2}^{m_1}(\alpha/2)+m_2}$ を得る．

第8章の解答

演習問題 8.1
(1) $E(X) = 120, V(X) = 100$
(2) 帰無仮説 H_0 は棄却されない．
(3) 帰無仮説 H_0 は棄却される．

演習問題 8.2
(1) 0.022
(2) 0.055
(3) 0.6242

演習問題 8.3
帰無仮説 H_0 は棄却されない．

演習問題 8.4
帰無仮説 $H_0:\mu = 3.45$, 対立仮説 $H_1: \mu \neq 3.45$, 帰無仮説 H_0 は棄却される．

演習問題 8.5
帰無仮説 $H_0:\mu = 5.4$, 対立仮説 $H_1: \mu < 5.4$」，帰無仮説 H_0 は棄却される．

演習問題 8.6
帰無仮説 H_0 は棄却される．

演習問題 8.7
帰無仮説 H_0 は棄却される．

演習問題 8.8
帰無仮説 $H_0:\mu = 110$, 対立仮説 $H_1: \mu \neq 110$, 有意水準 5％で帰無仮説 H_0 は棄却され，有意水準 1％の場合は，帰無仮説 H_0 は棄却されない．

演習問題 8.9
帰無仮説 $H_0:\mu = 15$, 対立仮説 $H_1: \mu > 15$, 有意水準 5％で帰無仮説 H_0 は棄却され，有意水準 1％の場合は，帰無仮説 H_0 は棄却されない．

演習問題 8.10
帰無仮説 H_0 は棄却されない．

演習問題 8.11
A 学校と B 学校の平均点をそれぞれ μ_1, μ_2 とし，帰無仮説 $H_0:\mu_1 = \mu_2$, 対立仮説 $H_1:\mu_1 > \mu_2$ としたとき，有意水準 5％で帰無仮説 H_0 は棄却され，有意水準が 1％のとき帰無仮説 H_0 は棄却されない．

演習問題 8.12
$H_1:\mu_1 > \mu_2$, $H_0:\mu_1 = \mu_2$, 帰無仮説 H_0 は棄却される．

演習問題 8.13
学校 A と B の平均点をそれぞれ μ_1, μ_2, 帰無仮説 $H_0:\mu_1 = \mu_2$, 対立仮説 $H_1: \mu_1 \neq \mu_2$, 有意水準 5％のとき帰無仮説 H_0 は棄却されない．有意水準 10％の場合，帰無仮説 H_0 が棄却される．

演習問題 8.14
帰無仮説 $H_0:\mu = 0$, 対立仮説 $H_1:\mu < 0$, 帰無仮説 H_0 は棄却される．

演習問題 8.15
有意水準 1％で帰無仮説 H_0 は棄却されない．

演習問題 8.16
帰無仮説 $H_0:\sigma^2 = 20^2$, 対立仮説 $H_1: \sigma^2 > 20^2$, 有意水準 5％で帰無仮説 H_0 は棄却されない．有意水準が 10％のとき，で帰無仮説 H_0 は棄却される．

演習問題 8.17
今年度と昨年度の平均点をそれぞれ μ_1, μ_2, 分散をそれぞれ σ_1^2, σ_2^2 とする．帰無仮説 $H_0:\sigma_1^2 = \sigma_2^2$, 対立仮説 $H_1:\sigma_1^2 < \sigma_2^2$, 有意水準 5％で帰無仮説 $H_0:\sigma_1^2 = \sigma_2^2$ が棄却される．有意水準 1％で帰無仮説 $H_0:\sigma_1^2 = \sigma_2^2$ が棄却されない．

演習問題 8.18
男子と女子の平均点をそれぞれ μ_1, μ_2, 分散をそれぞれ σ_1^2, σ_2^2 とする．
(1) 帰無仮説 $H_0:\sigma_1^2 = \sigma_2^2$, 対立仮説 $H_1:\sigma_1^2 \neq \sigma_2^2$, 有意水準 5％で帰無仮説 $H_0:\sigma_1^2 = \sigma_2^2$ は棄却されない．
(2) (1) の結果より，$\sigma_1^2 = \sigma_2^2$ と考え，等平均の検定を行なう．帰無仮説 $H_0:\mu_1 = \mu_2$, 対立仮説 $H_1:\mu_1 < \mu_2$, 帰無仮説 $H_0:\mu_1 = \mu_2$ は棄却される．
(3) 0.0975(9.75％)

演習問題 8.19
有意水準 1％で帰無仮説 H_0 は棄却されない．

演習問題 8.20
帰無仮説 $H_0:p = 0.02$, 対立仮説 $H_1: p \neq 0.02$, 有意水準 5％で帰無仮説 H_0 は棄却される．有意水準 1％で帰無仮説 H_0 は棄却されない．

演習問題 8.21
有意水準 1％で帰無仮説 H_0 は棄却されない．

演習問題 8.22
A 地区と B 地区の母比率をそれぞれ p_1, p_2 とする．帰無仮説 $H_0:p_1 - p_2 = 0$, 対立仮説 $H_1:p_1 - p_2 > 0$, 有意水準 5％で帰無仮説 H_0 は棄却される．有意水準 1％で帰無仮説 H_0 は棄却されない．

演習問題 8.23
a, b, c, d の理論値 $\hat{a}, \hat{b}, \hat{c}, \hat{d}$ が，それぞれ $\hat{a} = (a+b)(a+c)/n$, $\hat{b} = (a+b)(b+d)/n$, $\hat{c} = (c+d)(a+c)/n$, $\hat{d} = (c+d)(b+d)/n$ となることを利用して示す．

スタージェスの公式の導出

階級数を n とし，正規分布 $N\left(\dfrac{n-1}{2}, \dfrac{n-1}{4}\right)$ を考えると，定理 4.6 より，n が十分に大きければ，この正規分布は二項分布 $Bin\left(n-1, \dfrac{1}{2}\right)$ で近似できる．このとき，二項分布の定義より，

$$P(X=k) = \binom{n-1}{k}\left(\frac{1}{2}\right)^k\left(\frac{1}{2}\right)^{n-1-k} = \binom{n-1}{k}\left(\frac{1}{2}\right)^{n-1}$$

なので，データのサイズを N とすれば，$X=k$ となる度数の期待値は，$N \cdot P(X=k) = N\binom{n-1}{k}\left(\dfrac{1}{2}\right)^{n-1}$ である．ここで，$N=2^{n-1}$ とすると，度数の期待値は $\binom{n-1}{k}$ となり，度数の期待値がこのようになるヒストグラムは理想的だと考えられる．スタージェスの公式は，このような理想的な状況を仮定して，

$$N = 2^{n-1} \Longrightarrow n = 1 + \log_2 N$$

を目安としたものである．

索 引

記号・数字

σ− 加法族	69
2 次元正規分布	156
2 次元データ	39
2 標本問題	195

F

F 分布	197

M

MAD	98, 99

N

n 次元正規分布	157
n 次元同時確率変数	127

P

p 次元データ	39

T

t 分布	192

い

一様分布	213
一致推定量	203
一致性	203

う

上側 α 点	149, 186, 192, 197
上側確率	149
上側確率 $100\alpha\%$点	149, 186, 192, 197
ウェルチの近似法	196

お

大きさ	2

か

χ^2 分布	186
回帰	41
回帰曲線	48
回帰係数	51
回帰直線	47, 48
回帰分析	41
階級	2, 9
階級数	9
階級値	3, 10
階級幅	3, 9
階乗	137
χ^2 適合度検定	257
ガウス分布	143
確率	62, 63, 70
確率関数	78
確率空間	70
確率収束	203
確率分布	61, 78, 80, 102
確率分布表	77, 78
確率変数	75
確率密度関数	80
仮説	228
仮説検定	227
片側検定	230
完全加法性	70
観測	2
観測値	2
観測度数	256

ガンマ関数	183

き

幾何分布	166, 167
幾何平均	21
棄却	228
棄却域	231
危険率	229
記述統計学	1
期待値	88–90, 120
期待度数	256
帰無仮説	228
共分散	42, 43, 122
共分散行列	58

く

空事象	65
区間推定	202, 214
組合せ	137
組合せ的	62
クラメール・ラオの不等式	206
クロッパー・ピアソンの信頼区間	226

け

経験的確率	63
決定係数	54
検出力	232
検定	227

こ

降順	2
公理論的立場	64
コーシー分布	98
個体	2
古典的立場	62
固有値	59
固有ベクトル	59
根元事象	65

さ

差	66
最小2乗法	48
最小分散不偏推定量	203
サイズ	2
再生性	169
採択	228
最頻値	19
最尤推定値	210, 211
最尤推定量	210, 211
最尤法	210, 211
残差	50
3シグマ範囲	150
算術的確率	62
算術平均	13, 15
散布図	40
散布度	25
サンプリング	174

し

試行	62
事後確率	118
事象	62, 65
指数分布	93
事前確率	118
実現値	201
四分位数	26
四分位偏差	26
四分偏差	26
集合族	68
集団	2
自由度	188
周辺確率関数	103, 128
周辺確率分布	103
周辺確率密度関数	104, 128
主観確率	64
主成分分析	60
シュワルツの不等式	126
順列	137
条件付き確率	110
条件付き確率分布	111
昇順	2
資料	2
信頼区間	214
信頼係数	214
信頼限界	214
信頼度	214

す

推定	201
推定値	201
推定量	201
スタージェスの公式	6
スターリングの公式	184
スチューデントの t 統計量	191

せ

正規曲線	143
正規分布	137, 143
正規方程式	50
正規母集団	179
正の完全相関	44
正の相関	41
積事象	65
積率	162
積率母関数	162
説明変数	47
全確率の定理	117
線形推定量	204
先験的確率	62
全事象	65
全数調査	173
尖度	160

そ

相加平均	13, 15
相関関係	41
相関行列	58
相関係数	43, 122
相関図	40
相乗平均	21
相対度数	7, 10
粗データ	10

た

第 1 種の誤り	229
第 2 種の誤り	229
大数の法則	63, 130, 134
対数尤度関数	211
代表値	13
対立仮説	228
互いに素	67
多項定理	172
多項分布	171
多次元データ	39
たたみ込み	116
多変量解析	39
単純無作為抽出	175
単純無作為標本	175

ち

チェビシェフの不等式	38, 93
中位数	17
中央値	17
柱状グラフ	3
中心極限定理	180
調和平均	21

て

適合度検定	256
データ	2
点推定	202

と

等確率性	67
統計	1
統計解析	1
統計的確率	63
統計的仮説検定	227
統計的推測	175
統計量	176
同時確率関数	102, 127
同時確率分布	102, 104
同時確率分布表	102
同時確率変数	102
同時確率密度関数	104, 128
同時分布	104
等分散の検定	249
等平均の検定	241
同様に確からしい	67
独立	112, 115, 128, 129
独立性の検定	261
閉じている	68
度数	2, 10
度数データ	10

度数分布表	3, 10
ド・モアブル-ラプラスの定理	151
ド・モルガンの法則	66

な

生データ	10

に

二項定理	138
二項分布	137, 140
二項母集団	223

の

ノン・パラメトリック	202

は

排反	67
箱ひげ図	30
外れ値	16
パラメトリック	202
範囲	2, 9
半整数補正	153

ひ

ヒストグラム	3, 11
左側検定	231
非復元抽出	175
標準化	37, 56, 146, 147
標準化変数	146
標準化モーメント	162
標準誤差	216, 218
標準正規分布	143
標準正規分布表	148
標準得点	37
標準偏差	28, 89
標本	174
標本空間	65
標本サイズ	174
標本値	174
標本抽出	174
標本調査	173
標本の大きさ	174
標本標準偏差	177

標本比率	223
標本分散	177
標本分布	176
標本平均	15, 177
頻度	2
頻度的立場	62

ふ

フィッシャー情報量	206
復元抽出	175
ブートストラップ法	202
負の完全相関	44
負の相関	41
不偏推定量	203
不偏性	203
不偏標準偏差	177
不偏分散	177
分割表	259
分散	28, 89, 121
分散公式	91
分布	1, 61
分布関数	83, 129

へ

平均	13, 15, 88
平均値	13, 15, 88
平均平方偏差	36
平均偏差	27
ベイズ統計学	64
ベイズの定理	117
ベキ集合	72
ベータ関数	183
ベルヌーイ試行	139
ベルヌーイ試行列	139
ベルヌーイ分布	140
変曲点	144
偏差	26, 89
偏差値	37
偏差値得点	37
偏相関係数	56
変動係数	32
変量	10

ほ

ポアソンの小数の法則	167, 168

ポアソン分布	166, 168
母集団	174
母数	177
母数空間	206
母比率	223
母分散	177
母分布	176
母平均	88, 177
ボレル集合	70
ボレル集合族	70

ま

待ち時間	93
まわりの分散	36

み

見かけ上の相関	56
右側検定	231
密度関数	80

む

無限母集団	174
無作為抽出	175
無作為標本	175
無相関	41
無名数	32

め

メジアン	16, 17, 96

も

目的変数	47
モード	18, 19, 96
モーメント	162
モーメント法	207
モーメント母関数	162, 172

や

ヤコビアン	106

ゆ

有意水準	231
有限母集団	174
有効推定量	203
有効性	203
尤度	210, 211
尤度関数	210, 211
尤度方程式	211

よ

余事象	66

ら

ランダム・サンプリング	175

り

離散型確率変数	75
離散分布	78
離散変量	10
両側 α 点	193
両側検定	231

る

累積確率	83
累積相対度数	7, 10
累積相対度数折れ線	7, 11
累積度数	7, 10
累積分布関数	83, 129

れ

レンジ	2, 9
連続型確率変数	75
連続分布	80
連続変量	10

わ

歪度	160
和事象	65

著者略歴
皆本　晃弥（みなもと　てるや）
1992 年　愛媛大学教育学部中学校課程数学専攻 卒業
1994 年　愛媛大学大学院理学研究科数学専攻 修了
1997 年　九州大学大学院数理学研究科数理学専攻 単位取得退学
2000 年　博士（数理学）（九州大学）
　　　　九州大学大学院システム情報科学研究科情報理学専攻 助手，
　　　　佐賀大学理工学部知能情報システム学科 講師，同 准教授などを歴任
現　在　佐賀大学教育研究院自然科学域理工学系 教授

主要著書
Linux/FreeBSD/Solaris で学ぶ UNIX（サイエンス社，1999 年）
理工系ユーザのための Windows リテラシ（共著，サイエンス社，1999 年）
GIMP/GNUPLOT/Tgif で学ぶグラフィック処理（共著，サイエンス社，1999 年）
UNIX ユーザのためのトラブル解決 Q&A（サイエンス社，2000 年）
シェル&Perl 入門（共著，サイエンス社，2001 年）
やさしく学べる pLaTeX2e 入門（サイエンス社，2003 年）
やさしく学べる C 言語入門（サイエンス社，2004 年）
よくわかる数値解析演習（近代科学社，2005 年）
スッキリわかる線形代数演習（近代科学社，2006 年）
スッキリわかる微分方程式とベクトル解析（近代科学社，2007 年）
スッキリわかる複素関数論（近代科学社，2007 年）
スッキリわかる微分積分演習（近代科学社，2008 年）
スッキリわかる線形代数（近代科学社，2011 年）

スッキリわかる確率統計
——定理のくわしい証明つき——

©2015　Teruya Minamoto

Printed in Japan

2015 年 6 月 30 日　　初　版　発　行
2023 年 4 月 30 日　　初版第 7 刷発行

著　者　皆　本　晃　弥
発行者　大　塚　浩　昭
発行所　株式会社 近代科学社

〒101-0051　東京都千代田区神田神保町1-105
https://www.kindaikagaku.co.jp

加藤文明社　　ISBN 978-4-7649-0483-5

定価はカバーに表示してあります．